威士忌品飲

全書

VV0082

威士忌品飲全書

從歷史、釀製、風味、產區到收藏、調酒、餐搭，跟著行家融會貫通品飲之道

原文書名	Tasting Whiskey: An insider's guide to the Pleasures of the world's finest spirits
作　　者	盧·布萊森（Lew Bryson）
譯　　者	魏嘉儀
審　　訂	姚和成
特約編輯	陳錦輝
總 編 輯	王秀婷
主　　編	廖怡茜
版　　權	徐昉驊
行銷業務	黃明雪、林佳穎
發 行 人	涂玉雲
出　　版	積木文化
	104台北市民生東路二段141號5樓
	電話：(02) 2500-7696｜傳真：(02) 2500-1953
	官方部落格：www.cubepress.com.tw
	讀者服務信箱：service_cube@hmg.com.tw
發　　行	英屬蓋曼群島商家庭傳媒股份有限公司城邦分公司
	台北市民生東路二段141號11樓
	讀者服務專線：(02)25007718-9｜24小時傳真專線：(02)25001990-1
	服務時間：週一至週五09:30-12:00、13:30-17:00
	郵撥：19863813｜戶名：書虫股份有限公司
	網站：城邦讀書花園｜網址：www.cite.com.tw
香港發行所	城邦（香港）出版集團有限公司
	香港灣仔駱克道193號東超商業中心1樓
	電話：+852-25086231｜傳真：+852-25789337
	電子信箱：hkcite@biznetvigator.com
馬新發行所	城邦（馬新）出版集團 Cite（M）Sdn Bhd
	41, Jalan Radin Anum, Bandar Baru Sri Petaling, 57000 Kuala Lumpur, Malaysia.
	電話：(603) 90578822｜傳真：(603) 90576622
	電子信箱：cite@cite.com.my
封面設計	許瑞玲
內頁排版	陳佩君
製版印刷	中原造像股份有限公司

城邦讀書花園
www.cite.com.tw

國家圖書館出版品預行編目（CIP）資料

威士忌品飲全書：從歷史、釀製、風味、產區到收藏、調酒、餐搭，跟著行家融會貫通品飲之道／盧.布萊森（Lew Bryson）著；魏嘉儀譯. -- 初版. -- 臺北市：積木文化出版：家庭傳媒城邦分公司發行，2018.12
面；　公分. --（飲饌風流；82）
譯自：Tasting whiskey: an insiders guide to the unique pleasures of the world's finest spirits
ISBN 978-986-459-158-9（平裝）

1.威士忌酒 2.品酒

463.834　　　　　　　　　　　107019374

2018年12月20日　初版一刷
2020年12月10日　初版三刷
售　價／NT$880
ISBN 978-986-459-158-9
版權所有·翻印必究

Printed in Taiwan.

獻給我已故的祖父 Newton Jay Shissler，
他常在廚房櫥櫃藏著一瓶好東西。

獻給 Jimmy Russell、Parker Beam，
以及已故的 Elmer T. Lee 和 Ronnie Eddins，
他們是影響我至深的波本威士忌領域
不朽的偉人。

獻給太早離我們遠去的 Truman Cox，
我深信他未盡的命運，
便是成為一位偉大的蒸餾大師。

威士忌品飲

全書

盧‧布萊森（Lew Bryson）著

魏嘉儀 譯

目 錄
Contents

推薦序

　　在這顆充滿苦痛與磨難的堅硬行星上，只有寥寥幾人我願與之相聚共飲，盧·布萊森（Lew Bryson）就是其中一人，而且，共飲名單上的人大多已離世。認識盧至今已經十五年了，他是我的朋友、編輯與偶爾的酒友，撇開編輯出版合作不談，我期待與他再度相聚暢飲，就像貓熊期待親嘗初春第一支多汁甜美的春筍。與盧相處，就是如此愉快。

　　其實，他隨和到讓人忘記他有多麼聰明、博學，在威士忌領域，他為美國著名威士忌雜誌撰寫並編輯已經多年，啤酒方面更出過四本書。他似乎通曉幾乎世間所有事物，至少跟他聊天常有這種感覺。他也不是那種會說出一堆廢話，只為讓人覺得自己很受歡迎的人，但是每次問他問題，都會得到好答案（我猜也許跟他曾經是圖書館員有關）。聊到杯中物——威士忌，他就是我遇過最見識淵博的人之一，不帶贅述，也不高高在上或喋喋不休。這對撰寫威士忌主題來說是件好事，因為精確的表達很適合這種有點複雜惱人的東西，而這本書絕不惱人。

　　《威士忌品飲全書》是一本我希望在初踏威士忌世界時伴隨左右的書，那是雷根（Ronald Reagan）還是美國總統的時候（當時我需要威士忌這玩意兒，但其實所有政府都讓我有這種感覺）。一如作者，這本書簡潔、富耐心、詳盡又公正，而且絕不會過於嚴肅。它解剖老舊迷思與行銷傳言（這是組成威士忌知識的一大部分），每一頁都讓我有所收穫。我還有許多心得想說，但此刻手邊仍有篇專欄文章要交，一如往常，盧正等著我的文章。

祝健康

大衛·汪德里奇（David Wondrich）
美國調酒博物館創辦人之一暨
兩本調酒歷史著作
《Punch》與《Imbibe》作者

前言

每當我飛抵美國路易威爾（Louisville）機場，步入機場航廈，穿過頭頂大大的「歡迎來到路易威爾」標誌，經過渥福酒廠（Woodford Reserve）餐廳，並搭著手扶梯下樓時，我都有股感覺，彷彿卸下肩上重擔，卸下那個我已忘了背在身上的重擔：這是活在人們聽到「波本」（Bourbon）二字常會竊笑的世界中，身為波本威士忌愛好者的包袱。我踏出航廈，終於置身同好之中。有一次，我就在這座機場準備通關回家，不小心把一瓶原品博士波本威士忌（Booker's）放進隨身背包，結果海關對我說：「這次我就放過你。這是一瓶真正的好波本，好好照顧它。」是的，長官！

當我遇到古老且稀有的蘇格蘭威士忌時，會興起一股敬畏且近乎崇敬的感受。兩百年前一顆橡實生了根，長成橡木，接著被砍伐、乾燥，並鋸成木塊與木條，最後塑形成為橡木桶。波本威士忌或雪莉酒（sherry）會在橡木桶中熟成一段時間（無論需要多久），這用過的橡木桶之後會送到蘇格蘭，重新整理後再度裝進威士忌新酒。經過至少十年的歲月後，橡木桶會清空，再次注入其他威士忌新酒，差不多是我出生的時候。如今我四十多歲了，手中的威士忌就是從這個橡木桶汲出的。這整個過程展開之際，我的祖父甚至尚未出生。現在，這口威士忌嘗起來無與倫比。

當我手裡拿到一杯新的威士忌時，敬畏的感受變成了「期待」。根據以往的經驗，我可以想像它嘗來會是什麼味道，但這並不代表我確切曉得它是什麼味道。這種感受很刺激，它會激起我的胃口，點燃我的好奇心。

最近有愈來愈多人也是這樣看待威士忌，不過，威士忌如此備受大眾推崇的歷史其實相當悠久。威士忌經歷過幾次爆紅，英國維多利亞時期就曾有一波滔天的蘇格蘭威士忌浪潮，但威士忌在二十世紀的大多時刻都身處低潮，從美國蒸餾酒廠在禁酒令解除後舉步維艱的重建，到面臨 1960 與 1970 年代的伏特加與淡蘭姆酒（light rum）的竄升。然而過去這二十年來，無論是蘇格蘭、波本或愛爾蘭威士忌，都不可思議地捲土重來，並且持續攀升；例如，蘇格蘭威士忌就曾經歷過單一麥芽突然成為高價且快速成長的小眾市場。無論價格上升的曲線變得多麼陡峭，銷量依舊持續成長，稀有酒款更在紐約與香港的拍賣會上，被視為可競逐的投資標的。

也許你最常聽到的可能仍是蘇格蘭威士忌，但威士忌的世界相當寬廣，而且還在持續地成長。在調酒文化革命強勢抬頭與人們再度重視道地性（authenticity）的氣氛下，波本威士忌擺脫了過去十幾年來沉淪為某種區域性低調酒款的身分，傑克丹尼威士忌（Jack Daniel's）暢銷國際，而裸麥威士忌更是在經過 1990 年代瀕臨滅亡後，再次復甦。日本威士忌在國際酒評連聲讚賞之下逐漸確立地位，並轉成出口產

品。愛爾蘭威士忌銷量在過去二十年間創下令人吃驚的翻倍成長，不僅讓人們津津樂道的精釀啤酒漲勢相形失色，還發展出許多新品牌與新風格，甚至長期疲軟的加拿大威士忌，也在加拿大蒸餾酒廠再度發現調和型威士忌的實力後有所成長。

　　人們並非只渴求更多好喝的威士忌，他們還希望更深入了解。他們想要認識蘇格蘭、波本、愛爾蘭、加拿大、日本與所有新的精釀威士忌，想要知道什麼是好的、什麼不是。他們想要了解威士忌如何產生，想要親眼看見生產過程，也想進一步認識釀酒人。他們會參加美國肯塔基波本威士忌節，或是蘇格蘭最具泥煤味的艾雷島威士忌音樂節（Fèis Ìle 或 Islay Festival），踏上最愛的蒸餾廠朝聖之旅，如肯塔基波本威士忌（Kentucky Bourbon Trail）、麥芽威士忌（Malt Whisky Trail），或新愛爾蘭威士忌之路（Ireland Whiskey Trail）。

　　《威士忌品飲全書》的目的，就是讓你做好踏出下一步的準備。這些年來，我研究威士忌、試飲威士忌、拜訪威士忌蒸餾廠、與釀酒師談話，並以撰寫威士忌文章維生，從中學到的點點滴滴，都將在本書中與你分享。在我初入威士忌世界時，對威士忌的製作、陳年或風味呈現等方面，曾有過一些可笑的錯誤觀念，這些都是常見的誤解，我希望能以本書加快你度過這個階段，好讓你繼續向前，盡情享受威士忌。

　　我也會說明威士忌的製作過程、品飲時面對的挑戰（與你嘗到了什麼），以及我發現的最佳品飲方式。接著，我們會談到不同地區的威士忌，它們的差異性、創造這些風格的方式及產地所在位置。我也會教你如何享用威士忌、搭配什麼食物，以及如何建立自己的威士忌收藏系列。

　　我希望你享受這個過程，也希望你藉此了解，懂得享受威士忌比吸收更多相關知識更重要。這是個偉大的幫派，成員眾多且遍布世界各地。很高興有你加入！

威士忌的故事

威士忌是一種風味特殊的獨特烈酒，它與其他類型的烈酒其實有些共通特性；例如，大部分的伏特加（vodka）也是以穀物製成，白蘭地（brandy）也經過桶中陳年，蘭姆酒與龍舌蘭（tequila）一樣有類似未陳年與陳年的風格；此外，白蘭地、蘭姆酒與龍舌蘭都經常使用威士忌酒桶陳年。琴酒（gin）看起來與威士忌關連不大，但它也是一種採用穀物的烈酒，而且它經過木桶陳年的古老表親荷蘭琴酒（genever），喝起來與威士忌像得出奇。

但是，沒有任何烈酒能像威士忌一般激起人們如此大的熱情！伏特加的種類比威士忌多出不少，但是它有眾多分析風格類型差異的書籍嗎？人們會收集它們嗎？龍舌蘭啟發了人們的品牌忠誠，但是你能說出最愛品牌的蒸餾廠名嗎？它的稀有酒款可以在拍賣場創下超過 5 萬美元的售價嗎？當然，干邑白蘭地都達到了這些高標準，但是干邑有如此巨大的銷量嗎？威士忌銷量超越白蘭地已長達百年，而且從未回頭。

就像我在《Whisky Advocate》雜誌的老闆所說，喝伏特加的人數眾多，但你看過伏特加雜誌嗎？

讓我們把威士忌與其他烈酒的差異說分明：威士忌是一種蒸餾穀物發酵品，並在木桶（幾乎都是橡木）中陳年的烈酒。它並非以馬鈴薯、水果或糖蜜製成；任何用這些東西製成並自稱「威士忌」的烈酒，都是贗品。

為何我會如此強調這一點？威士忌之所以為威士忌，來自其背後數世紀的傳統與政府政策影響。威士忌來自愛爾蘭與蘇格蘭，再移民至加拿大與日本，雖然美國殖民時期的早期製酒者絕大多數來自中歐（大不列顛的移民主要釀產蘭姆酒），他們仍如同早期蘇格蘭與愛爾蘭移民，有以穀物為主要蒸餾原料的相似傳統，也以木桶陳年。

這些承繼數世紀的傳統，立基於數千年釀酒歷史的肩上，也可以說是站在文明的基礎上。接著，我們來談談威士忌融入人類歷史的過程。

以烈酒之名

如果我們從最初的最初開始，威士忌說的便是文明。文明開展的理論之一，即是當人類為了更穩定的穀物供應量而選擇定居，並種植穀物，放棄了採集野生穀物。當然，他們會直接食用穀物，但這項理論並非關於食用，而是飲用。部分人類學家認為，人類之所以學習種植，是為了穩定生產啤酒，因啤酒為儀式與慶典重要的一環。

千年以來，啤酒、葡萄酒與蜂蜜酒（mead）提供了人類足夠的能量；今日，它們依舊能在某些狀態下為我們提供足夠的能量。大約兩千年前，煉金術師發現了以蒸餾純化物質的方法。起初他們僅蒸餾水，但很快地便學會蒸餾精華、精油，以及許多粗獷且熾烈的飲品。

蒸餾仰賴各種液體的不同沸點。想從混合液體分離出純液體時，我們可以慢慢地加熱液體，在不同液體沸騰時，分別捕捉它們的蒸氣，並進一步使之凝結。這種方式之所以能成功，還需各種液體沸點的差異夠大。幸運的是，水與乙醇的差異夠大。

雖然我們將蒸餾簡化為利用水與乙醇的不同沸點，但過程還涉及各式液體，包括其他酒精、油與香氣分子。蒸餾過程並不完美；並非所有酒精都能被順利捕捉，也無法將所有的水與較重的液體留下。但是，更進一步了解掌握蒸餾的運作之後，我們開始有能力改良，從中得到真正想要的，留下有惡味、不純與口味淡薄的。

我們不太確定蒸餾烈酒首度問世的時間。首先，幾筆來自十五世紀早期愛爾

到底是 WHISKEY？還是 WHISKY？

現在，讓我們就把這個問題解決吧。許多文章都曾聊過為什麼某些國家（也就是某些蒸餾廠）會把威士忌拼成「whisky」，而某些則是「whiskey」？（威爾斯人〔Welsh〕還標新立異地稱為 wisgi）一般而言，大不列顛、加拿大與日本拼為「whisky」。美國與愛爾蘭則拼為「whiskey」，雖然部分美國品牌比較喜歡另一個拼法，如美格與喬治迪克（George Dickel）。順帶一提，美國聯邦法規定義的合法烈酒的規章中，拼法整齊畫一地拼為「whisky」。

看到這裡，兩者是否不同也許你已經了然於胸；撇除國族驕傲，兩種拼法所指之物毫無差異。「whisky」與「whiskey」就是本質相同的兩個字，它們代表一種東西。我甚至不知道為什麼我們需要討論這個話題。沒有人討論過在加拿大拼為「neighbour」的鄰居與美國的「neighbor」是否有哪兒不同。金屬鋁「aluminium」與「aluminum」是一樣的東西，也沒人在乎。

這並不表示不同國家的威士忌沒有差異，它們有差異，相當顯著的差異，我們稍後將會討論。但是，這些差異與拼法絕無關連！

WHISKEY 或 WHISKY？
它們的差異真的就只是一個字母。

蘭的文獻，記載了「aqua vitae」一詞，即「生命之水」，酒精的煉金術式拉丁名。1494 年的紀錄顯示，麥芽會交給修道士製成生命之水。而 aqua vitae 可能又轉譯成蓋爾語（Gaelic）中的「uisce beatha」，在蓋爾人鑽研飲酒數年後，這個詞可能再次經過語言學的錘鍊，最後成為「whiskey」（威士忌）。

更重要的是，在現代定義之下，方才談論的其實還完全稱不上是威士忌。上述

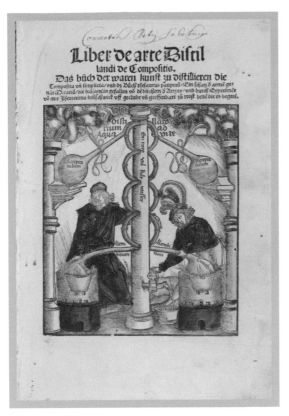

希羅尼穆斯·布倫斯韋克（Hieronymus Brunschwig）的《自由藝術之蒸餾過程》（*Liber de Arte Distillandi de Compositis*），西元 1512 年，史特拉斯堡（Strasbourg）。描繪世上最早出現的蒸餾烈酒之一的釀造過程：「生命之水」。

的確實都是穀物發酵品經蒸餾而得的烈酒——也幾乎皆使用大麥麥芽，但是，我們尚未提到陳年。當時的修士以及很快加入釀酒行列的農人與磨坊工，雖然會釀造粗獷的烈酒，並且用辛香料、香草植物以及天知道還有什麼等物質使之柔化，但他們就是沒有以木桶陳年。他們手邊有木桶也有烈酒，但有好長一段時間這兩者並沒有湊在一起。

倒進木桶

在威士忌開始陳年之前，曾被大量走私。數世紀以來，政府稅收都會盯上酒類，因為國王與政客們都有認出好東西的慧眼，而且通常還會幫這些好東西加上稅收。這是一場蒸餾酒廠、查稅員、走私者與稅務官之間，歷時長久且複雜的共舞序曲。蘇格蘭與愛爾蘭的地下威士忌蒸餾廠擁有天然的主場優勢：眾多的河川與湖泊能協助碾磨與降低蒸氣溫度，山丘和深谷則有助於躲避查稅員。

這可能就是威士忌最初開始陳年的原因，再加上小木桶比陶罐更輕、更不容易破損且便於運送。以今日精釀蒸餾廠的經驗來說，小木桶的確有快速陳年的效果，因此在 5 加侖木桶裡放上一個月的威士忌，確實很可能比新出爐的烈酒擁有更多鮮明且迷人的香氣，而且這些木桶也許還經過劇烈搖晃。

蒸餾廠在當時的美國殖民地常被視為社區支柱；有時蒸餾廠的資金來源就是社區，所以某些小鎮可能擁有自家蒸餾廠。就像我們前面提到的，多數來自英國的移民會釀造蘭姆酒，尤其是新英格蘭（New England）移民，但德裔賓州人的祖先則釀造威士忌，使用的原料則常是他們最為熟悉的裸麥。

到了美國獨立戰爭時期，裸麥威士忌成為愛國者的招牌酒飲：由於釀造蘭姆酒的原料糖蜜從英屬西印度群島（British West Indies）進口，為戰前稅收項目之一，在戰爭期間變得難以取得。裸麥威士忌不僅是當地土產，相傳賓州裸麥威士忌更曾幫助冬季在福吉谷（Valley Forge）紮營

十八世紀喬治‧華盛頓在維農山莊的碾磨廠與蒸餾廠，此處也是當時規模最大的蒸餾廠。上圖為重建。

的革命軍保持體溫與穩定軍心。當時的將軍喬治‧華盛頓（George Washington）想必也很愛裸麥威士忌，他不僅在維農山莊（Mount Vernon）建造蒸餾廠，在卸任美國總統之後，更一度短暫成為全國最大裸麥威士忌的蒸餾商。如今，該蒸餾廠便是當地支柱。

陳年威士忌的誕生

世界不斷地轉變，威士忌風格也隨之變遷。美國人在品嘗到自由的滋味之後，開始渴求更多。革命成功後，美國試著償還欠下的債務，因此實行烈酒的貨物稅，但賓州西部農民組成的蒸餾廠拒絕支付，戰爭一觸即發，並釀成「威士忌暴動」（Whiskey Rebellion）。

約三十年後，蘇格蘭的蒸餾酒業亦經過一場改革。新政策對合法蒸餾廠較為友善，並加強取締非法的蒸餾廠。

此時，一種主要以玉米釀造的新威士忌出現在肯塔基州俄亥俄河（Ohio River）流域，即波本威士忌；另一種新傳統釀法的威士忌則在加拿大逐漸茁壯，並且迅速創下名號，那便是調和威士忌。此外，美國、法國與加拿大（蘇格蘭也在稍後加入）也發展出一種混合了法式白蘭地的陳年方式（將威士忌陳放在內部經烘烤與焦燒的木桶中），讓最初熾烈而酒色澄清的威士忌，轉變成今日我們熟知的美麗琥珀色。

波本與裸麥威士忌很快地因這種新陳年方式嘗到甜頭，也因為酒色轉深，有了像是「紅烈酒」（red liquor）與「蒙納哥拉紅」（Monongahela red）等暱稱。橡木桶是威士忌完美的容器，蒸餾廠或零售商

（當時的威士忌是以整桶販售，酒類專賣店或酒館會直接從木桶取酒）讓威士忌陳放得愈久，它就愈美味。

約在同一時間，蘇格蘭威士忌也發現了木桶的好處。英格蘭與蘇格蘭當時從歐洲大陸運進一桶桶葡萄酒；在後拿破崙時代的繁榮經濟下，大不列顛人變得富有，大口喝下法國、西班牙與葡萄牙等國的各種美酒，尤其是雪莉酒。蒸餾廠開始把威士忌裝進這些二手木桶中，如同美國波本威士忌蒸餾廠，他們也發現威士忌的特質有了變化。一瞬間猶如踏進嶄新的世界。

接著而來的是，蒸氣動力與根瘤蚜蟲（phylloxera aphid）聯手出擊，讓威士忌得以站穩腳步。

蒸氣動力與工業革命的觸角延伸至蒸餾酒業，眾多偉大的啤酒廠與蒸餾廠因而誕生。蒸氣加熱柱式蒸餾器（steam-heated column）使柔和型穀物威士忌得以大量生產，用以調和並馴化香氣豐滿的罐式（壺式）蒸餾（pot still）麥芽威士忌。這種調和型蘇格蘭威士忌比它的前輩們更受歡迎，符合更多人的口味。

但是，真正讓蘇格蘭威士忌直至今日仍大行其道的動力，還是那在歐洲葡萄園肆虐的根瘤蚜蟲。法國每年都會向大不列顛銷售大量的干邑白蘭地；十九世紀中期的十五年間，英國的銷量成長了三倍，相當於每年賣出 6,500 萬瓶。接著，根瘤蚜蟲疫病爆發，幾乎食盡所有法國葡萄樹根。當干邑酒商成功以嫁接美國砧木抵抗根瘤蚜蟲時，他們發現飢渴的英國人已經移情順口的新蘇格蘭調和威士忌，並隨著帝國版圖的拓展遍布全世界。

蘇格蘭威士忌戲劇化地擴張至十九世紀末，但仍在邁進二十世紀之際，與經濟投機泡沫化（speculative bubble burst）一同

1860 年代，稱為「月光威士忌」（moonshine whiskey）的走私烈酒正行經阿帕拉契山（Appalachians）南部的小徑上，準備前往市場販售。

崩盤。愛爾蘭威士忌起初只是銷售遲滯，但在一次大戰後美國頒布禁酒令時，一樣面臨市場潰頹。

禁酒令的影響遠遠不像暢銷小說所描寫的，是一場眾人競逐走私威士忌的盛況，而是全球威士忌業者的大災難。想像一下，當時的美國為世界各地威士忌蒸餾廠的重要繁榮市場，威士忌不僅乘船自遠洋到港，或循著公路自加拿大運進，也在國內從肯塔基州與賓州搭上現代鐵路系統分送至全國境內各處。突然間，唯一能運送威士忌的方式，變成以小小的汽艇駛至沙灘，再以卡車抄小路顛簸送到國內各地，產量與銷量都直線下滑。禁酒令撤銷後，情況也並未好轉，因為美國已經沒有任何陳年威士忌可賣，而蘇格蘭與愛爾蘭威士忌酒業也尚未恢復。

接著，威士忌進入另一場戰爭。第二次世界大戰期間美國動員全國所有產業，而威士忌蒸餾酒業被視為非必要產業（想必沒有詢問過邱吉爾的意見），威士忌酒廠轉為製造化學原料用的工業酒精。等戰爭終於歇止，威士忌酒業已停滯約數十年，但蒸餾廠仍然相信他們終於等到了運轉時刻。看過影集《廣告狂人》（Mad Men）的我們都知道，這樣的好景至少停留了一小段時間。

頹勢後的反彈

好景不長。1960 年代起，全球消費者的喜好從威士忌轉往伏特加與淡蘭姆酒。1980 年代，這樣的轉變更顯劇烈。當時過剩的蘇格蘭威士忌——巨量庫存的「威士忌湖」（Whisky Loch）——使威士忌產業再次面臨崩盤，波本與加拿大威士忌也開始漫長的頹勢。

伏特加受歡迎的程度持續升高，直到 2008 年的經濟不景氣斬斷了美國第三波的烈酒熱銷，但是威士忌重返的種子早已深埋在焦土之下。我們曾在 1980 年代見識過單一麥芽威士忌的成長，這是一種蘇格蘭威士忌的新產品。獨立裝瓶廠會向當地蒸餾廠買進桶裝威士忌，在自家酒倉陳年後，以單一威士忌裝瓶銷售，例如艾爾金市（Elgin）高登麥克菲爾（Gordon & MacPhail）的獨立裝瓶廠。但如今單一麥芽威士忌以更大規模釋出，引領的酒廠便是格蘭菲迪（Glenfiddich）。

波本威士忌的回歸，則伴隨著美格（Maker's Mark）的順口小麥型波本（wheated bourbon）、巴頓（Blanton）的單一桶波本與原品博士的未過濾桶裝強度波本。這些酒款擁有小量但持續成長的銷量，立下了這個產業的先例，波本也因此獲得一些應有的注目。

愛爾蘭威士忌透過聯合統一的方式，經過了一連串的圖存與復興。1966 年，所有愛爾蘭共和國僅存的蒸餾廠聯合成立了愛爾蘭蒸餾廠（Irish Distillers）。十年後，他們在米爾頓（Midleton）建立了一間現代化的蒸餾廠，並買下還留在北方的布希米爾（Bushmills）蒸餾廠。他們決定將愛爾蘭威士忌重塑成較輕的調和威士忌，愛爾蘭威士忌的基礎因此產生極大轉變，此類型威士忌在過去二十年間屹立不退。

大約就在此時，我正好以威士忌媒體的配角身分加入戰局。喜愛與尊敬威士忌的聲音逐漸增加，像是麥可·傑克森

在這幅西元 1874 年的《女性的聖戰》（*Woman's Holy War*）中，可見面露凶光的武裝女性，正以戰斧擊碎一個個酒桶。1920 年代禁酒令的節制改革，對正值萌芽的威士忌產業造成長期毀滅性的影響。

（Michael Jackson，美國知名啤酒作家，在英國是廣為人知的威士忌作者）、吉姆·莫瑞（Jim Murray）、大衛·布魯姆（David Broom）、約翰·韓索（John Hansell）、蓋瑞·雷根（Gary Regan）、查理·麥克連（Charlie MacLean）與查克·考德利（Chuck Cowdery）等人，燃起人們對威士忌的興趣與重視。《Whisky Magazine》以及我工作了十七個年頭的《Whisky Advocate》，這兩本大眾威士忌雜誌的發行更是功不可沒。社群媒體、部落格文章，以及能瞬間跳出更多資訊的神奇谷歌

（Google），也是讓人們親近威士忌的強力工具。

　　但是對威士忌而言，真正最有效的還是個人直接體驗：手中一只玻璃杯，與威士忌直接面對面。因此，在 WhiskyFest 與 Whisky Live 等威士忌酒展逐漸興盛的同時，一般大眾對威士忌的想法也開始改變。真正的威士忌狂熱者想起他們喜愛的品牌時，腦中浮現的不是野火雞（Wild Turkey）或格蘭傑（Glenmorangie），而是蒸餾大師吉米・羅素（Jimmy Russell）與首席調酒師比爾・梁思敦博士（Dr. Bill Lumsden）。他們多年來靜靜地工作，過著相對孤獨安靜的生活，認得出他們的人，大概只有每天會在蒸餾廠見面的同事，而這些威士忌活動讓大眾的目光捕捉到他們，突然之間，他們成了搖滾巨星。

　　不僅如此，這也讓威士忌變得更為真實。當然，它一直都很真實，但是現在人們可以親眼看到它。釀產威士忌的人是有名有姓的真人，而且可以親眼見到他們，跟他們說上話、問問題，或謝謝他們。這是如爆炸般強烈的轉變，諸如肯塔基波本威士忌節、艾雷島的威士忌音樂節與斯貝塞威士忌酒節（Spirit of Speyside Whisky Festival）等活動會直接在產地舉辦，因此近期每年都有數以千計的人們造訪。人們會前往拜訪「他們的」威士忌的產地，那片有兩百年歷史的產地。

　　過去二十年來，威士忌歷經一場瘋狂的旅程。從銷量直落，到成為全球勢力最強大的酒類飲品，這是一場完全逆轉。啤酒步伐開始蹣跚（香氣豐沛且可靠的精釀啤酒例外，是不是跟什麼酒類有點雷同？）而葡萄酒正爬出供應過剩的泥淖中。我們一路喝下 1980 年代生產過剩留下的美妙陳年威士忌，如今它們的售價也正在上升。威士忌酒廠無不試著趕上腳步，今日能品嘗到的威士忌種類之多，前所未見。

　　我們也看到威士忌間的差異增加，這也是新的香氣與風味覺醒的時刻。幾年前，我們為《Whisky Advocate》雜誌辦了一場裸麥威士忌試飲會，邀請了十家裸麥威士忌蒸餾廠、裝瓶廠與零售商坐成一圈，討論裸麥威士忌的復興，以及當時準備推出的驚人超高齡威士忌。

　　我記得早期精釀威士忌先驅蒸餾廠之一，海錨蒸餾廠（Anchor Distilling）的創辦人弗利茲・梅泰（Fritz Maytag）在那場試飲會曾經表示，我們知道老威士忌終有一天會喝盡，這非但不是一件壞事，反而可以帶領我們找到新方向。他說：「廣義而言，威士忌世界認為老威士忌比較好。老威士忌不同，它美妙絕倫地不同。但我認為，尤其在這個面臨裸麥威士忌嚴重短缺的時刻，你們將會發掘年輕裸麥威士忌之美。」

　　如今，每當我喝到某些非常年輕又有趣的裸麥威士忌時，便深深覺得梅泰是多麼正確，也同時感受到眾多新威士忌都是抱持這樣的想法而誕生的。

　　這就是威士忌一路的經歷與如今的位置。下一章，我們將聊聊穀物如何變成最初的威士忌，那澄澈生澀的烈酒。

釀產烈酒

發酵與蒸餾

想要學習如何品飲威士忌，首先須好好了解它是什麼、如何製作，以及裡面有些什麼。你也可以單純地拿起玻璃杯，輕聞並小啜一口，以全然未知的狀態品嘗它，忽略所有事物，專注於這一刻……不過，為什麼你會想要這樣喝威士忌呢？

蒸餾商、作家與其他威士忌專家經常在競賽與正式評審場合中，被要求以這種方式品飲。這種時候，品飲不是為了愉快、享受或慶祝，而是在工作。

當然，我們還是會在其中經歷美妙的時刻！但是，當我們了解威士忌的來處、如何陳年、誰挑選的木桶等資訊，會更能享受其中。我們可以把威士忌放入它的背景脈絡，如此不僅會知道它嘗起來的模樣，了解酒中某些東西的由來，也會知道同一家蒸餾酒廠、同一位調酒師、同一個區域或同一類型的下一支酒，我們可以期待些什麼。

認識威士忌最基本的元素，便是如何釀造它。世界各地的威士忌釀造方式皆有相似之處，但當我們談到相異處，那些多采多姿的美味都藏在細節裡。幾乎所有釀造過程的環節都可以操弄、扭轉或顛覆，也幾乎都被某個時代、某處的某些蒸餾廠嘗試過。他們試出來的好成果至今仍然得見。

起點很簡單。我們首先須知道所有威士忌都來自穀物，絕無例外，沒有「馬鈴薯威士忌」或「蘋果威士忌」這種東西。如果用的不是穀物，它便不是威士忌。

大麥、玉米、裸麥與小麥最為常見，但也有用燕麥、藜麥、雜交種穀類（如黑小麥〔triticale〕）與蕎麥（理論上蕎麥並非

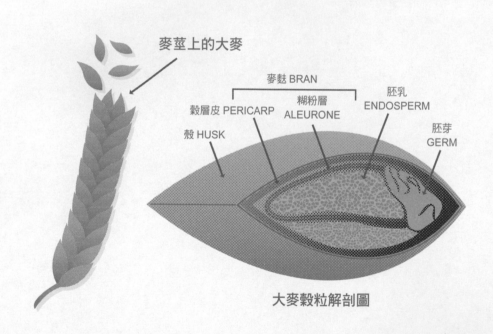

麥莖上的大麥

麥麩 BRAN

穀層皮 PERICARP
糊粉層 ALEURONE
胚乳 ENDOSPERM

穀 HUSK
胚芽 GERM

大麥穀粒解剖圖

大麥穀粒中的胚乳包含澱粉，
澱粉可在製作威士忌的過程中進一步轉化成糖。

穀物，但它的發芽狀態與穀物類似，且磨出的粉末也雷同）製作的威士忌。有時，選用的穀物是因情勢所逼——種什麼就釀什麼——但是大多時候都能有所選擇，獲選的不是能釀出具有最佳風味的，就是最經濟實惠的。這跟你站在酒架前決定買哪支酒的過程沒有太大差別：這支味道絕佳，但是我用相同價錢可以買到那三支嘗起來也很不錯的酒。

酒液的來源竟然是穀物，乍聽之下感覺很不自然：穀物是乾的、粉粉的，而且通常會做成麵包或飼料。這是因為穀物內的化學鍵結，讓它能以奇異的方式製成威士忌（或啤酒）。切開一顆大麥粒或玉米粒，你會發現有一塊塊細小、堅硬且不可溶的澱粉鑲在蛋白質中。威士忌既不需要澱粉，也不需要蛋白質，但是澱粉可以經化學變化轉換成糖，而糖就是變成威士忌的門票了。

穀物轉化為威士忌，須經過一系列的化學變化，我們會在本章大致介紹每一個轉化過程，這裡先讓你有個大概輪廓：當植物將水、土壤與陽光轉變成莖與穀粒後，農人會進行採收並整理。如果採收的是蘇格蘭威士忌用的大麥，下一步就是形成麥芽（malted），即穀物開始發芽的自然過程。發芽過程會釋放出讓堅硬澱粉軟化的酵素。

接著，麥芽或其他發芽的穀物會磨成粉並煮熱（cooked）。煮熱可以活化植物內將澱粉轉化成糖的酵素。其他類型威士忌的蒸餾廠，如美國波本威士忌酒廠，會在酒譜加入麥芽，單純為了麥芽中的酵素而非風味；加拿大蒸餾廠則會直接添加培養的酵素。

然後，便該讓下一位角色出場了：酵母菌。這是一種吃糖的小真菌，會瘋狂繁殖，並生產二氧化碳與酒精。到目前為止，幾乎與釀造啤酒的過程一致。現在，便要進一步萃取與濃縮酒精了，也就是所謂的蒸餾。這些混合物會在蒸餾器中加熱，沸點較低的酒精因此會比水更快蒸發。酒精蒸氣會被收集並冷凝。通常會再經過至少一次蒸餾，讓酒液更純淨一些後，再將其降至標準裝桶 proof（酒精純度，威士忌的酒精濃度單位），最後裝進橡木桶中。

第三章的旅程便會從裝進橡木桶中的威士忌開始。現在，就讓我們深入聊聊穀物、發酵與蒸餾的細節。

威士忌之母：穀物

如同麵包，威士忌也是穀物，只是以濃縮液體的模樣呈現。不同的麵包之間差異很大，例如黑色渾圓的德國 pumpernickel 黑麥麵包、楔型的甜美玉米麵包與紮實有嚼勁的一條全麥麵包。同樣地，主要使用的穀物種類也強烈影響威士忌的特質，也就是釀造威士忌的基質穀物（mother grain）。

大麥與麥芽

世上任何一款威士忌都有基質穀物。蘇格蘭威士忌的基質穀物就是大麥或麥芽（malt），之所以稱為麥芽，是由於它們經過了發芽。雖然所有穀類都能進行發芽過程，但威士忌使用的發芽穀物大麥占壓倒性的多數（主要因為啤酒很受歡迎），所以在麥芽威士忌或單一麥芽威士忌中，

如何製作威士忌

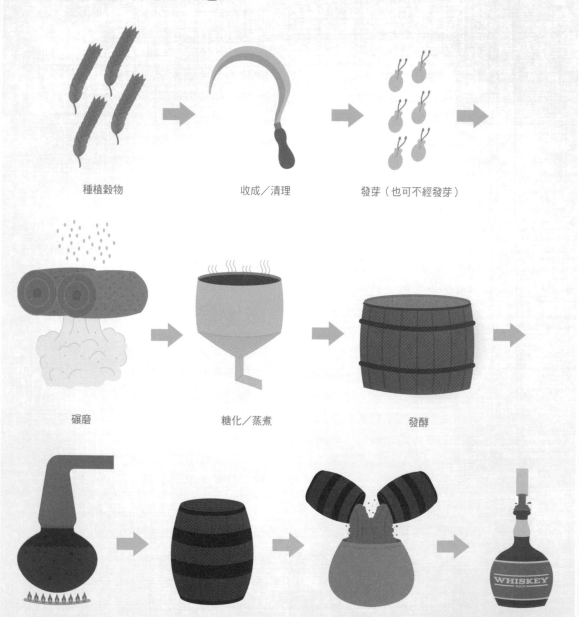

種植穀物

收成／清理

發芽（也可不經發芽）

碾磨

糖化／蒸煮

發酵

蒸餾

陳年

調和

裝瓶

通常會直接稱之為「麥芽」。

　　大麥身為威士忌首選穀物的理由，與世上絕大多數啤酒也都以麥芽為基質的原因一致：大麥的部分發芽過程較容易控制。穀粒充滿了澱粉，澱粉不僅是發芽過程的濃縮食物，而且很容易轉換成糖。這些曾是穀粒一部分的糖，最後會轉化成威士忌。另一個啤酒與威士忌都喜歡使用麥芽的原因就是，它很美味。

　　這便是為何麥芽能歷久不衰。大麥的人為發芽是一項古老發現，可追溯至文明的開端美索不達米亞（Mesopotamia）。我們之所以知道這個事實，是因為我們發現約西元前四千年前，蘇美人時代留下的釀造證據與文字紀錄。

　　大麥的人為發芽是個簡單的概念，但實際執行上則稍微複雜。經過寒冬，穀物在接收春日的和煦氣溫與春雨後開始發芽。對穀粒來說，發芽的目的為繁衍。當發芽所需的條件俱足時，穀粒會釋放酵素，開始分解緊抓堅硬澱粉的蛋白質基質。嫩芽隨之成長，吸收澱粉轉換而來的糖。

　　不過，這對威士忌來說卻不是件好事；蒸餾廠希望盡可能地從每一顆穀粒汲取最多的糖。所謂的出酒率（yield），是

浸濕穀物後，會將大麥穀仁打散，遍布在發芽地板上，使其發芽，讓其中的澱粉開始轉變，最後可進一步轉化成糖，成為威士忌。大麥穀仁需要經常翻動，以免彼此糾結成團塊。

什麼是泥煤？

泥煤的外觀不難描述，但要解釋它究竟是什麼可能有點複雜。泥煤其實是部分腐敗的植物，多數為水蘚，遠從數世紀或甚至是數百萬年前，在沼澤、泥淖或荒野中逐漸堆積而成。為什麼它們沒有被風化分解？因為它們埋在水下。

如果你曾經種過花草，也許用過泥煤蘚（peat moss）來提升砂質土壤的保水性，或只是單純地將水留在植物周遭。當苔蘚死掉，新生的苔蘚還是會抓住水分，減緩死掉苔蘚氧化的速度，因此不會腐敗。泥煤沼澤留住了能減緩風化過程的足夠水分。

當腐敗的物質聚集累積，透過地心引力，其重量漸漸足以使其向下移動，使得底層被壓縮成密度較高，如同碎木板。首先，從泥煤沼澤切出長條狀的物質，稱為泥碳（turfs），接著排成一道道或疊成一堆使其乾燥。在艾雷島可以見到正在晾乾的泥碳沿著路邊擺放，當地鎮民將其切出，當作免費的壁爐燃料。

想要威士忌酒款包含泥煤煙燻味的蒸餾廠，會在麥芽烘乾的過程中於烘窯燃燒泥煤。這是一種受管控的緩慢燃燒過程，不希望出現看得見火焰的明火，因為這樣就不會有煙霧。我們需要大量豐厚的刺激性燻煙升起並穿過綠色的麥芽，最後留滯在穀殼上。

對威士忌酒廠來說，有趣的是每個地方的泥煤都不同。世界各地都有出現泥煤的可能，從熱帶地區的印尼，到高緯度寒冷之處，如阿根廷的火地島（Tierra del Fuego）、英國屬地福克蘭群島（Falkland Islands）、加拿大、北美洲北部、芬蘭、俄羅斯與蘇格蘭。據估計，全球地表約有2%為泥煤沼澤，所以應該還不會太快用盡。（目前已有一些保存蘇格蘭泥煤的計畫，蒸餾廠也投資研發新的技術，讓每一縷煙絲都能發揮最淋漓盡致的潛力。）

生成泥煤沼澤的不同植物，也賦予泥煤獨特的性格。愛爾蘭與艾雷島的泥煤不同，艾雷島又與高地地區的泥煤相異，而高地地區也和奧克尼群島（Orkneys）的泥煤不同。對化學家來說，這是一種簡單的分析物質；對威士忌愛好者而言，這是一股鼻中的氣息，能聞出許多差異。

泥煤味是一種強烈的氣息，如果你聞過從泥煤沼澤切出的泥碳，或是還沒燃燒的泥煤，會發現它們與威士忌中的味道完全不一樣。也許你曾聽說過某些威士忌酒款具輕微泥煤味特性的原因是，其蒸餾用水在抵達蒸餾廠的途中曾流經泥煤，請別相信這種說法。波摩蒸餾廠經理艾迪‧麥考夫說：「這只是一種浪漫的想像。」想要從泥煤獲得它獨特的氣息，只有燃燒一途。

對於使用經泥煤烘製麥芽的蘇格蘭威士忌來說，泥煤也是原料之一，與麥芽或水一樣。泥煤影響的一部分也與產地有關，其風土（terroir）讓威士忌彼此不同。我曾經站在哈比斯特摩爾（Hobbister Moor）的泥煤層剖面前，這裡是高原騎士（Highland Park）在奧克尼群島的泥煤田。腳下踩的是最底部的黏土次層，這裡擁有約為6吋厚的泥煤層，相當於經過五千年的堆積時間。頂層淺棕色且鬆軟，充滿雜色的莖、葉片以及雜草。再往下，變得較為密實，但仍然易碎且可以看到莖與葉片。

一路向下抵達五千年前形成的地層，質地變得更為堅硬且顏色更深，即便如此，我還是見到了一些植物的莖，這些植物比耶穌老了三千歲，比維京人踏上奧克尼群島還早了三千八百年。今日，這些泥煤的下一步也許就是燃燒成為麥芽中的香氣，變成高原騎士威士忌某一批次的威士忌，然後再過十五或十八年後……乾杯！

泥煤會切成一條條，經過數週的堆疊晒乾，
接著收集至烘窯點燃，創造出富有泥煤味的麥芽。

一種表示損失多少成本的數字，如同攸關生死的成交額。因此，發芽過程受到廠家的嚴密管控，溫度、濕度與時間都須仔細監控。

大麥會在水中浸泡約兩天，接著放乾讓穀粒開始發芽。在此期間必須持續翻動大麥，不論是人工翻動或利用機器，以避免嫩芽互相纏結，盤纏成不好處理的團塊。酵素此時正在分解蛋白質基質，讓澱粉掙脫露出。

當澱粉轉化到達高峰，且在嫩芽開始消化太多食物之前，麥芽會被送進烘窯（kiln）加熱，以阻斷發芽過程。艾雷島的波摩（Bowmore）蒸餾廠經理艾迪·麥考夫（Eddie McAffer）曾向我示範一種老發芽師稱為「麥芽粉筆」的技巧，用來判斷麥芽是不是已準備好進入烘窯。他從蒸餾廠的發芽地板上拿起一顆麥芽，往一旁的灰泥牆面向下以手指抹碎。牆上留下一道白色條痕。「快要可以了。」他向我解釋，當澱粉夠軟時就可以畫出痕跡，穀粒若是尚未充分轉換——「低修飾度」（undermodified）——就畫不出線條。這一切對他來說已了然於胸，早在1966年建立波摩蒸餾廠時，他就在這片發芽地板上親手翻動麥芽。

當轉換完成，這些潮濕的綠色麥芽就會送進烘窯，烘窯中不斷吹過的熱空氣會將它們烘乾，殺死嫩芽。此作法的概念是產生能阻斷生長的高溫，但不可高到如同燒烤麥芽，或使酵素產生改變。

此時，就可以考慮是否為酒款加入泥煤煙味。今日的麥芽烘窯使用不會產生任何煙霧或燃燒氣味的熱空氣，但早在兩百年前，事情可沒如此簡單，麥芽時常會在烘乾過程沾染煙味。現在，帶有這樣風味與處理過程的麥芽仍可見於兩種酒款：德國的煙燻啤酒（rauchbier），與為數不少的蘇格蘭及日本威士忌。

如果希望酒款帶有泥煤味，那麼泥煤味處理便是進入烘窯後的第一件事，因為此作用只能發揮在潮濕的麥芽上。首先，把烘窯餵飽悶燒的泥煤，再讓產生的煙霧繚繞烘窯達整整十八個小時。此時煙霧的溫度並不高，人們甚至可以舒服地站在烘窯中。烘窯內很潮濕，而且因為麥芽吸收了大量的煙，裡面並沒有想像般地濃煙密布。

麥芽吸收的煙霧量以百萬分之一

威士忌的穀物

麥芽威士忌
Malt whisky
（蘇格蘭、日本、
部分愛爾蘭）
100%大麥麥芽

穀物威士忌
Grain whisky
（蘇格蘭、日本、
部分愛爾蘭）
各式各樣的穀類
（經常使用小麥）

單一罐式蒸餾
愛爾蘭威士忌
**Single pot still
Irish whiskey**
麥芽與生大麥的混合

裸麥威士忌
Rye whiskey
51%以上的裸麥、
麥芽與玉米

加拿大威士忌
Canadian whisky
玉米、裸麥與麥芽
（使用的比例多變）

波本威士忌
Bourbon
51%以上的玉米，再加
上麥芽、裸麥或小麥

（ppm）的酚（phenols）含量表示，這是一種能產生煙味的香氣分子。在泥煤味重的麥芽中，含量可達 60~70 ppm。你可能聽過人們討論威士忌本身所含的酚含量，但此數值並不準確。麥芽與實際蒸餾酒中的酚含量比例大約是 3：1，許多煙燻味會在糖化（mashing）過程中，留在麥芽的殼上。另外，也還有其他影響威士忌煙燻味程度的方式，其中最重要的就是蒸餾過程，而測量煙燻味程度最棒的機器，就是我們的鼻子！

烘燒泥煤的過程完成之後，加熱的溫度隨即被提高；如果麥芽不須經過燻燒泥煤的過程，溫度會直接上升到此高度。大約兩天過後，麥芽便呈乾燥狀態。整個人為發芽的過程大約需要一週。曾經有一位發芽師告訴我：送進穀物後，產出麥芽來，當中其實真的沒有什麼可以人為加速的方法。

這就是麥芽，蘇格蘭單一麥芽威士忌與日本威士忌的基本原料。愛爾蘭威士忌也使用麥芽；愛爾蘭蒸餾廠公司，如尊美淳（Jameson）、權力（Powers）、紅馥（Redbreast）與米爾頓等，所釀產的威士忌也包含了各式比例的未發芽大麥。雖然美國的波本與裸麥威士忌為了取得酵素而使用部分麥芽，但這兩類威士忌的基本穀物並不相同。波本威士忌謹守著玉米，裸麥威士忌主要使用裸麥，但兩者都有加入其他種類的穀物。讓我們仔細看看有哪些穀物吧。

裸麥

裸麥並不是特別溫馴的穀物：它的酒

齡年輕，是最晚被馴化的穀物之一。已發現的考古證據中，裸麥最早只能追溯至西元前五百年，這個年紀就像穀物界中的青少年，它的表現也很像。

對草本植物來說，裸麥長得特別高，至少 6 呎，而且經常長在人們很不希望它出現的地方。俗稱的野生裸麥會在收割期後突然冒出，而且長得飛快。當它突然現身小麥麥田時，就會影響小麥的收成量。裸麥常有苦與土壤氣息的特徵，古時羅馬人很不喜歡它的味道，或至少古羅馬博物學家暨作者老普林尼（Pliny the Elder）很討厭它。

老普林尼幾乎找不到任何裸麥可以值得一提的優點。在他的《自然史》（Natural History）一書中，裸麥被形容為「十分低下的穀物……只能用來趕走太過積極的女性」。他也不喜歡裸麥的味道：「可用斯卑爾脫小麥（spelt）中和它的苦味，但即便如此，我們的腸胃還是很排斥裸麥。」

不過，老普林尼也承認裸麥有其優點：「它在任何土壤都能成長，而且收成量是其他穀物的百倍，也可以用在養土施肥方面。」

農夫們更說裸麥可以從岩石長出來，此言不虛，我曾拜訪位於加拿大亞伯達省（Alberta）的一座裸麥田，放眼望去淨是裸麥冒出的枝枒，只要有極少量的土壤或枯草，它就是能四處生長在岩石、建築物與農場機械上。

裸麥不屈不撓，生長快速，占領土地的能力之強大，甚至無須為裸麥田除草；它會直接淹沒任何試圖與之競爭的植物。裸麥也有助於避免土壤被侵蝕，而且如同老普林尼所述，它是兩年生植物，最後還可埋進土裡，當作下一輪的肥料，因此裸麥在東歐與斯堪地那維亞（Scandinavia）很受歡迎，那裡主要的麵包就是德國的 pumpernickel 黑麥麵包與丹麥的 rugbrød 黑麥麵包。

如果裸麥能做成麵包，它當然也可以釀造出威士忌。當德國人在十八世紀移民至北美洲時，將裸麥與蒸餾技術也一併帶了過去。賓州很快地建造了農場與蒸餾廠，釀產出的裸麥威士忌風味獨具，成為美國經典威士忌之一。加拿大出現裸麥威士忌的過程也與美國相同，高大且任性的裸麥，遍布了崎嶇的加拿大東部與廣大的草原區。

玉米

另一個美國蒸餾廠的要角穀物就是玉米（corn 或 maize）。也許你很難想像玉米也是一種草，尤其是當你看到玉米田旁修剪齊整的草坪，更是難以想像，但是它們都是真正的草，都屬於禾本科（Poaceae）。小麥、裸麥與大麥都是草本植物，只是它們長得比較大，而且玉米的莖更粗，穀仁會長成巨大的圓塊，被包覆在包護它的玉米殼中。這是一種長相怪異的草。

就是因為它身為草本植物，因此很適合蒸餾。玉米在北美洲稱霸，並經過刻意培育。玉米是大芻草（teosinte）的後代，這是一種隨風飄逸如同棕櫚葉的植物。美國原住民成功地將大芻草雜交，培育成單莖、穀物承載增加且有外殼保護的穀仁。產量的增加程度相當驚人，玉米成為美國食品科技中極為重要的糧食作物，並用我們難以想像的方式形塑食品。

但是回到威士忌，我們不難看出美國蒸餾廠使用玉米的原因：它相當多產豐饒。給它好的土壤與對的氣候——今日的玉米被培育得適應範圍更廣——玉米的收成將相當可觀。玉米很難人為發芽，但是揭開玉米殼的方法可不只一種；一旦玉米經過碾磨與加熱，澱粉基質便被打散，如果在此時加入相對少量的麥芽，就可以提供足夠的酵素，將玉米泥中大量的澱粉轉換成糖。

玉米唯一的問題就是，它有點過於單調；它的風味便是強烈的甜。因此，蒸餾廠學會創造蒸餾酒譜，也就是我們熟知的原料配方（mashbill），其中有大量的玉米

提供甜味以及發酵動力來源的糖；一部分麥芽，以提供酵素將澱粉轉換成糖；最後再加入幾袋裸麥（有時使用小麥），在酒款裡添加一點風味與刺激。他們將穀物碾磨後（也許會留下一部分碾碎的穀物粉末當作租金，或承諾將來會以威士忌繳付，因為碾磨坊也常自釀私酒），下一步便是進行糖化（mash）。

糖化過程

不論你使用的是麥芽、泥煤煙燻過的麥芽，或以上皆非，接下來的穀物處理過程幾乎一模一樣。先將穀物研磨成均勻的

蘇格蘭艾雷島上，雅柏威士忌蒸餾廠的松木桶發酵槽（washbacks）。

酸麥芽漿

向一名威士忌愛好者詢問什麼是「酸麥芽漿」時，他也許會告訴你：「就是傑克丹尼威士忌，它是真正的酸麥芽漿威士忌，有酸麥芽漿的味道。」真的嗎？這是一種在麥芽漿中的酸，等到進入蒸餾器時，酸其實便消失殆盡了。這就像有人跟你說田納西威士忌（與它的表親波本威士忌）喝起來是甜的一樣。

你也許還聽說蒸餾廠會留下一小部分經過發酵而變酸的麥芽漿，有點像是酸酵母老麵糰，這些酸麥芽漿會放到下一次發酵過程，以維持每一批次的品質穩定。但其實酸麥芽漿——也稱為「酒糟」（stillage）或「逆流」（backset）——經過一連串的蒸氣洗禮之後，由柱式蒸餾器產出，此時酸麥芽漿裡已經沒有任何活著的生物。這是一種稀薄、酸且充滿死酵母的液體，而死酵母正是糖化需要的東西。

酸麥芽漿會與新產出的麥芽漿一起加入發酵槽，約占發酵槽的三分之一。酸麥芽漿有兩項用途，首先是餵養酵母菌，死酵母是新一代酵母菌的絕佳食物；其次，當中也還有剩下的酵素，可以促進新產出麥芽漿中的酵素活化。酸麥芽漿也會降低麥芽漿的酸鹼值，讓它帶點酸性，剛好符合酵母菌的喜好。這樣偏酸的傾向也會生成下一批次的酸麥芽漿。

為什麼酵母菌喜歡帶酸的環境？喜愛使用酸麥芽漿知名的傑克丹尼威士忌蒸餾廠首席蒸餾師傑夫·阿奈特（Jeff Arnett）表示，其實……並不盡然。他將酵母菌比喻成一些在泥地賽場表現比較好的賽馬。他說：「濕滑的泥地並不會讓這些馬跑得比較快，但牠在泥地會跑得比其他馬匹快。」

同樣地，較酸的麥芽漿會減緩酵母的速度，但是細菌變慢的程度更大。細菌對蒸餾廠來說是個問題。它們會吃糖，但不會製造酒精，而且通常會產生我們不喜歡的氣味。讓細菌慢下來，可以使酵母菌在賽場制霸且繁殖得較快。

所以酸麥芽漿的用途其實是保持成品的穩定，但並不像酸酵母老麵糰，扮演提供新麵糰酵母的角色。它能確保發酵過程中酵母菌為最活躍的主角，而且每次發酵狀態都能健康且活力充沛。

幾乎每個波本威士忌的製程都有加入酸麥芽漿（只有非常少的實驗性特殊酒款不會使用酸麥芽漿）。雖然好像每個威士忌愛好者都覺得自己知道什麼是酸麥芽漿，但是……至少，現在你真的知道了。

粉狀，稱為碎麥芽（grist），再將水與碎麥芽混合。

水對威士忌相當重要，因此蒸餾廠通常會選擇坐落在靠近優質水源的地方。水有許多用途。首先，蒸餾廠需要大量的水進行降溫；蒸餾槽產生的酒精蒸氣需要經過冷卻凝結，而在夏季進行的發酵過程也需要降溫，以避免酵母菌劇烈活動而毀了糖化。

幾乎任何乾淨水源都可以作為冷卻水，另一方面，實際參與蒸餾過程的水更為重要。水中的鈣是酵母菌所需的養分；水中的鐵則可能會毀了威士忌，使其轉黑且混濁。美國肯塔基州中部擁有石灰岩質

位於蘇格蘭達夫鎮（Dufftown），格蘭菲迪威士忌蒸餾廠的蒸餾器。由圖可見其中有三種形狀不同的蒸餾器。

地層，提供了富含鈣且無鐵的水，極為適合用在釀造威士忌。我還曾聽蒸餾廠說，從前的酒廠之所以會失敗，大概就是因為他們錯過了這片地塊。

將所需的優質水與均勻妥善的碎麥芽一同倒入糖化槽，碎麥芽中的澱粉此時稱為麥芽漿（mash，即「醪」），會在這裡轉化成糖。接下來有兩種作法，不同的蒸餾廠可能選擇直接設定成適合糖化的溫度，或是以不同的升溫階段逐步加溫，讓不同系列的酵素在不同階段發揮各自最大的效率。

溫度很關鍵：溫度太低時不會發生糖化；溫度太高時酵素會被分解而轉化便因此停止。當轉化真的發生時，一切宛如魔法。原本充滿澱粉的麥芽漿濃稠且厚重，

如同燕麥粥，當酵素施展魔力時，麥芽漿突然就因為轉化為糖變得絲滑光亮，這真是一種令人驚豔的物理變化。

此時，也有不同作法可以選擇。大多數的蒸餾廠會將稱為麥汁（worts）的糖水從麥芽漿中濾出，剩下的糖則連續數次用熱水洗出，此過程稱為洗槽（sparges/waters）。熱水可以洗出經過最後轉化的較為複雜的糖。

整個流程中的麥汁與洗槽水（最後一次的洗槽水會留下，成為下一批次與碎麥芽混合的水）會進入熱交換器中冷卻，並準備進入發酵過程。

傳統美國蒸餾廠不會先將麥芽漿過濾，所有東西都會一次進入發酵槽中，包括所有穀粉。

罐式蒸餾器的運作

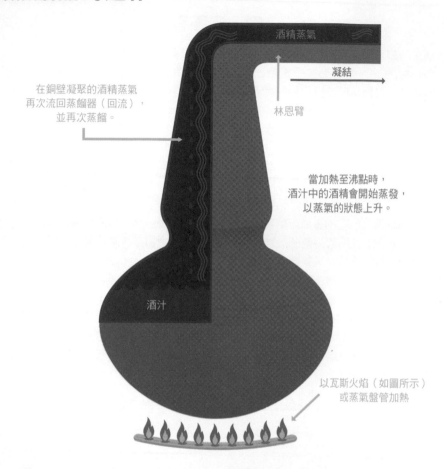

酒精蒸氣

在銅壁凝聚的酒精蒸氣
再次流回蒸餾器（回流），
並再次蒸餾。

凝結

林恩臂

當加熱至沸點時，
酒汁中的酒精會開始蒸發，
以蒸氣的狀態上升。

酒汁

以瓦斯火焰（如圖所示）
或蒸氣盤管加熱

發酵過程

將麥芽漿倒進發酵槽約三分之二滿，剩下三分之一則以酸麥芽漿（sour mash）裝滿，酸麥芽漿為之前經過蒸餾器的發酵物。接著會放入蒸餾廠特定的酵母品系開始發酵，將麥芽漿中的糖轉化為酒精與二氧化碳。

發酵速度與溫度會影響酵母菌產生的風味。發酵過程是一種放熱化學反應，所以麥汁的溫度會隨著發酵上升（除非蒸餾廠刻意冷卻）。

熱度會加速發酵過程，並且創造更多的香氣分子。此時創造的某些香氣分子很受喜愛，但大多並非如此。使用的酵母菌品系也會有影響（參見第48頁），這也是為什麼蒸餾廠會謹慎小心地保持酵母菌純淨且健康。他們會用顯微鏡分析以確定酵母菌品系未經變異。

發酵產物的酒精濃度（ABV）介於

銅：守護者

蒸餾廠的銅製罐式蒸餾器閃著微光。不時發出嘶嘶聲與呼嚕聲響的銅壁柱式蒸餾器，有時還會在頂端加裝銅片。蒸餾間裡到處都看得見銅，雖然它也許有點磨損、凹了一角，或失去光澤而顯得有些破爛。為什麼蒸餾廠這麼愛銅？

「起初，只是因為銅好用。」比爾・梁思敦博士解釋道：「銅可以延展，較容易將它形塑成蒸餾器，而且它的熱傳導良好。熱傳導性對今日的蒸餾廠而言已經不是如此重要，因為多數加熱方式都已改成將蒸汽盤管放在蒸餾器內，但在從前，我們會用煤火等類似的方式加熱蒸餾器，因此需要將熱傳至蒸餾器內。進一步發現銅能與凝結的蒸氣起化學反應，完全是運氣。」

銅會與蒸氣中的硫（硫來自於穀物，它是某些蛋白質的成分）結合，產生硫酸銅。硫酸，一種黑色的有毒氣體化合物，因此就被留在蒸餾器，讓酒液乾淨地流出。

在渥福酒廠，第一道蒸餾流出的酒液漬了硫酸銅，銅的化學反應也會將玉米中的油一起汲出。首席蒸餾師克里斯・莫里斯（Chris Morris）說：「我們稱它為油漬。千萬別碰它，不然須連洗三天才能把味道洗掉。」

蒸餾過程如果少了銅，威士忌聞起來就會「有種非常尖銳的硫味、肉味，幾乎就是包心菜的味道。我們其實不太喜歡這種味道。」梁思敦博士表示。酒液不僅可能因此有過多硫，也可能會覆蓋太多水果味，並使威士忌變得稀薄。

有趣的是，因為銅與硫的結合，可以在去除銅的同時把硫帶走。蒸餾器、冷凝器與林恩臂都是以銅製成，銅會在蒸餾過程的任何一處獻身，讓威士忌變得美味芳香。如果最美的人心如同金光閃耀，那麼，最棒的威士忌一定有顆閃爍微光的銅心。

8~18％，不同濃度取決於使用的酵母菌與蒸餾廠的選擇。美國蒸餾廠稱此時的發酵產物為「啤酒」（beer），而蘇格蘭與愛爾蘭則稱為「酒汁」（wash）。酒汁便可進入下一步，蒸餾。

蒸餾過程

可想而知，不同蒸餾廠蒸餾過程的各種技術是個複雜的主題。光是蒸餾器就分為罐式蒸餾器、柱式／連續式蒸餾器（column/continuous stills）、混合式蒸餾器（hybrid stills）與萃取式蒸餾器（extractive distillation stills）。它們的運作方式不盡相同，但原理都一致：從發酵產物的酒汁中分離並濃縮酒精。多數威士忌蒸餾廠會使用兩個以上蒸餾器的蒸餾系列，每個蒸餾器都會再以幫浦取出酒精溶液，或是抽掉不想要的不純物質。

批次罐式蒸餾

罐式蒸餾都是以批次處理；蒸餾廠會將一批酒汁放入蒸餾器，並加熱到這批完成，接著將蒸餾器清空，放入下一批酒

雙柱式蒸餾器的運作

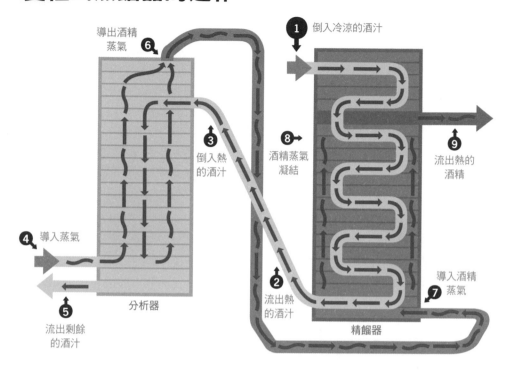

1. 冷涼的酒汁進入精餾器之後，經過一個加熱管系統。

2. 熱的酒汁從精餾器流出後，從靠近分析器的頂端進入。

3. 熱的酒汁從分析器頂端開始向下經過一系列的有孔隔板。注意：波本、裸麥與田納西威士忌的製程中，這個流程為第一步驟。

4. 當酒汁緩緩細流而下的同時，活力充沛的蒸氣透過隔板向上竄升。熱騰騰的水蒸氣使酒精蒸發，並帶著它朝上到達分析器的頂端。

5. 剩下的酒汁與固態的麥芽漿從分析器底部流出。在製作波本威士忌的酸麥芽漿處理過程中，這些水淋淋的固態麥芽漿——稱為「廢液」（slops）或「酒糟」（stillages）——會加進尚未發酵的麥芽漿中，即所謂的「逆流」（backset）。

6. 不純且熱的酒精蒸氣從分析器的頂端流出。這時的酒精濃度不固定，但大多都超過 50%。若是穀物威士忌，蒸氣會如圖所示地導向精餾器的底部；而波本威士忌的蒸氣會導進長得像罐式蒸餾器的加倍器，進一步純化。

7. 熱的酒精蒸氣進入精餾器的底部，再次向上經過一系列的有孔隔板。在上升的同時，它會接觸溫度逐漸降低的管子，酒精便被留下。部分不純物質（與水）將凝結並留在精餾器（多數狀態中這些物質會流到底部，接著用幫浦汲出，再進一步蒸餾）。

8. 當酒精蒸氣撞上「烈酒隔版」（spirit plate），便會在這個特定高度與溫度的狀態之下凝結。其他酒精濃度更高或更多揮發物的不純物質會繼續上升（多數狀態中它們會凝結並回到倒入的酒汁再度蒸餾）。

9. 將熱的酒精導入冷凝器，產生的烈酒酒精濃度大約是 90~95%。

汁，再重新進行一次。

罐式蒸餾過程很容易理解。想知道實際進行過程，你可以拿出一個燒開水的壺，裝進水，放到爐上，蓋上壺蓋，把火點燃。當水沸騰時，蒸氣會衝向溫度比較低的壺蓋。蒸氣會因此凝結；打開壺蓋看看內側就知道了。

罐式蒸餾與燒開水的原理一致，但有兩點重要的差異。首先，酒精的沸點比水低，這也是蒸餾酒的關鍵。所以，當蒸餾器中的內容物加熱到酒精的沸點（78℃）與水的沸點（100℃）之間，就可以持續產出酒精蒸氣，並進一步以冷凝方式收集。

這便包含了罐式蒸餾與燒開水的第二個重要不同之處：輸出。蒸餾器包含一個引導輸出酒精蒸氣的出口。當酒精蒸氣從罐式蒸餾器輸出時，它們會向上經過壺頸，接著進入一個側向彎折的管子，稱為林恩臂（lyne arm）。林恩臂的折彎角度可以劇烈、平緩或接近水平，有的甚至還會向上。不同角度決定了酒液的回流（reflux）程度，也就是酒汁回流至蒸餾器並經過再度蒸餾的多寡。

回流率不常被威士忌品飲者提到，但回流率對風味的影響相當大。威士忌狂熱者會討論水源、木桶、酒倉與泥煤，但很少聽到有人聊到回流率。

回流率並不難理解。它就是蒸氣「逃」進冷凝器前，又再度冷凝流回蒸餾器的比例。回流比例愈高，蒸餾酒液就會愈純淨。矮胖型罐式蒸餾器的回流率比瘦高型的低，並生產出較為厚重的烈酒；同樣地，角度向上的林恩臂會讓冷凝的蒸氣流回蒸餾器，僅讓溫度最高且最純的蒸氣通過，因此產出較輕的烈酒。

部分純淨酒液的效果發生在蒸發過程中，藉由沸騰而純化，但多數純淨效果是由於蒸氣直接與蒸餾器的銅壁接觸，這也是另一件不常被討論的項目。銅壺不僅看起來很美，它也是蒸餾過程的關鍵角色。

根據格蘭傑與雅柏（Ardbeg）威士忌酒廠首席調和師（Head of Distilling and Whisky Creation）比爾・梁思敦博士表示，這也是為什麼蘇格蘭威士忌蒸餾廠所使用的兩種冷凝器，會創造出如此不同的酒款。殼管式冷凝器（Shell and tube condensers）的銅殼中包含兩百五十支銅管，當蒸氣經過林恩臂後就會進入此處；冷水匯流經這些銅管外部以幫助冷凝，並造成回流。另一種冷凝器就是簡單的蟲桶（worm tub），類似螺旋型的銅管則浸在冷水槽中。

梁思敦博士曾在擁有兩種冷凝器的蒸餾廠中工作。他說：「在嗅聞與口嘗的盲飲中，就可以發現它們的不同。差異十分顯著。」以蟲桶冷凝的酒液通常會帶有許多肉味及硫化味氣息。

經過「酒汁蒸餾器」（wash still）完成蒸餾與冷凝的第一道蒸餾之後，乾淨的酒液開始流出，此時，要再次做出抉擇。這些酒液是否夠好？是否值得進一步製成威士忌？這也正是取酒心（heart cut）之時。

從酒汁蒸餾器流出的酒液還不是蒸餾師想要的成品。這些酒液的酒精濃度相當低，包含了不討喜的化合物，還擁有一些永遠無法變成美味威士忌的個性。率先從蒸餾器流出的第一部分酒液，稱為酒頭（foreshots）。酒頭會倒入暫存槽中，留待下一批次的再蒸餾。

當流出的酒液到達夠高的酒精比例（「酒精」的種類很多，威士忌廠想要的是乙醇），這時的酒液就稱為「酒心」。蒸餾廠會小心地調節加熱溫度，以盡量延長流出酒心的時間，但最後還是抵達再度分離酒液的時刻；這也是第一道蒸餾流出的最後一部分酒液，稱為「酒尾」（feints）。酒尾也會留到下一批次的再蒸餾。

酒心的酒精濃度約為 20％，在此時稱為「低度酒」（low wines）。低度酒會進入較小的蒸餾器再度蒸餾，並再次進行取酒心的過程。這次的取酒心過程對酒款個性的影響較大（酒頭與酒尾一樣會被留下，並進入下一批次）。如果留取酒心的範圍較窄，成品會較乾淨、輕盈；範圍較寬，成品則會包含較多酯類、醛類與較高的酒精類物質，稱為同源物（congeners，參見第 81 頁），有較深且較有油感的特色。最終取得的酒液較整體酒精濃度高上許多，接近 70％。接著，便可以準備進入下一階段的木桶陳年。

柱式蒸餾：粗魯且有效率

柱式蒸餾器（column stills）的長相與罐式蒸餾器南轅北轍。柱式蒸餾器很醜，它就是把不同蒸餾階段以螺絲將接口栓在一起的高大柱子，看起來通常有點暗沉，甚至生鏽，而且一般來說，不會排進參觀酒廠的行程。

柱式蒸餾器發出的聲響很大，跟著急沖沖的蒸氣不時地咆哮並嘶嘶作響。它們不用分成批次進行，可全年二十四小時無休，因此也稱為連續式蒸餾器（continuous stills），更無須取酒心，能穩定地產出高酒精濃度的蒸氣。

聽起來不怎麼樣對吧？但當你了解它如何運作，以及十九世紀蒸餾廠如何破解蒸餾的效率問題之後，會發現它其實很有意思。罐式蒸餾器可以產出品質優良的烈酒，但是在每次蒸餾之間，都必須經過清空、清潔、重新裝滿蒸餾器，再為下一次的蒸餾加熱。蒸餾廠商希望找出能大量、快速、有效率且穩定的生產方式。

柱式蒸餾器的關鍵概念是讓酒汁一致朝向下方移動的同時，使水蒸氣由反向向上衝升。酒汁會在往下流的途中遇到水蒸氣，其所產生的酒精蒸氣會與水蒸氣一同向上；當水蒸氣因冷卻而降落，上方匯聚的酒精蒸氣就會愈來愈濃縮，並逐漸到達溫度比較低的柱頂。

只要酒汁與水蒸氣供應不斷，蒸餾過程就能持續不歇，並穩定輸出高酒精濃度的水蒸氣。蒸餾廠只需要讓發酵的腳步跟上，並不時關心一下輸出狀況。

實際運作其實比上述複雜一些。酒汁並非只是單純地從打開蓋子的柱頂倒下去；如此一來酒汁的降落速度會太快，來不及讓溫度達到酒精的沸點。因此，柱式蒸餾器裡面每 15 吋加裝了有孔隔板以留住酒汁。當水蒸氣向上穿過這些洞，會一道剝起蒸散的酒精，部分蒸餾廠因而會將柱式蒸餾器稱為「脫式蒸餾器」（stripper still）。當酒汁的重量大於水蒸氣氣壓時，會向下掉落到下一層的有孔隔板，如此反覆進行酒汁滴落而酒精向上蒸發的過程，直到所有酒精都被剝除上升，並從底部流出剩餘的液體（這些剩餘的液體經過冷卻，會成為波本威士忌發酵過程中的酸麥芽漿）為止。

波本威士忌蒸餾廠使用單一柱式蒸餾器，將未過濾的酒汁與穀粒一起倒入蒸餾器。蒸氣經過凝縮成為酒液後，酒精濃度約為 70％（140 proof），但依不同蒸餾廠而有不同。此時稱為「低度酒」的酒液將進入加倍器（doubler）再度蒸餾，基本上就是經典的銅製罐式蒸餾器。此過程可能會將酒精濃度再略微提升，去除不希望留下的味道，或單純地希望酒液能與銅反應；同樣地，每家蒸餾廠的技術各異。一般而言，在這個威士忌的最後蒸餾步驟中，不希望酒液的酒精濃度超過 80％（160 proof）。

蘇格蘭穀物威士忌的步驟稍有不同。蘇格蘭蒸餾廠使用經典的雙柱式蒸餾器，此蒸餾器在 1830 年由艾尼斯‧科菲（Aeneas Coffey，愛爾蘭稅務官或威士忌收稅員）臻至完善，部分蒸餾廠稱之為科菲式蒸餾器，其有一雙柱式蒸餾器，分別是分析器（analyzer）與精餾器（rectifier）。預熱過的酒汁會從分析器頂端倒入。過程如同波本威士忌的單一柱式蒸餾器，但當酒精從帶孔洞的隔板剝出後，便導向精餾器的底部。

精餾器設計目的為剝拉出酒精的同時，保留更多的揮發性與同屬性物質。酒精會蒸發而向上穿過另一系列的隔板，並在上升過程再度濃縮。精餾器與波本威士忌蒸餾器不同的是，它的目的是蒸餾出更純淨的酒精蒸氣；這也表示當穀物威士忌經過精餾器，通常會得到酒精濃度約為 90% 的成品。從精餾器底部開始的酒液會再次進入酒汁的循環，確保所有酒精都能回收；精餾器頂部揮發性較高的物質，不是直接溢散到空氣中，就是收集製成化學原料。

感到困惑嗎？別擔心，這裡說的運作流程的確需要一些時間理解。你可以把柱式蒸餾器想成一系列疊在一起的罐式蒸餾器，每個隔板內都是一個批次，並將蒸氣向上送到下一個批次。

第三種蒸餾器則是以添加水的方式，去除更多同屬性物質，我們將在討論加拿大威士忌的章節（第 164 頁）進一步說明，因為我是在那兒見識到它的實際運作，而且加拿大蒸餾廠也許是對純淨烈酒最感興趣的酒廠之一，而這種蒸餾方式最能產出純淨的酒液。

各種蒸餾過程最後大致都抵達相同的終點：乾淨且酒精濃度高的烈酒準備進入木桶展開陳年，或直接裝瓶成為「白威士忌」（white whisky）。此時，酒精濃度較低的烈酒擁有較多的香氣與風味，但這些香氣並不都受人喜愛；酒精濃度較高的烈酒則比較純淨，並且沒有不討喜的特性，但是香氣與風味便大幅縮減了。木桶能濾淨前者，為後者添加香氣，並將兩者都染上酒色。

我們從麥田中的穀物啟程，接著經過發芽、碾磨、糖化、發酵與蒸餾。發芽過程約需時一週，糖化與發酵則約需五到六天，蒸餾過程則約為一天。兩週不間斷的運作之後，酒液便可進入裝桶室（filling room），烈酒會在此裝進木桶，再被運到酒倉（warehouse）……它們會在那兒待上數年。

接下來，我們要聊聊木頭。

混合式蒸餾器

罐式蒸餾器比較容易掌控每一批次，並且讓細心的蒸餾廠精確取出它們想要的成品。柱式蒸餾器則較有效率，擅長處理回流並創造純淨的成品。許多精釀蒸餾廠在面臨如何從中取一的抉擇時，選擇同時採用兩種方式。

現代蒸餾器製造商創造出一種混合式蒸餾器，將柱式蒸餾器加裝在罐式蒸餾器上，目的是讓柱式蒸餾器更有彈性：如果蒸餾廠只想使用罐式蒸餾器的功能，可以將隔板打開，整部機器就如同罐式蒸餾器；如果想釀造波本風格的威士忌，可以再將隔板闔上；如果想做出純淨的烈酒，如伏特加或「白威士忌」（許多精釀蒸餾廠販售的一種未經陳年的威士忌），可以將隔板闔上，同時讓酒汁在柱式蒸餾器反覆循環，或甚至是將酒汁送到另一部柱式蒸餾器，此時罐式蒸餾器的作用主要是加熱酒汁。蒸餾廠甚至可以再加裝一個沒有輸出管的球狀「琴酒頭蒸餾器」（gin head），讓酒汁在蒸餾器中反覆循環流經植物藥草，並再度回流至罐式蒸餾器。

在參觀酒廠時看到這種東西，千萬別以為這就是單純的罐式蒸餾器，它既不是柱式蒸餾器也並非罐式蒸餾器，而是另一種相當彈性，可依照蒸餾廠需求做出調整的蒸餾器。

陳年

前一章蒸餾出的烈酒，很可能就是兩百年前老祖先認定的威士忌。他們可能會將它與水、糖及香料混合，或將香草、樹皮、水果、花或其他天然香料浸泡其中數天甚至是數週，也可能就直接裝瓶了。兩百年前的威士忌，絕大多數都是如此生澀或未陳年，當時若有經陳年的威士忌，也應是意外收穫。但這一切很快有了改變，威士忌從一種粗獷的心靈麻醉劑，轉變為帶有老練精湛氛圍的全球風靡飲品，而這樣的轉變來自一項古老的技術：木桶。

蘇格蘭威士忌會在木桶中熟成,而木桶放在典型的泥土地「鋪地式」(dunnage)酒倉中。

木桶陳年

遠在威士忌還未誕生之前,製作木桶的技術就已經是古老世界的重大進展之一。讓木材得以彎曲的蒸製法(steaming wood),應是在造船過程首度研發出來。有些聰明的人(可能是凱爾特人〔Celt〕)靈光乍現地加以應用,將木板頭尾向內彎曲組合成圓筒狀,並加裝符合開口大小的蓋子。最早的木桶是以繩子固定,最後才演變成將金屬箍圈與鉚釘錘打於木桶最寬處。

相較於一般容器,木桶的設計的確相當精巧且容量更大,是一種讓單人得以操控超過自己所能搬運重量的方式。每年的肯塔基波本威士忌節都會舉辦波本威士忌滾木桶大賽,波本酒倉的工作人員要滾動木桶(裝滿水而非威士忌)經過一系列的路線,最後抵達一個模擬的酒倉架,路線上已架有木製軌道,讓木桶能在其上滾動。參賽者需要盡快地滾動木桶,途中會經過直角的轉彎,要以扭搖木桶尾端的方式讓木桶過彎或停止。

木桶圓柱形與曲面的設計,讓單人就可以快速且精確地操控一個超過500磅的波本桶。經過練習,這種標準尺寸不僅可讓木桶循軌道滾動,裝有木塞(bung,木桶側面開有小洞,當酒液裝滿後插上木塞)的木板還能保持在頂端,以免酒液滲漏。

早期的威士忌釀造者之所以會使用木桶,是因為它遠比陶罐或皮革製的容器更好。就像銅製蒸餾器,雖然木桶其實還具備增進威士忌風味的潛力,但當時的釀造

酒桶構造

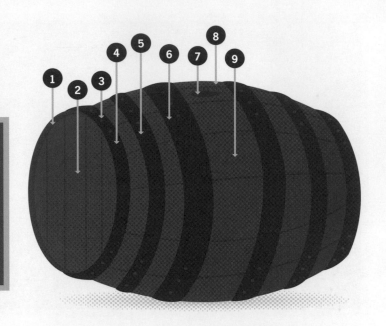

1 桶緣（chime）
2 桶頂（head）
3 鉚釘（rivet）
4 桶頂箍圈（head hoop）
5 弦部箍圈（quarter hoop）
6 腹部箍圈（bilge hoop）
7 木塞孔（bung hole）
8 桶腹（bilge）
9 木板（stave）

者並未想到這一層。

燒烤

　　熟成威士忌的關鍵之一是經燒烤（charring）的木桶內部。燒烤是將兩端未封蓋的木桶置於火爐上，讓烈焰在內部灼燒。控制在一定程度的燃燒會使橡木桶產生物理變化，變為具有過濾與浸漬效果，可和內部液體起化學反應的容器。

　　美國波本威士忌酒廠是以經燒烤的木桶儲存與陳年威士忌的先驅之一。雖然我們無法確定他們開始燒烤木桶的確切時間（參見第 6 章），但是它為威士忌帶來相當大的轉變，也影響了全世界的威士忌製程。

　　燒烤會對木材產生幾種變化。首先，它會在木板內側創造一層木炭，而木炭知名的特性之一就是過濾；當木材轉化成木炭，會增加相當巨量的反應表面積與化學化合物。僅僅 1 公克的木炭就有大約 200 平方公尺的可反應表面積，相當驚人。威士忌木桶內的木炭會抓住並吸收不想要的氣味，像是硫味。

　　燒烤時的熱度，也會進一步影響木炭層下方的橡木。木材裡的糖會被焦糖化，稱之為「紅層」（red layer）。假如將木桶拆開，從木板剖面就可以看見這道顏色明顯的薄層。威士忌裡面的天然溶劑——酒精——會滲入紅層，當夏季炎熱的天氣使酒精擴散並推進木板時，焦糖化的糖分就會被溶解而帶進威士忌，同時添加酒色與香氣。

　　燒烤還會瓦解橡木中的木質素（lignin）。木質素是木材中的天然聚合物，是一種大型的複雜分子，增加木材的強度。當酒精瓦解木質素時，會創造香氣分子，賦予威士忌我們熟知的特徵，例如

波本威士忌柔滑的香草氣息來自香草醛（vanillin），而木材中的醛類化合物便會變成芳香酯類。其中三個主要的酯類分別是：能賦予菸草與無花果香氣的丁香酸乙酯（ethyl syringate）、帶來肉桂辛香香氣的阿魏酸乙酯（ethyl ferulate），以及擁有煙燻或燃燒氣味的香草酸乙酯（ethyl vanillate）。以上的氣味對波本威士忌愛好者來說應該都不陌生。

另一群內酯類（lactones）化合物則可以帶來椰子的氣息。當酒精進一步分解木材其他物質，就會釋放梅納汀類物質（melanoidins），增加威士忌風味的深度，並染上更多顏色。

一般而言，燒烤為威士忌熟成的關鍵一環，且帶來相當多好處，因此用過的木桶有時還會再次燒烤以作他用，我們稍後

燒烤：躍動的火焰與彎曲的木板。

抓漏專家

威士忌酒倉中的香氣，大多來自於酒桶的「呼吸」，但部分源自更直接的木桶滲漏。製桶者會盡其所能使木桶緊密，在離開製桶廠之前，每個木桶都會經過壓力測試：木桶會裝進水與加壓空氣直到近乎極限，以確定不會有水漏出。如果有滲漏的情形便會進行修補；情況嚴重的可能須拆解木桶，更換或塑形特定木板，若是木板太小則可插入木栓（spiles，小木釘），如果是線狀的滲漏則會塞進一些乾燥的藺草（rushes）。

儘管如此，酒倉裡還是可能發生滲漏。當炎炎夏日襲擊酒倉時，威士忌會開始膨脹，尋找任何小縫隙，美酒就可能從木桶緩緩流下。當酒液風乾，糖分就會形成一道黏黏的褐色污痕，這就是酒倉散發豐郁香甜氣息的源頭。

蒸餾廠大致都會接受這樣的少量損失，當作熟成威士忌的微小代價，但是少數蒸餾廠的酒倉仍然會安排專門抓漏的員工。他們會四處緩步巡視酒倉，拿著手電筒慢行在乾草堆間，檢查木桶壁上流淌的威士忌是否過多。一旦找到禍首，他們會盡力修補，如果情況嚴重，則會直接撤換木桶，並祈禱該替換的酒桶不會落在後方，讓他們必須移動許多酒桶。

會進一步討論木桶的再利用。

呼吸作用

木桶中未受燒烤的部分，對威士忌陳年的影響同等重要，因為橡木雖然有很強的鎖水能力，但並不完全。威士忌桶的設計能盡可能地保存其中的液體長達數月或數年仍不致溢漏（太多），但在酒桶存放於酒倉的期間，橡木的細胞結構仍可以使其中的液體與氧氣緩慢地交換。我們甚至可以聞到這個過程，就在踏進酒倉大門的那一刻，就能聞到這股濃郁到近乎滿溢的氣味，如豐厚的帶黴味的甜香焦糖；在過熟的果味與潮溼木頭香中，伴隨著一絲可想而知的醉人酒香（某些威士忌酒倉僅有一絲酒氣，有些則會讓我不敢輕易點燃火柴）。

蒸餾廠與酒倉的工作人員因為早已習慣這個味道，很少會實際注意到。野火雞威士忌的資深蒸餾師吉米‧羅素說：「我只有在出了什麼差錯而讓味道不太一樣時，才會意識到酒倉裡的味道。」這真讓我吃驚；野火雞酒倉在炎熱夏季裡的香氣對我來說，如同走進一座巨型的柔軟焦糖香草布丁。

有些味道來自木桶長年的溢散，或是經年累月試樣（正式或私下品試）時滴落所累積，以及源自於木桶或木架的味道。不過，這股味道大多數來自於木桶的「呼吸」，液體與空氣的緩慢交換悄悄地以每年約 5％ 的速率偷走威士忌（有些精釀蒸餾廠甚至會因使用小木桶或是放在特別炎熱或乾燥氣候中陳年而損失更多），這也是蒸餾廠所謂的「天使份額」（angel's

share）。

整體而言，蘇格蘭威士忌在呼吸過程中喪失的酒精會比水多，因此需要特別謹慎注意老木桶，以免酒精濃度落到不符合法定標準的 40％（80 proof）以下。美國威士忌酒倉層架更高且更熱的酒桶，蒸散的水量比酒精量高，酒精濃度因此變高，例如入倉時的酒精濃度是 60％（120 proof），陳放七年後變成酒精濃度約 67.5％（135 proof）的威士忌，更強勁，但量較少。

蒸散的損失是製作威士忌無法避免的成本，就像是某種堅定不移的稅捐。雖然在較寒冷氣候或潮濕環境中的散失量會比較少，但每年都會有定量的損失。隨著不討喜的乾燥刺口的木頭特質增加，也表示威士忌已過了熟成的全盛期，蒸散會進一步帶領威士忌邁向終點。最終，天使飲下的威士忌會多到使木桶枯槁而酒液大量溢散，或木桶可能一碰即碎。

木桶的呼吸作用也是威士忌熟成的基本元素之一。少了呼吸帶來的交換作用，威士忌便無法好好地熟成。為什麼？讓我們回想一下橡木的細胞構造。在一棵活生生的樹內便已有移動緩慢的交換進行著，在錯綜如迷宮的纖維與管道中，運輸著水、空氣、糖與礦物質。當橡木隨著成長而向外圍增厚形成新的木材，仍在活動運作的部分（即樹木內部包含樹液之處）會發展出填充細胞（tyloses），以封阻曾有的輸送管道。在遭逢乾旱或受感染時，填充細胞能使樹木與部分組織切割，斷尾求生。對製桶師來說，填充細胞則是防水（或是防威士忌）木桶之所以選用橡木的原因，因為它們會封死通道，使液體無法

尺寸的確很要緊

精釀蒸餾廠間曾激起一場爭論，爭辯比標準尺寸（美國的標準尺寸容量為 53 加侖）更小的木桶是否更好。他們希望以木桶熟成威士忌，但因為還有帳單等著他們付，所以又希望熟成能更快速一些。他們想到木桶與威士忌接觸表面積，在造成的影響方面有比例關係，因此認為較小的木桶可以縮短陳年時間。少數的小型蒸餾廠會使用 30、15、5 與甚至 2 加侖容量的木桶陳年威士忌。

他們成功了嗎？在相對較大的表面積之下，威士忌很快就染上酒色，但是相較於有相似酒色的「大木桶」威士忌，兩者風味有所差異。小型木桶的蒸散損失酒量較陡峭，而且每加侖威士忌的木桶花費也較多，不過，投資回收的速度較快。問題其實在於，以小木桶陳年是熟成速度較高？還是，這根本是一種不同的熟成方式？

威士忌化學家史考特・斯普爾維里諾（Scott Spolverino）針對小木桶陳年過程進行研究，並描述了熟成與陳年之間的差異。「陳年是威士忌在木桶裡待了多少年，它與木質、木頭基調香氣、萃取量多寡以及實際經過的時間有關。熟成則是化學反應及蒸散的總和。」

蒸散很重要，但是斯普爾維里諾也表示木桶尺寸並不會影響隨時間的蒸散。這是「乙醇聚類」（ethanol clustering），一種乙醇與水聚合起來的結構，它讓口中的乙醇感柔和。斯普爾維里諾說，「小木桶無法強迫這兩者相聚」。

小木桶陳年的威士忌嘗起來如何？我起初對這樣的新想法有點戒心。即使我背後已經有了品飲威士忌二十年的經驗支持，也有一些朋友覺得小木桶真的得以加速熟成但仍有所失望。但是，我也喝過一些讓我欣喜的小木桶陳年年輕威士忌——例如蘭傑溪酒廠的 .36 德州波本威士忌（.36 Texas bourbon）——讓我覺得小木桶陳年的威士忌並不一定如我原先設想的如此恐怖。

雖然，我也注意到小型蒸餾廠在銷量與產量提升後，也開始使用大木桶。大木桶表示蒸散量減少（即便也需要比較長的熟成時間），產量因此較高，這也是相當有力的關鍵。但是，我覺得有些蒸餾廠仍會繼續使用小木桶，至少是部分酒款。小木桶陳年的威士忌較為粗獷，在經常試樣以確定酒液到達顛峰的情況下，亦能創造出動人的威士忌。

通過。但是，當液體從空隙中緩慢地滲出時，空氣便開始進入。

木桶在一個接著一個的夏季溢散出威士忌，而空氣進入。我們已經知道威士忌溢散出會有什麼影響：產量損失，以及讓酒倉聞起來非常美好！但是，進入木桶的空氣能促進所有桶內進行的化學反應，從木炭的過濾作用、分解木質，到隨後發展形成的各式香氣分子。

當威士忌裡的化合物與闖進的氧氣結合而氧化時，果味酯類隨之提升，賦予威士忌一股無法以穀物與木頭解釋的特殊風味。所有這些迷人的風味與香氣，都來自木桶⋯⋯但其實威士忌釀造者當初只是想要找到一種能把威士忌運送到市場的容器而已。

時間就是金錢

同時，木桶陳年的作用，不只是讓威士忌與空氣交流而已。已故的百富門（Brown-Forman）資深蒸餾師林肯・韓德森（Lincoln Henderson）監製過眾多偶像級威士忌品牌，如傑克丹尼、老福斯特（Old Forester）與渥福，他曾向我說明三十年前他在百富門與團隊進行的某些實驗。

他們指派化學工程師研究陳年過程，以進一步了解並尋找是否有縮短時間或改良的可能。縮短陳年時間對威士忌釀造者（還有他們的會計）來說相當誘人；在這個行業，時間真的就是金錢，可以終結蒸發的損失、漸升的稅捐與酒倉的硬體需求。

「我們只需五天就可以做出波本威士忌。」他面帶苦澀的笑容說道：「我們需要空氣進入木桶，所以把氧氣打入威士忌，瀰漫著木材。成果看起來很美！但是嘗起來像垃圾。」

陳年的魔力是什麼？在於交換的速度、大氣壓力、桶中壓力，還是木材裡面發生了什麼讓物質產生變化？這些都是很好的問題，也是我們之所以無法五天就做出威士忌的部分原因。

舊木桶中的新威士忌

蘇格蘭、加拿大與愛爾蘭威士忌釀造者使用新木桶的比例十分低，新木桶的使用也都是較近期的創新嘗試。當地的威士忌會陳放在經過長期使用的舊木桶，酒廠也擅長使用這些舊木桶創造多元的風味。波本桶是他們最常使用的木桶，只是因為波本桶數量相當多。

這樣的情況其來有自。美國威士忌釀造者會購買新製且經燒烤的木桶，而且大多只使用一次。美國相關法規規定波本、裸麥、小麥、麥芽（僅限美國製造，蘇格蘭威士忌另有一套規定）與裸麥麥芽威士忌，必須在全新且經燒烤的橡木桶陳年。部分或全部經過舊木桶陳年（為減少新木桶帶來的強烈風味）的威士忌，必須標示「以波本（裸麥、小麥、麥芽或裸麥麥芽）麥芽漿蒸餾」，但目前為止，以此方式陳年的主要品牌只有老時光威士忌（Early Times），其他另有部分精釀威士忌酒廠以舊木桶陳年。

美國威士忌釀造者只使用木桶一次，因此成為全球威士忌木桶的主要供應來源。美國當地還有個笑話：「風味我們都取盡了，現在可以換你們用了。」但也有個回應：「粗糙刺口的東西都被你們吸乾了，我們現在可以用了。」

這些都是玩笑話，但也不無道理。蘇格蘭威士忌釀造者不喜歡新木桶帶來的強烈香草氣息，此味道大多會在第一次陳年時被萃取出，剛好是波本威士忌釀造者想要的。

這也是我們比較常在蘇格蘭威士忌酒瓶看到較老的陳年標示的原因之一。我喝過比我還要年長的蘇格蘭威士忌，但我喝過最老的美國威士忌，則是海瑞威士忌（Heaven Hill）2008 年上市的派克典藏二十七年系列（Parker's Heritage Collection）波本威士忌。它是一款美麗、宏偉且喝起來比想像年輕的威士忌，但這種情況十分少見。我可是喝過桶味過重、單寧過多且咬口的十八年波本威士忌。

新木桶的風味潛力仍有許多待開發之

處，一旦它經過（即使只有四年）高酒精濃度洗禮，它對新裝入烈酒的影響是既緩慢又持續累積的。

雪莉桶是另一個威士忌陳年的舊木桶來源。雪莉桶通常都以歐洲橡木製作，單寧含量較多且構造與美國橡木不同。雪莉桶會留有一些加烈葡萄酒的特性，不同類型的雪莉酒也會帶來不同的特性，如干型的 fino、堅果／香草風格的 oloroso，與濃郁香甜的 pedro ximénez。波本桶可以讓波本愛好者嘗到他們熟悉的香草與椰子香氣。

木桶第一次承裝的酒款特性與第一次回填烈酒的蒸餾個性兩者結合，便會發展出美味的威士忌。

並非只有波本桶與雪莉桶，或甚至是偶爾出現的波特酒（port）、馬德拉（Madeira），或是新橡木桶會被再利用。部分蒸餾廠會選擇使用二手或三手的木桶，以減少擷取木質調性，突顯烈酒本身與蒸散效應應該有的味道。不同木桶造就的成品還可以進一步以新的方式調和，形成來自單一蒸餾廠各形各色有趣的單一麥芽威士忌。換句話說，千萬別以為一瓶十八年的格蘭什麼什麼單一麥芽威士忌與另一瓶十二年的格蘭什麼什麼，只是相差六年的同一款酒，它們可能是完全不同的詮釋。

威士忌酒倉

蘇格蘭威士忌等蒸餾廠可以用二手木桶大玩混合或混搭概念，以創造各式威士忌風味，波本威士忌蒸餾廠則會選用不同的策略；例如，四玫瑰（Four Roses）透過調和產生十款不同的波本威士忌（第148頁）；金賓（Beam）則有兩款原料配方，其一的裸麥比例較高，但是一般而

渥福酒廠石壁酒倉中的橡木桶，
位於美國肯塔基州的凡爾賽市（Versailles）。

木桶：CASK VS. BARREL

你應該常看到人們以英文 cask 或 barrel 表示木桶。兩者有何不同？美國當地大多數會使用 barrel，而蘇格蘭常用 cask（愛爾蘭偏美式用法，但威士忌的寫法則同蘇格蘭用法）。即使僅是不同地方的不同名稱，美國酒倉的波本桶（barrel）與蘇格蘭酒倉的波本桶（cask）仍有顯著不同……有時，蘇格蘭的波本桶比較大。

美國的波本桶會賣給蘇格蘭蒸餾廠，但是它們並非直接以木桶的形式運送過去。木桶會先拆解成木板與箍圈，以節省船運的空間。到達蘇格蘭之後便會送去製桶廠組裝，通常是位於克雷格拉奇（Craigellachie）的斯貝塞製桶廠。它們可能會組裝成美國標準的 200 公升木桶（幾乎相當於 53 加侖），也可能會用更多木板組合成傳統 225 公升（63 加侖）的豬頭桶（hogshead）。

這是有時我稱之為 cask 的原因之一（它們已不是原本的 barrel），但是另一個原因是基於尊重，因為這是蘇格蘭人對它的稱呼。

言，想要了解蒸餾廠推出酒款系列的風味變化模樣，還是落在酒倉的選擇。

美國、蘇格蘭、愛爾蘭、加拿大與日本酒倉的類型眾多。我剛好想到愛爾蘭奇爾貝肯（Kilbeggan）奇特的水泥製半圓管狀酒倉，走進酒倉就像踏進鯨魚肚中。在精釀蒸餾廠今日的發展下，很少能擁有堪稱正常的酒倉；蘭傑溪（Ranger Creek）將裝在小型木桶的威士忌，放在美國德州烈陽下的船運貨櫃裡。酒倉可以蓋在山丘上、河邊或海邊，也可以建在林間、廣闊的空地或城市街道間；酒倉可以用木材、磚頭或石材打造；它們可以是矮房或如塔般高聳；而以上所有變化都對威士忌熟成有所影響。

酒倉也是美國蒸餾廠能為產品帶來變化的最大機會。回想一下：所有木桶都是全新的，都經過燒烤，也可能都來自同一個供應源頭。燒烤的程度可能稍有不同，兩端的桶蓋除了經過燒烤，也可能僅微微烘烤，但是同一家蒸餾廠的威士忌通常會用同一種燒烤。

不同蒸餾廠也有各自的原料配方，但同樣地，同一間波本蒸餾廠通常不會有超過兩種配方。酵母菌通常也是一家蒸餾廠使用一種菌株（四玫瑰是令人驚豔的意外），而柱式蒸餾器則是堅定地輸出一致的成品。

到了酒倉，就是造就真正變化多端的威士忌之時刻了。在木造結構搭配波浪狀鐵皮酒倉的最頂層，木桶承受著最強烈的熱度，能造就擁有較強烈橡木特徵的威士忌；在較涼爽的下層，威士忌將最有機會成為極老年酒款；在中間最深處的層架，這裡的威士忌身旁擁有成千上萬個木桶充當維持周遭溫度穩定的緩衝，溫度變化最為和緩，因此形塑了最能預期走向的威士忌，是標準酒款的核心。

存放地點
對波本威士忌風味的影響

經 驗法則：波本威士忌的風味至少有一半來自於木桶。波本威士忌在木桶待的時間愈長，所含的橡木風味愈多。同樣重要的還有，如何與在何處存放波本威士忌。

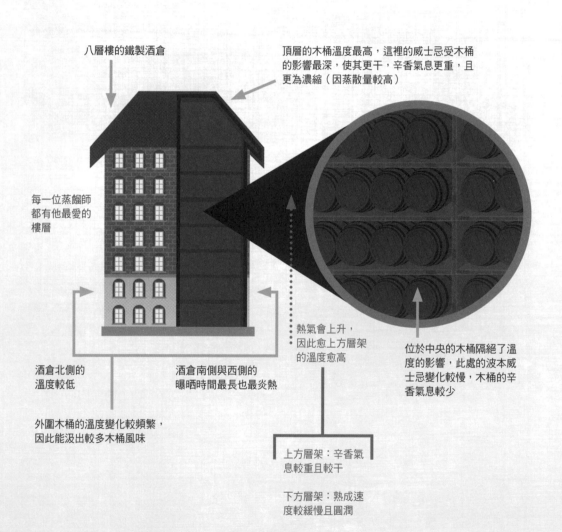

八層樓的鐵製酒倉

頂層的木桶溫度最高，這裡的威士忌受木桶的影響最深，使其更干，辛香氣息更重，且更為濃縮（因蒸散量較高）

每一位蒸餾師都有他最愛的樓層

酒倉北側的溫度較低

酒倉南側與西側的曝晒時間最長也最炎熱

熱氣會上升，因此愈上方層架的溫度愈高

位於中央的木桶隔絕了溫度的影響，此處的波本威士忌變化較慢，木桶的辛香氣息較少

外圍木桶的溫度變化較頻繁，因此能汲出較多木桶風味

上方層架：辛香氣息較重且較干

下方層架：熟成速度較緩慢且圓潤

威士忌木桶與條碼。傳統與創新技術的混合，造就威士忌製程的革新。

所有具經驗的蒸餾師都有自己最愛的層架（酒倉工作人員都知道自己最喜歡的酒在哪兒），他們也知道哪些酒永遠無法成為好威士忌。有些層架根本派不上用場（有時直接讓它空著，有時則會陳放其他類型的烈酒）；另外，也有一些不再使用的酒倉，只等著拆除之日（在這個行業中，得花好幾年的時間才能看出什麼是糟糕的決定）。

當酒倉的多元性被用以產出知名品牌品質穩定的酒款時，其重點就在於調和，選出酒倉某層架的部分成熟木桶、另一間酒倉的木桶等等，接著混合（mingling）它們。這也是為什麼同一個月的蒸餾裝桶之後，進入熟成階段的木桶不會一起塞進同一間酒倉的同一層，而是散布各處，以確保它們在不同的條件下熟成，如此一來也可避免某一年份的威士忌會因某次祝融而一夕消失。

由於蘇格蘭蒸餾廠的產量較高以及須面對其他差異，蘇格蘭酒倉的規格較為一致，但是仍有部分酒倉具備相當顯著且神祕的特徵。艾雷島有些極為知名的例子——酒倉會面向大海，偶爾會暴露在暴風雨中經歷海浪的襲擊。波摩的酒窖藏1號（No. 1 Vaults）也許就是最知名的酒倉之一，它是蘇格蘭最古老的威士忌酒倉，而且目前位置低於海平面！酒倉內的天花板低矮，光線輕柔散布，氣味極為美妙：雪莉酒香、木頭氣息、新鮮的海水，以及強烈且香甜的麥芽威士忌香氣。這就是最傳奇的膜拜威士忌酒款誕生之處，這款黑波摩（Black Bowmore）在1964年裝進oloroso雪莉酒桶中。如果你有幸遇到這款的第一批次，還需要準備一萬美元才能把它帶回家。

多老？多貴？

讓我們聊聊幾點關於威士忌標示年齡的觀念。

首先，並非所有威士忌都標有年齡。一般而言，並不要求一定須標示；年齡的標示經常只是行銷的手法。當酒標未標註年齡，通常表示酒款陳年時間較短，但也並非絕對。現在的蒸餾廠常會刻意不標註酒款陳年年數，如此一來他們有較多的空間決定酒款熟成的時間，而不會被已經印在酒標上的年齡局限。事實的確如此，這也反映了今日酒倉裡的威士忌平均年紀比十年前的年輕，換言之，代表這幾年的威士忌賣得比較好。

這其實是我們的錯，老東西都被我們喝光了！

再者，陳年年齡標示的，是在調和的酒液中在酒倉木桶裡熟成時間最短的威士忌。在威士忌離開木桶的那一刻，熟成正式告終。酒在瓶中的時間並不算在內，因為威士忌在玻璃內並不會起任何變化，除非封蓋（軟木塞或旋轉瓶蓋等）讓足夠的空氣流入。所以，你叔叔在1970年代買的那瓶 J&B，並不會在今日變成一瓶四十五年份的老威士忌。

最後，你大概也發現了，愈老的威士忌就愈貴。我希望你在讀過本章之後，會清楚明白這樣的價錢所謂何來，但讓我們再複習一次。首先，能在木桶沉睡如此多年的威士忌並不多，因為多數的木桶並非對的木桶或沒有放在對的地方，威士忌便難以同時歷時多年而不致毀壞。威士忌可能會蒸散過快，或木桶可能會在年老時突然大量滲漏，所用的木材也可能並不恰當，使威士忌出現讓你皺眉的艱澀，或是木桶並未放在酒倉中對的位置。並非每個木桶都能得天獨厚，不幸陣亡的損失，也是成功陳年酒款高價的因素之一。

再談到蒸散。長年來，木桶裡的威士忌不斷一點一滴地與天使分享。當波本威士忌在木桶裡待了二十年，或蘇格蘭威士忌陳放了四十年後，即使它們嘗起來萬分美妙，卻通常已所剩無幾。原本可填裝三百瓶酒的木桶，這時只能裝不到一百瓶了。

接著來談稀有性。拍賣會與收藏家手中的稀有酒款通常會標上高價，而這會進一步成為酒標上的定價。如果拍賣會上有買主願意用四千美元購買一支四十年的酒款（這種情形不斷地增加中），那麼，蒸餾廠用兩千美元的價格販售他們的四十年威士忌，就是白白虧錢。酒廠可能會用富藝術氣息的水晶酒瓶來盛裝，再放進優美的木箱，以緩和高昂標價帶來的衝擊，但價錢就是這麼高。

當然也有像格蘭花格（Glenfarclas）這樣的例子。他們最近推出一款四十年的威士忌，沒有華麗的妝點，就用與其他酒款一樣的酒瓶盛裝，酒標也只與十二年的酒款稍稍不同。這是一支美味的威士忌，擁有一切我們期待在四十年雲頂雪莉桶威士忌嘗到的特色：果香、堅果調性、豐沛的複雜度配上皮革調性的稍干口感，以及較厚重的沉靜酒體。價格？四百六十美元。顯然是一支為飲者而非收藏家推出的酒款。

精選與裝瓶

我們來到了釀造威士忌的最後階段。此時，部分木桶將被選出、倒出、混合再裝瓶。不過，其實實際作業沒有聽起來這麼簡單。

從穀物運進大門的那一刻起，酒廠便不斷進行追蹤、試樣與監控。每一步驟都留有樣品與完善的紀錄，從研磨穀物、糖化、發酵到蒸餾，皆有留存代表樣本。在威士忌產業開始享有蒸餾廠自動化的好處後，各式爭論就不曾停歇：它能讓產品更穩定嗎？或者它還能在現存的方程式中揪出未現世的靈光？不過對於使用電腦與條碼追蹤正在熟成木桶的狀態，大家倒是沒有什麼爭議。

當各組木桶到達各自熟成的特定目標（如調和威士忌、旗艦酒款、單一麥芽威士忌或單一木桶陳年酒款）後，試樣能佐證威士忌的熟成是否已恰當，或是可能還需要幾年的時間。愈老或愈獨特的的威士

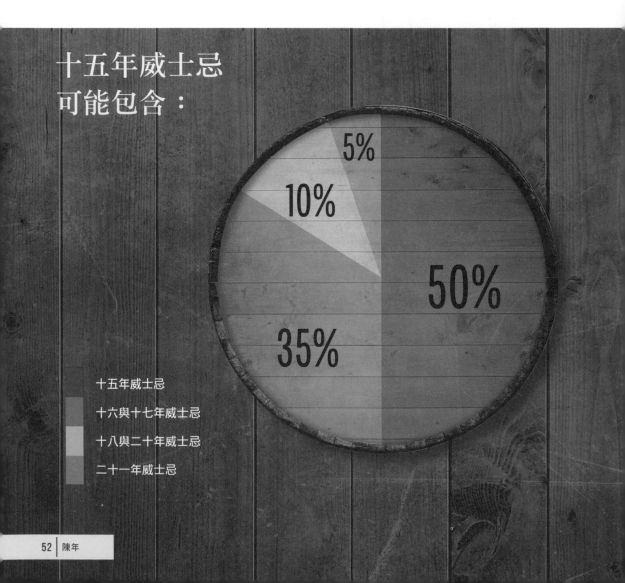

十五年威士忌
可能包含：

5%

10%

50%

35%

十五年威士忌

十六與十七年威士忌

十八與二十年威士忌

二十一年威士忌

忌會得到更多關注。

新酒款或「獨門」（expression）酒款的推出，總是讓人一陣興奮。有時，一款新的獨門酒款主要由生產部門（如蒸餾師、酒倉經理、調和師、蒸餾廠經理）發想，並讓管理階層或行銷人員了解他們即將推出特別的東西；有時也可能是行銷部門想出某個點子或要求，再由生產部門想辦法達成。

這就是理想世界的運作方式，但有時候獨門酒款的推出，也只是另一種獨門酒款比想像中受歡迎而即將售罄，因此也有了這則老笑話：行銷部門對生產部門說：「那款十六年真是太棒了，賣得超好，做得好！我們賣完了，可以給我們更多貨嗎？下週可以嗎？」生產部門說：「嗯，再等十六年好嗎？」

選出哪些木桶的起點，可回溯到規畫與決定威士忌的產量（與類型）、使用什麼木桶、要在何處熟成等等。這些規畫在四到九年前便擬定，波本威士忌可能要再提早一點，加拿大威士忌大約在三到六年前開始，蘇格蘭、愛爾蘭與日本則大約是八到十二年前……但在過去三十年間，市場大約每兩年就會經歷一次大轉向。如果你問一位誠懇的蒸餾廠經理關於他們的長期計畫，大概會先得到一個露齒傻笑。

一旦選出木桶，就來到整個威士忌釀造流程中我最喜歡的部分：傾倒（dumping）。先將木桶一字排開，接著拔出木塞，此時威士忌一湧而出流入槽中（有些蒸餾廠會以幫浦抽出威士忌，這也可行，但視覺上比較不有趣）。過程看起來很有趣，聞起來也很棒，而且有時還可以和蒸餾師與調和師一起品嘗剛出木桶的樣本（當然，嚴格來說這不合法）。

各個木桶的酒液一同混合，接下來它們通常會導入一個大槽或大型木桶中留置一段長時間（不同蒸餾廠放置的時間不一致）。這個階段稱為「聯姻」（marrying），確保每個木桶的香氣能均勻混合。

威士忌通常會再經過低溫過濾。當威士忌的溫度降到接近水的凝固點時，部分蛋白質會沉澱，威士忌會因此變得有點混濁。這種狀態看起來並不討喜，因此會將威士忌降至低溫，過濾除去混濁物。這種處理方法可能會連帶濾掉一些香氣分子（乙酯酯類與附著其上的脂肪酸）。有些人認為這改變了威士忌的味道，降低了風味，因此，摒棄低溫過濾的聲音正在蒸餾廠間升高，酒標也會標註酒款未經低溫過濾。

有些威士忌會在此時以少量焦糖增色（如果添色在當地合法）。焦糖來自成分與威士忌相同的麥芽糖分，且以維持品牌酒款酒色一致為準。不過，一樣有行家反對這種作法，也有酒廠會特別推出未添色的酒款。

接下來，威士忌登上裝瓶線，來到卸貨碼頭，放上你喜愛的專賣店或酒吧架上。我們還沒說到行銷手法（開玩笑的），或是要課徵的稅收（很遺憾地，我沒有開玩笑），不過我們最好先別想這些。用我們至今學到的東西聚焦在品飲威士忌本身。這是更棒的方式！

CHAPTER No.4

待翻越的高牆
品飲威士忌的挑戰

漫長的等待終於結束。從橡實種下、成長、砍倒、處理並製成木桶，在裝進你面前這杯威士忌的酒液陳年之前，也許還會先經過數年浸漬在葡萄酒或其他威士忌中。穀物種子已撒下、茁壯並採收，大麥、玉米、裸麥與小麥都已糖化，酵母菌也在其中快樂地工作了，酒汁亦歷經了蒸餾器的洗禮。威士忌在不同木桶與氣候中經年孕育、淬鍊，接著倒出、裝瓶、運送與銷售。這一切的起點，可能早在你母親的母親出生前即展開。現在，威士忌準備好了，你呢？

我還沒準備好。在我遇見第一支真正想要「品嘗」的威士忌之前，品飲之路至今已走了約十五年。我喝啤酒並且撰寫評論；我很幸運，能以早期最佳的精釀啤酒學習品飲。

但是，當時我喝威士忌的方式不是打賭拚酒，就是混調了其他像是薑汁汽水、可樂與檸檬汁之類的軟性飲料，好讓它變得比較可口。我並未啜飲，因此也沒有嘗到太多威士忌最鮮明的香氣。當我為了看起來很體面喝下約翰走路（Johnnie Walker），我只感覺到煙燻味；在我為了追求男子氣概而吞下一杯野火雞之後，只感受到的是一股燒灼的香草回奔火焰；再不然就是一場災難，我試著在水果潘趣酒中倒進加拿大會所（Canadian Club），想試試會不會有可以替代蘭姆酒的效果……不會。

所以，我大多時候只喝啤酒並以此寫稿。固定撰稿的雜誌之一是現在改名為《Whisky Advocate》的《Malt Advocate》，當時它是一本啤酒雜誌，由懷著無比熱情的約翰・韓索在自家地下室創辦。1990年代中期，我們順著那時迅速崛起的微型精釀潮流度過一段美好時光，而我也當上總編輯。接著，這個產業進入調整期，因為啤酒廠與專業啤酒師供過於求。資金不足的啤酒廠開始倒閉、縮小規模或縮減成本預算，就像啤酒雜誌裡面的廣告。

幸運的是，約翰也是威士忌飲者，其實可以說是重度飲者，因此我們偶爾也會刊登威士忌文章。1996年，這場在微型釀酒小眾圈子進行的轉變發生時，約翰快速地判斷出威士忌雜誌有發展的空間，於是我們便轉換跑道，幾乎不帶一絲猶豫。

嗯，老實說，是約翰幾乎沒有遲疑，而我猶豫再三。我完全不了解威士忌呀！我還記得當時我們開了個會，只有我倆，就在他家後院，我們點了雪茄，喝著出口型波特啤酒（Baltic porter），最後，還有威士忌。這麼說吧，他向我表示，如果你想繼續為我們寫稿，如果你還想當總編……你勢必要學著喝威士忌。

這要求聽起來很簡單，只是，我對威士忌一無所知，只知道如果我想以寫啤酒的方式撰寫威士忌，那麼以往喝威士忌的方式是行不通的。我必須了解威士忌，認識它的製造過程，親眼目睹它的誕生，知悉組成這種飲品的每一個環節……接著，學著辨別各種香氣與氣味，點出各家蒸餾廠的特色，培養出我自己的偏好，最後，來回打磨我品飲威士忌的感知，直到我能決定哪一支我喜歡，哪一支我沒什麼感覺，而哪一支我很愛。

事情的發展並不順利。因為每當威士忌一入口，我能品嘗到的只有：我的嘴巴！好辣！好燙！每次喝威士忌都像是在喝團火焰。這也是為什麼我都選擇用灌的（長痛不如短痛），或是把它調進一些飲料裡（壓制四射的烈焰）。我曾讀到一些威士忌品飲筆記，上面寫著楓糖、柑橘、薄荷、焦軟糖（fudge）、溫潤的蜂蜜、浸過焦油的繩索、橘子、薰衣草等，而我能感受到的，只有不斷咆哮的熱氣，來自舌頭上像是純酒精的東西。是我的問題嗎？是我天生不適合它，還是他們寫了些騙人的形容詞？

我回去詢問約翰到底該怎麼辦。你是如何從威士忌喝出這些味道的？就是這時候，他向我介紹了「品飲牆」以及如何克

那道牆

那道牆是什麼？為什麼每天持續品飲威士忌就終有一日能跨越它？科普作者史蒂芬·百靈（Stephen Braun）在 1996 年出版的《興奮：酒精與咖啡因背後的科學》（Buzz）中，解釋了為何酒精會有火焰般的感受。他先是解釋一小口威士忌中的化合物藉由味蕾的離子通道轉化為化學性感覺（他打趣地以啜飲一口十八年份的麥卡倫為例），接著提到我們在其中接收到的所有味覺，沒有任何一項來自乙醇。純乙醇的定義為無嗅、無味（伏特加的官方定義也是如此），因此乙醇不會對味蕾產生任何作用。

然而，酒精會影響一組稱為多類型疼痛受器（polymodal pain receptors）的神經受器。百靈提到這組受體會對三種刺激產生反應：物理性壓力、溫度與特定的化學成分。當這些受器受到過多的刺激，我們就會感到疼痛。高濃度的乙醇（如威士忌，但不包含葡萄酒與啤酒）會刺激這些受器的痛覺纖維，當刺激達到某種程度時，我們會產生著火般的感受。

辣椒中的辣椒素（capsaicin）也會造成類似的反應。看到此處，你大概已經知道為什麼我要提到這些了。沒錯，就像是吃辣，威士忌中乙醇所帶來的灼熱與疼痛感，我們一樣也可以培養出更高的容忍度。如果你餐餐都吃墨西哥辣椒，會發現一開始火燒般的感受隨著時間逐漸降低，而你很快就能一面大嚼一面品嘗之前因為忙著流淚而沒發覺的草本香氣。你越過那堵牆了，疼痛再也不會模糊了你對香氣的注意力。

服它。這也是我將告訴你的方法，它是品飲且享受威士忌最重要的關鍵。

首先，你必須想要享受威士忌。除非你在面對純烈酒時已經想要享受它，否則在真正得知什麼是品飲威士忌之前，你必須越過這堵牆。假設你覺得品飲威士忌之道值得學習，也許是因為有人告訴過你，也許是因為你讀到了什麼，也或許是因為某些你在調酒或高球（highball）嘗到的香氣。如果以上皆非，你只是收到這本作為贈禮的書，那麼，相信我的話吧。這需要一些努力，但是很值得，只要你能越過那堵牆。

其實，越過那堵「品飲牆」的關鍵就在於練習。約翰對我說：「你必須每天都喝威士忌。」而且他不是在開玩笑。我不需要喝很多，但是每天都應該要喝至少 1 盎司。我試了波本、蘇格蘭調和與單一麥芽威士忌。一陣子過後，這件事變得有點像每天傍晚定時要被騾子朝臉上踢一腳。我並不期待喝它，但仍每天持續不間斷。我可以聞到一些好東西，所以我知道它們就在這裡面，只是，我的嘴巴仍然在反抗。

然後，有一天，就在每天一點威士忌的計畫執行三週後，我倒了一杯大摩（Dalmore）的單一麥芽威士忌（我很想告訴你是哪一支，但是我真的想不起來了），將它移至唇邊嗅聞，我聞到一些水果與一絲可可的氣息，然後我啜飲了一些……我嘗到了焦軟糖。我清楚記得這一刻：我睜大雙眼，張開嘴巴再吸進一點空氣，然後我嘗到了焦軟糖香甜的奶油，伴

隨著些許烘焙用的巧克力。我終於真正地在品飲威士忌了。

還有一點也值得牢記：大多時候的「品飲」威士忌，其實就是「嗅聞」威士忌。比起嗅覺，我們的味覺相對而言十分有限。你不需要閱讀什麼生理學論文就可以理解這個道理。只消回想一下當你的鼻腔完全堵塞而只能用嘴巴呼吸時食物的味道，它們吃起來是不是平淡宛如嚼蠟？

當你的鼻子暢通時，一根剛出爐的薯條可以嘗到馬鈴薯的土壤系香氣、來自薯條微焦邊緣淡淡的焦糖氣息、炸油的味道（希望它乾淨且新鮮，否則你可能會聞到魚味或燃燒玉米的味道）與熱騰騰的鹽。現在，用手指捏緊你的鼻子，再吃一根同一盤的薯條，它依然新鮮且熱騰騰，也仍然嘗得到鹽與飽滿的油脂，亦感受得到薯條的質地，但是所有最前面提到的氣味全部不見了，只剩下一根不怎麼可口的東西。

吃喝食物時，我們會以舌頭品嘗，但是香味也會乘著空氣從嘴巴流向鼻腔，因此我們同樣也會嗅聞。如同十八世紀法國美食家薩瓦蘭（Jean Anthelme Brillat-Savarin）所說：「口嘗的味道與鼻腔的香氣，一起組成一種感官；口腔就像實驗室，而鼻子就如那兒的煙囪。」

威士忌與其他烈酒之所以能這般點燃人們的熱情，其實源自於酒精的物理特性。酒精除了會影響大腦與身體的運作，它也是高強度且具揮發性的溶劑。就像我們已經讀到的，酒精會溶解並吸收酒液與木桶中的香氣分子，並將它們一路帶到最後的成品——威士忌。當酒精遇到你口中的高溫（以及未入口前從手中透過玻璃杯傳過去的溫度），它會開始揮發，攜帶更多的香氣進入鼻腔（煙囪）。

從這個角度來看，威士忌就像是一種以酒精為基質的香水，香水中的各種花朵就漂浮在以酒精組成的揮發基質中。這是整體彼此加乘的成果。發酵過程產生的酒精會一同帶上各式香氣與氣味，蒸餾過程再進一步過濾這些香氣與氣味，木桶陳年也再次擔任過濾的角色，但同時為酒液添加了許多物質，包括添上酒色。接著，酒精載著所有香氣與氣味駛進你的感官——讓我們老實說——它讓我們嘗到一種結合精神與身體變化的獨特感受；適量的狀態下，這樣的感受讓千年以來的人類生氣勃勃並為之驚豔。

所有的一切都合而為一。讓我再次引用美食家薩瓦蘭的話：「酒精讓味蕾的歡愉臻至巔峰。」他真是個聰明的傢伙。

沒有捷徑

在成功跨越那堵牆之後，你開始懂得品飲威士忌了。恭喜！你到牆的這一面了，口腔與鼻腔已成功結合，你也準備好為品飲威士忌投入一生的努力，並度過有它伴隨一世的享受。投入後的第一堂課便是：威士忌沒有任何捷徑，你也找不到就喝這一瓶的最佳威士忌。

這個宣言其實不常見。市面不少書籍都寫滿了威士忌品飲筆記，再搭配作者尋得、買到或被送上門的各款威士忌用分數或星星標上評價，而你將在雜誌與威士忌網站遇到相同酒款。我也寫過一些酒款評價。你會看到「十大酒款」、「全球最佳酒單」，以及一系列不斷增長的獎項、徽

乾杯！乾杯！乾杯！

應該啜飲還是一口乾？你覺得我會怎麼回答呢？如果你一次乾了一杯威士忌，它就在那一秒跟你說掰掰，你只能享受那一口捕捉到的一點點氣味，然後就只剩下尾韻了，而你距離不醒人事又更近了一步。

誠實很重要：威士忌是一種力道十分強勁的飲品。老實說，喝太多、太快都很危險。不論它有多美味，你都該抱著敬重的心慢慢地品嘗。

喝太快不只很危險，而且很快地，也會使你好好欣賞威士忌的感官變得遲鈍。若在九十分鐘之內「品飲」五杯威士忌，你會根本嘗不到最後一杯（甚至最後兩杯）的味道。啜飲能讓你慢慢地享受，並保證你到了最後一杯都能完整接收所有香氣與感受。

即便如此，我們偶爾還是需要吞下一大口滋養心靈的威士忌良藥。一杯乾下能瞬間振作精神，就像被賞了響亮的一巴掌；它使精神集中，如同當頭棒喝，也像按下了重新開機的開關。不過，別讓乾杯變成一種習慣！

章與錦帶。不僅如此，在每間威士忌酒吧或酒類專賣店，一定都會有個對最佳威士忌酒款很有感想的人，他通常會用「我只喝 XXX 威士忌」來暗示你也應該喝這款。

我懂。這是一種很吸引人的簡單方法。酒款的選擇太多了，而且威士忌變得愈來愈受歡迎，每個月酒架都會加上更多選項。這已經有點嚇人，再加上威士忌有時還很昂貴。比起為威士忌付出大把金錢、花費大把光陰品飲，並在品飲過程費盡腦筋思索，何不簡簡單單地翻開其中一本指南，然後高高興興地喝一杯「最佳」威士忌呢？

如果你真的這麼做，不僅會把自己騙向另一條背離許多樂趣與眾多優質威士忌的路，還會在真正學習之前便自絆腳步，甚至可能會因為某些強烈不滿足感而責備自己。我不希望你變成那種人，那種人會在我談論或品飲威士忌時把我拉到一旁，以彷彿知道某個秘密或標準答案的自信問我：「但是，哪一款是最棒的？」因為他們想購買一款最棒的威士忌，而且只要這一款。不論他們是想省下選擇的時間，或享受得知自己買到最佳酒款的安心感，或只是要告訴朋友「我擁有最佳威士忌」。

就我而言，我喜歡在酒類專賣店或酒吧裡端詳所有選擇。我今天想要絕不會出錯的酒款嗎？還是想要奢華一下，稍微升級？或是今天我想要揮霍一番，挑一支真正罕見且無與倫比的威士忌？至今，我還沒有做出任何真的讓我後悔莫及的決定，因為幾乎每一次的經驗都很好，也都能讓我學到東西。雖然，有一次我在法蘭克福機場喝到一支實在很可怕的調和威士忌，但即便如此，那也是個很好的回憶：任何人都不該輕易嘗試叫作「Glob Kitty」的威士忌，即使你打賭輸了。

貝瑞・史瓦茲（Barry Schwartz）在他《選擇的弔詭》（*The Paradox of Choice*）一書中，稱以此方式面對選擇量大幅增加

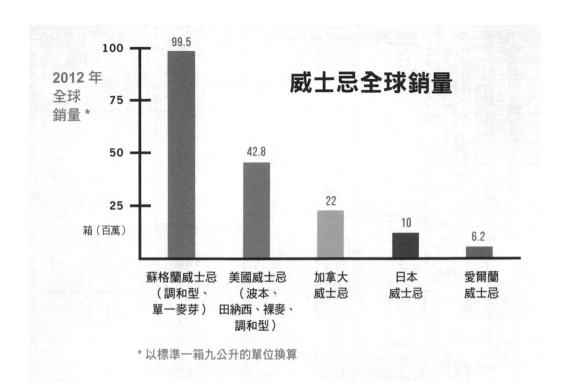

威士忌全球銷量

2012 年
全球
銷量 *

箱（百萬）

蘇格蘭威士忌（調和型、單一麥芽）	美國威士忌（波本、田納西、裸麥、調和型）	加拿大威士忌	日本威士忌	愛爾蘭威士忌
99.5	42.8	22	10	6.2

* 以標準一箱九公升的單位換算

的人為「最佳者」與「最滿足者」。前者會在每次決定中，尋找可能有「最棒」成果的選項，後者則是尋找「夠好」的選項。身為一名最滿足者，我會更希望能找到比「夠好」再好一點點的選擇，不過，我想你們懂我的意思。最佳者在面對選擇時就比較痛苦了，他們會花更多時間研究，並詢問其他人都買了些什麼，而且，他們對最後的選擇通常都不會太滿意。

最佳者花的錢通常也更多，而且不只多一點點。頂尖威士忌通常都很罕見，價錢也很罕見。一瓶四十年的單一麥芽威士忌可以要價一千美元以上；一瓶令人垂涎的帕比凡溫客（Pappy Van Winkle）二十年波本可能需要再多加八百美元；前提還是如果你找得到有人要賣，這個尋找過程其實可能已經讓你很崩潰。

只想找到「最佳威士忌」的人，很有可能根本沒有那麼喜歡威士忌。喜歡威士忌的人應該會跟我們一樣，享受的是喝威士忌，而不是擁有威士忌。他們買的是酒標與酒瓶，而非裝在裡面的威士忌。就讓他們搶著買進稀罕又昂貴的酒款吧，當他們的幻想破滅時，也許我們就可以在拍賣會挖到寶。

接著，還有一些眼中一樣容不下其他威士忌的人，但他們鎖定的是特定品牌，如美格、麥卡倫（Macallan）、尊美淳、傑克丹尼紳士（Gentleman Jack）、約翰走路藍牌等等。他們只喝這些品牌的威士忌，還會告訴你這是最棒的威士忌，如果最愛的威士忌賣完了，他們會轉而點杯啤酒或葡萄酒，而不是其他品牌的威士忌。

不論他們選擇喝什麼威士忌，他們

威士忌香氣演化

波本威士忌

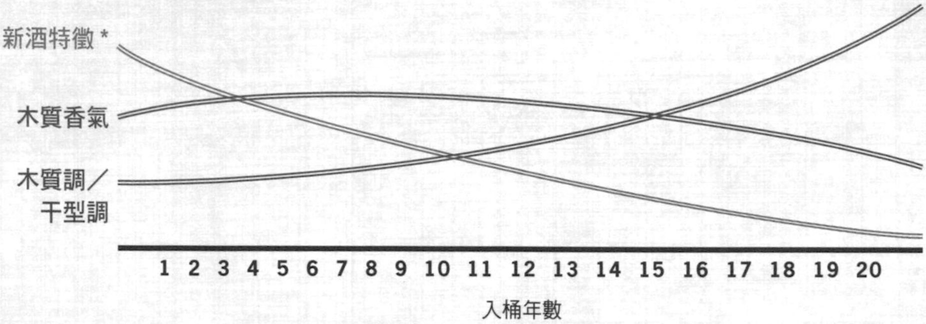

新酒特徵 *

木質香氣

木質調／
干型調

1　2　3　4　5　6　7　8　9　10　11　12　13　14　15　16　17　18　19　20

入桶年數

蘇格蘭威士忌

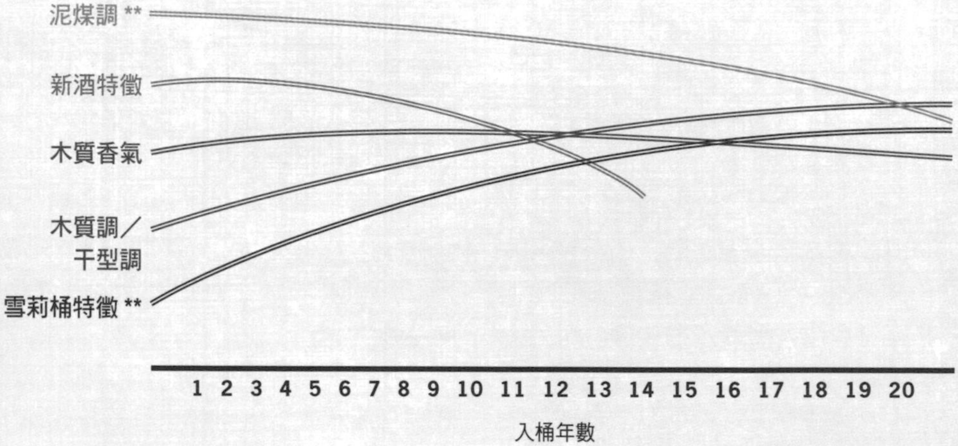

泥煤調 **

新酒特徵

木質香氣

木質調／
干型調

雪莉桶特徵 **

1　2　3　4　5　6　7　8　9　10　11　12　13　14　15　16　17　18　19　20

入桶年數

* 新酒特徵代表未經陳放的新酒風味。例如，格蘭傑較為清爽且帶有優
雅的甜味，格蘭花格結實並具油滑的厚度，美格帶著乾淨的玉米香與各
式泥煤架構。威士忌一開始以新酒特徵為主軸，並很快地與其他元素結
合，首先就是木質特性。

** 泥煤調或雪莉桶特徵是可選擇的。

都搞錯了：世上沒有任何一瓶最棒的威士忌。但不知是什麼神奇的原因，他們很喜歡這種方式，而且很是受用，我猜他們應該不會讀到這些文字，所以，就讓他們快樂地喝著精選的威士忌吧。

你真正該留心的是那些分類狂。每當國際新聞網站出現威士忌的文章時，就可以看到他們出沒，因為分類狂無法抵抗任何可以讓他們發表有人喝錯威士忌的機會。他們會說，酸麥芽漿威士忌才是真正的威士忌，或是，只有喝單一麥芽威士忌才叫作喝威士忌，還有，愛爾蘭威士忌是最早的威士忌等。

他們犯下了「唯一」的錯誤，而你也不應讓分類狂影響自己，因為就像是世上沒有最棒的威士忌，世上也沒有最棒的威士忌種類。「我最喜歡蘇格蘭威士忌」、「我喝愛爾蘭威士忌，因為我覺得波本口感太艱澀」，或是「我喝單一麥芽威士忌，因為它有比調和威士忌更豐富的香氣」等，這些都是好的說法，但是把舉世真理跟個人喜好搞混，就真的放諸四海皆不準（不只在威士忌領域不應如此，在人世間各個角落也都不應如此）。

蘇格蘭威士忌的銷量遠勝過任何種類的威士忌，國際皆然（南亞地區例外，但那裡的威士忌多數都不是傳統威士忌，因為並非以穀類為基本原料）。觸手四處蔓延的原因部分來自成功的出口行銷，部分源自一度廣布全球的大英帝國殘餘勢力，還有一部分因為企業與政策的失誤（中止了美國與愛爾蘭威士忌的成長）。

當然，還有一部分是因為蘇格蘭威士忌是傑出的產品，但這不代表它是唯一優秀的威士忌。其他重要的威士忌類型也都很傑出，更擁有許多愛好者，如波本、裸麥、愛爾蘭、加拿大與日本威士忌等。每個種類我都能舉出非常美味的酒款，這些酒款我都會很開心地再次享用，並驕傲地推薦給我的好朋友。只喝某種類型威士忌的話，是不可能找到自己喜好的。

所以，當我們走進專賣店要挑一款威士忌時，有沒有什麼準則可以挑到最棒的威士忌？有的，但讓我們先來看看，哪些是行不通的準則。

「**愈老愈棒**」。年份愈久當然意味著威士忌愈老，愈老通常也表示愈貴。但是否表示品質愈好，這不好說。請當心，愈貴的威士忌並不一定表示它愈棒；通常表示它比較罕見，但兩者不能畫上等號。年輕的威士忌價格比較低廉是因為培養時間較短，但也因為它的數量比老酒多很多。由於我們先前提過的「天使份額」的蒸散現象，年輕威士忌的數量永遠比老威士忌多。在陳年過程中，威士忌會自然而然地逐漸消失。無論是桶陳八年或二十年的威士忌，蒸餾廠都為它們投注了相同的資金，如原料穀物、能源、勞力、橡木桶與陳年培養占據的空間，但陳年二十年威士忌相較起來容量便少了許多。量少值便高，因此老威士忌的價格較高。蒸餾廠須為老酒訂出較高的售價，以便讓每瓶威士忌的收益相同。

因此，威士忌酒廠會試著讓我們相信年份愈高且愈昂貴的酒款就愈好喝。年輕與年長的酒款喝起來的確不同，但是否愈「好喝」就見仁見智了。例如，最近的十五年以上波本酒特別受歡迎，尤其是罕見的帕比凡溫客小麥威士忌。這些酒款擁有

高評分，收集了一大堆獎項，收藏家爭相尋覓，但對我而言，最美味的波本威士忌是介於七至十二年份。這個時刻的波本已度過年輕時的青澀狂暴，也還沒完全蛻變進入以干型與不太澀口的木質性格為主的老年期（抱歉抱歉，我是說「熟齡期」；我必須開始提醒自己也正接近這個時期了）。不過，還是有例外，而且總是有例外！例如，因為傑出橡木桶或良好酒倉，而保留了更多年輕清新感的老威士忌。即便如此，在我心中，愈老並非代表愈好。裸麥威士忌在年份方面的表現又更難預測且多元，許多年輕的裸麥威士忌都相當卓越。這一切，都單看個人的主觀喜好。

反觀蘇格蘭，這裡可以找到以此概念標價的酒款，以及比許多人們年紀更長的威士忌。年份愈老的調和威士忌會有愈高的定價，單一麥芽威士忌超過十五年之後，價格還會急劇攀升。同一間蒸餾廠的三十年份必然會比十五年份的更優雅、更宏偉或更好喝嗎？一樣，這也須取決於你比較喜歡什麼香氣與味道。不同蒸餾廠的風格可能是類似艾雷島泥煤威士忌般咆哮或大膽，也可能如同低地（Lowland）麥芽威士忌輕盈可人，但是粗獷大膽的特質可能來自於在不對的木桶陳放太久，或是因換桶的選擇不夠漂亮；另一方面，威士忌的靈巧個性也可能因為技巧高超的陳年手法而放大許多，例如較老的舊木桶便不會讓甜美特性太過頭。

唯有靠親自品嘗才能知道自己最喜歡什麼樣的年份，這是避免花大錢只買到巨大失望的最佳武器。

「proof（酒精純度）愈高愈好」。這個想法來自於最低合法酒精濃度（ABV）40％（80 proof）的威士忌必須經過「加水稀釋」。因此，酒精濃度愈高的酒款似乎比較好，這並非因為威士忌愛好者追求的是高酒精（雖然有些老兄心中的確是這樣想的），而是他們認為酒精濃度愈高的酒款保有更多香氣等物質，在經過調酒、加水或加冰塊後，能留下更多威士忌的特性。

關於這部分，說來有點慚愧；我自己便是桶裝強度威士忌（cask-strength whiskeys，不經稀釋至標準酒精濃度就裝瓶的酒款），以及保稅波本威士忌（依法需超過 100 proof）的超級愛好者。我喜歡可以自己調成想要的酒精濃度，也希望瓶子裡能有愈多香氣分子愈好。高酒精濃度酒款的價錢通常也更高，尤其是市面上還買得到保稅威士忌的時候，因為有些消費者根本不知道這是什麼，或覺得它看起來有點可怕。海瑞威士忌就有一款六年份的保稅波本威士忌，不只散發活力十足的年輕波本香氣，還有力道十足的 100 proof。

但是，談到我最喜歡的夏季威士忌之一四玫瑰的「黃牌」波本時，我的完美酒精濃度則是 40％；遇到炎熱潮濕的夏日時分，我會抓一把冰塊丟進厚底矮杯中，爽快地倒入「黃牌」波本，然後大口暢飲。即使我喜歡曼哈頓調酒中加的是高酒精濃度裸麥威士忌，但我也喜歡在夏天手上拿著一杯以標準酒精濃度調成的高杯。

另外，還有許多威士忌本來便無法做成高酒精濃度，例如大部分的加拿大與愛爾蘭威士忌，以及多數的蘇格蘭調和威士忌。你會因此把這些酒款列為拒絕往來戶嗎？當然不會。讓我們再次強調，你必須親自品嘗，才能知道自己喜歡什麼（你可

泥煤大賽

泥 煤狂十分熱愛比較各款泥煤調威士忌的差異，他們還會注意各款威士忌的酚含量為多少 ppm（百萬分之一）；酚是一種帶有煙燻味的化合物，來自泥煤燻煙，因此可以做為量化的代表。測量麥芽中的酚含量很容易，但這並不表示這些酚都能原原本本地進入酒瓶。拉加維林蒸餾廠經理喬治·克勞佛（Georgie Crawford）曾告訴我麥芽裡的酚大約是烈酒裡的三倍。別一頭栽進含量數據的追逐裡；畢竟，泥煤味只是威士忌的一部分。比較各款酒含有多少 ppm 的酚的確很有趣。我在這裡列出一些蒸餾廠與數款泥煤威士忌的酚含量，但請注意每支酒瓶內的含量會有所差異。而且，有些麥芽未經泥煤處理的威士忌也還含有一些自然生成的酚。順道一提，如果你還好奇高原騎士酒廠的酚含量大約落在何處，它們會將麥芽燻至 35~50 ppm，再以一比四的比例摻入未經泥煤處理的麥芽，並製出相當多元的酒款。

布萊迪奧特摩（Bruichladdich Octomore）
5.1/169 — 169 ppm

雅柏超新星（Ardbeg Supernova）— 100 ppm

雅柏（Ardbeg）— 50 ppm

拉弗格（Laphroaig）— 40 ppm

布納哈本煙燻版（Bunnahabhain Toiteach）
— 38 ppm

卡爾里拉（Caol Ila）— 35 ppm

拉加維林（Lagavulin）— 35 ppm

威海指南針泥煤怪獸（Compass Box Peat
Monster），調和威士忌 — ~30 ppm

波摩（Bowmore）— 25~30 ppm

大力斯可（Talisker）— 22 ppm

亞德摩爾（Ardmore）— 12 ppm

百富（Balvenie）— 7 ppm

格蘭利威（Glenlivet）— < 2 ppm

能要用不同方式品嘗，如純飲、加冰塊或調酒）。

「**煙燻味愈重愈美味**」。很明顯地，這指的是蘇格蘭威士忌（雖然有些美國精釀威士忌也開始嘗試釀產一些帶有煙燻味的酒款）。對煙燻味最常見的誤解便是：既然煙燻味是好東西，那麼愈重當然愈好。

這讓我馬上想起二十年前美國精釀啤酒的啤酒花經歷：啤酒花感、更多啤酒花、最多啤酒花、比最多更多的啤酒花！在二十五年前，像是拉加維林（Lagavulin）或大力斯可（Talisker）等泥煤威士忌實在很難順利出售。波特艾倫（Port Ellen）關廠，雅柏（Ardbeg）一度關廠，布萊迪（Bruichladdich）當時也快要關了，那時的泥煤威士忌是給古怪狂熱者喝的，或是為調和威士忌加點個性。

但是，在單一麥芽逐漸受人歡迎的同時，泥煤威士忌的竄升角度甚至更為

年份不平等

威士忌的熟成過程也不盡相同。躺在肯塔基炎熱酒倉，並在剛經過燒烤木桶裡熟成的波本，相較於置身赫布里底群島（Hebrides）潮濕且涼爽環境的蘇格蘭威士忌，前者熟成速度會更為快速。加拿大威士忌則有較多元的氣候可以選擇，如位於安大略省（Ontario）溫莎（Windsor）的海侖渥克（Hiram Walker）酒倉溫度，就與美國肯塔基州的相似。

多元氣候將產生多樣的威士忌熟成變化，如赤道氣候培養的威士忌就能相當迅速地熟成，如印度與臺灣。

陡峭，泥煤狂熱者也不再那麼古怪了。雅柏與布萊迪重新開幕，產量與銷量也逐漸增加，我們可以看到布萊迪奧特摩（Bruichladdich Octomore）與雅柏超新星（Ardbeg Supernova）這類原廠裝瓶酒款，還有像是泥煤怪獸（Peat Monster）、大泥煤（Big Peat）與大煙燻（The Big Smoke）這類名稱酒款，就好像我們愛泥煤愛到希望它可以直接從杯中撲到臉上似的。

如果你真的很喜歡泥煤風格，在某種程度之下，煙燻味愈重當然愈棒。但如果你其實並不喜歡泥煤味，或是你比較喜歡在豐厚與深度間伴隨一點點的煙燻感，那麼，對你而言煙燻味愈重當然並非愈好。所以，一樣的道理，你喜歡什麼樣的威士忌，只能靠自己親自品嘗，而不是從別人口中聽到。

「精釀或小型蒸餾廠的威士忌比較好」。我也很喜歡小型生產者。在啤酒屋與釀酒師聊聊他們的啤酒是非常棒的經驗，跟工藝乳酪師、烘焙師與肉販談天也能學到許多。我們能從談論間知道他們工序背後的原因、香氣從何而來，以及他們產品的獨特之處。

小型蒸餾廠也是如此。他們的行事風格不一樣，想要遇見他們其實並不難，你可以跟他們談論產品特色，也經常能直接參觀威士忌蒸餾與陳年的地方，甚至還可以跟他們握手。這真的很棒！

但是，這並不代表他們製作的威士忌一定比較好，對吧？例如，我家附近的兩人組在地精釀蒸餾廠偶爾會需要一些志願者幫忙裝瓶，反觀全球銷量第二大的單一麥芽蘇格蘭威士忌酒廠格蘭利威（Glenlivet），光是 2012 年便生產了 1050 萬公升的威士忌。這是一家國際品牌，但當你參觀它們的蒸餾廠（踏上它們將威士忌運出蘇格蘭的那條走了將近兩百年的小路），你會發現每一滴酒液都是只由十個人製作。某些部分它們會借助自動化機器，但是這些酒液仍然只經由這十人之手。他們的威士忌也都非常傑出，有些甚至好得不可思議。

精釀威士忌與精釀啤酒間的關係，讓精釀威士忌宛如戴上了光環。精釀啤酒為

市場帶來多元與更傑出的風味，並且開始對抗出產風味稀薄的少數巨型啤酒廠。不過，精釀威士忌世界的狀態並非如此。在威士忌產業中，大型蒸餾廠生產著數以百計且各有特色的優秀酒款，如尊美淳、留名溪（Knob Creek）、麥卡倫十八年與迪克木桶精選（Dickel Barrel Select）等。

「大型」蒸餾廠也並非都真的大型；例如，格蘭花格與海瑞（Heaven Hill）都算大型蒸餾廠，但它們都仍是家族經營的獨立蒸餾廠。大型威士忌蒸餾廠都具備創新的能力，也經常嘗試精釀蒸餾廠著手實驗的東西；如小型橡木桶、強化陳年與不同的穀物原料。大型蒸餾廠擁有許多高齡的威士忌，價格通常也比較低，正是因為它們擁有較多的威士忌。

這並非表示市場上沒有好的精釀威士忌，市面上的確有，但是精釀威士忌是否「比較好」，仍須取決於你自己的喜好，而非人云亦云。

最佳威士忌

在我們看完以上各種常見的錯誤指南後，現在，是時候為各位介紹如何挑選最佳威士忌了。也許你心中已經可以猜到如何挑選了：「唯有在品嘗過許許多多威士忌之後，才能選出你最喜歡的風味。」接著，你將知道在什麼特定時刻下，什麼是你心中的最佳威士忌酒款。更棒的是，那時的你應該已經更為了解威士忌，也將繼續嘗試更多酒款，以便有機會在新奇且不同的威士忌之間發現自己正在尋找的。

我並非叫你直接忽略所有威士忌品飲的評論與評分。在酒類價格逐漸攀升的現

今，這是買酒的良好指引。但是，當你遇到如同先前提到的呆板評語，如某個類型威士忌或某款酒是最棒的，或建議你不該再嘗試其他酒款等等……嗯，這種評語你大可忽視；可以的話，盡量禮貌地忽視它們。

好的酒評很少會直接建議大家不該買某款威士忌（如果某個酒評這麼說，你就該慎重考慮）。酒評可能會說某款酒的收尾粗糙，或某種香氣太過尖銳而未柔滑地與整體交融以致表現不佳。他們也可能會提到某些異味，或說某些特色有點過頭（如在雪莉桶陳年的蘇格蘭威士忌不慎汲取過多的雪莉特質）。另外，也許會寫道某酒款的表現其實不值得訂出如此高昂的價格。當你決定是否要取信酒評而踏上這條捷徑時，記得將所有評語都列入考量。

當我回想比較全球不同的威士忌時，經常想到某位蘇格蘭蒸餾師說的一句話，那時他正在討論自家的眾多酒款，從平價的調和威士忌到高昂的稀有單一麥芽威士忌，他說：「尺有所長，寸有所短。」（It's horses for courses）你不會在越野障礙賽、泥地賽道與草地賽道都派出同一匹馬，也不會用同一款威士忌慶祝剛下班到家與第一個孩子誕生之日（或長孫誕生日）。

在品飲威士忌時，盡量放開你的想像。在全世界不同的威士忌間穿梭遊歷，讓我相當享受且愉悅，但我也不覺得喜歡很多類型的威士忌就因此高人一等，我只覺得自己很幸運。下一章，我們將仔細看看威士忌如何擁有各自不同的特質。注意，是「不同」的特質，而非較好或較差！

品飲威士忌
與人生一同品嘗

還記得前面說過在我第一次翻過那道牆時，嘗到了焦軟糖的味道嗎？如果你好奇我是如何或為何會嘗到焦軟糖，你真是問了個好問題。在讀了許多威士忌酒評的品飲筆記後，你會發現他們經常提到像是柑橘、肉桂、浸過焦油的繩索、薄荷、無花果、鹽水、燃燒樹葉的火堆、油、扁桃仁、藥、青草與碾碎螞蟻等氣味，我向你保證，這些東西並未真的實際泡進威士忌裡。

長久以來，海瑞威士忌的蒸餾大師派克・賓（Parker Beam）並不認為能在威士忌裡面嘗到這些東西。在超過六十年的職業生涯中，他品飲過的酒款遠多於向眾人分享的心得，他特別強調，我們能在威士忌裡嘗到的，只有實際放進去的原料。他說：「人們會說他在酒裡嘗到了芒果或皮革味，但我並沒有在裡面放芒果或皮革呀。我在裡面加了玉米，然後把酒倒進橡木桶陳年，這就是我嘗到的味道：玉米與橡木！」

我相當敬重派克，卻不同意他的看法。就像前一章討論過的，橡木含有許多香氣分子，穀物（玉米、麥芽、裸麥、小麥等等）裡也有許多，在發酵與蒸餾過程中還會發展出更多香氣分子，更別說威士忌、橡木與空氣（木頭的半滲透性讓空氣得以進入橡木桶）彼此間的化學反應產生的新物質。也許派可的意思是，他只有嘗到「來自」玉米與橡木的味道。

如果你也想要在威士忌中嘗到這些東西（焦軟糖、芒果與浸過焦油的繩索等），你必須在品飲的過程思考嘗到了什麼，以及這個味道讓你聯想到什麼或想起了什麼。別擔心，你有一輩子的時間可以練習，而我把這種練習方式稱為「小子難纏法」（Karate Kid Method）。

小子難纏法：尋找嗅覺記憶

1984 年《小子難纏》（The Karate Kid）電影裡的「上蠟，除蠟」堪稱影史經典橋段。片中主角高中生丹尼爾向宮城先生拜師學習空手道，宮城先生答應之後，便叫丹尼爾幫車子打蠟、打磨地板與油漆圍籬。隨著丹尼爾的不滿逐漸升高，宮城先生才終於說明，要求他一次次地做出「上蠟，除蠟」的手掌畫圓動作，是為了鍛鍊丹尼爾的肌肉能反射地做出空手道動作。

你就像丹尼爾，為車子上好了蠟。跨越了那堵牆的你，也早就身懷開始品飲威士忌的武器；你的人生過程其實正不斷地鍛鍊自己成為一名威士忌品飲者，只是你還沒發現。在每天的生活中，我們吃、喝並嗅聞著這個世界，只是很多時候我們並未意識到自己正在品嘗。我們也許會說這個「好吃」、「好辣」或「好濃」，而且每個人都能閉著眼睛聞出哪些是香蕉、烤雞或松針。

嗅覺記憶能力強大，而你可以學會如何善用它。偶爾當我切青胡椒時，腦中就會浮現前女友，因為她的 Alliage 香水也有相同的清新感。在你品飲威士忌時，不妨讓這些聯想盡情流竄；持續練習這些「上蠟，除蠟」的動作，終有一天，你也會變成一名威士忌小子（Whiskey Kid）。

品飲的事前準備

首先，讓我們來布置一下品飲場地。理想上，會希望有個不太受干擾的安靜空間；你能不受打擾地把心思專注在威士忌的時間越長，就越有機會開始聯想感受，讓它幫你畫出威士忌的輪廓。保持環境安靜，但也可以放點音樂，如果音樂可以幫助你隔離外在世界的話。

關掉所有讓你分心的視覺干擾，如電視與手機，當然你也不會想要在品飲威士

觀察酒色

其實，有時判斷酒色不是很容易。由於波本威士忌會在經過燒烤的新木桶中培養，所以酒色很快就會變得相當深；再者，在小木桶熟成的精釀威士忌上色速度又更快，因為其中雪莉酒有較多比例的酒液能直接接觸木桶。蘇格蘭威士忌上色速度的差異很廣，在雪莉酒首裝桶*（first-fill）裡熟成的威士忌，上色速度會比二次或三次的舊雪莉桶威士忌快，而舊雪莉桶中的威士忌即使經過數年的培養，酒色仍僅微微上色且相當淡。蘇格蘭、愛爾蘭、加拿大與日本的蒸餾廠依法可以加入「烈酒專用焦糖」的方式添色，以糖或糖漿加熱後產生的焦糖為酒染色，因此我們很難判斷其來自木桶的酒色比例是多少。有些國家（如德國）會要求經添色的酒款須標示在酒標，當地的蒸餾廠大多也傾向不添色（通常會在酒標註明該酒款未經添色）。另外，美國純威士忌（American straight whiskeys）依法不得添加酒色。

當酒色是淺稻桿或金黃色時，酒款會帶有較多蒸餾廠的個性，其中的香氣與氣味即為蒸餾廠新酒的標誌。

如果你的威士忌酒色傾向赤褐色或糖蜜色，這可能是一款非常老的蘇格蘭威士忌或熟成的波本，或是……有人為你的酒添加了點顏色。

未經陳年培養的酒液會呈澄清或「白色」。

琥珀、深銅與茶褐色表示經中期陳年的蘇格蘭威士忌、十五年以上（或經添色）的酒款，或年輕的美國純威士忌。愛爾蘭威士忌很少會比這個酒色更深，而加拿大威士忌的酒色經常落在此處。

當你的威士忌擁有這般的深酒色，不是經過添色，就是非常非常老了，不論是哪種情況，我都建議你別輕易嘗試。

*譯註：在此之前僅經過一次裝桶陳年的木桶。

木桶熟成產生的酒色。照片中為經過零、二與四年熟成的酒款範例，可見酒色依序從白色、銅色到糖蜜色。

忌時，附近有強烈的氣味；別在品飲期間料理食物或吃東西，並用沒有香氣的肥皂洗淨且擦乾雙手。選一處舒適的座位，或是你比較喜歡站著也可以。

倒一大杯水，每次啜飲之間可以漱淨口腔，品飲多款威士忌時尤其需要。你可以準備礦泉水，但如果自來水品質不錯，也可以直接使用。我在家是直接倒一杯經過德國 Brita 濾水壺的自來水。你也可以在威士忌中注入少量的水；直接從玻璃水杯倒入或另外準備一個小水壺，有些人會用滴管或吸量管讓加入的水量更為精確。如果你想要嚼一點清味蕾的東西，可以選擇棍子麵包、白麵包、蘇打餅乾或牡蠣餅乾 *（oyster crackers）。

關於重新淨空口腔，我曾經從一位每天進行食物與飲品嗅覺分析的專業品嘗家學到一招。當時我與他一起擔任一場啤酒比賽的評審，我發現他常常會稍稍彎起右手臂，把臉貼在手肘的袖口，迅速地用鼻子吸一口氣。

我在賽後問他為什麼這樣做。他告訴我，基本上他是在聞自己的味道，也就是自己熟悉的皮膚或衣服的基本氣味。這是一組自己熟識的氣味，一種總是環繞四周的背景基調氣味，用以幫助重置嗅覺。我也實際試過，一旦你擺脫這舉動讓你害羞的心情，這方法的確很有用。

最後，如果你想要寫些品飲筆記，備好一組筆與筆記本，或使用手機、平板電腦。有幾款專門記錄威士忌品飲筆記的手機應用程式，但它們目前還在開發階段，

* 譯註：類似蘇打餅乾的小圓型餅乾，常搭配蛤蠣巧達濃湯一起享用。

而且常會強迫你照它的方式記錄。因此，我用的是比較陽春（但有搜尋功能）的筆記應用程式，能自由地寫下我的筆記。

當然，你也可以不記品飲筆記，尤其是與一群朋友一起品飲的時候。如果你正為了多了解一點威士忌而品飲，筆記能讓你更輕鬆且自信地相互比較、對照不同酒款的差異，還能回顧幾個月或幾年前對某款威士忌的想法，看看這款酒是否有了變化，或自己的味蕾有沒有轉變。

更廣義而言，我發現撰寫品飲筆記能讓自己更專注在品飲本身。筆記的重點其實比較在於認真找到對的描述。我有許多朋友（包括我的太太）會取笑這種嚴肅的「品飲威士忌」，只有讓他們也坐下來一起認真地邊作筆記邊品飲時，才能扭轉他們的態度。

但別為了作筆記而緊張兮兮。開心地寫下品飲筆記吧，畢竟，它們是專屬你的筆記。無論這些紀錄的價值為何，它們都是只為了你而存在。在我將品飲筆記分享給其他人之前，好幾年來，我的筆記也是只為了我一人而寫。品飲筆記僅是單純能加強品嘗感受的方式，若它對你而言沒有這種效果也無妨。

檢查一下是否都準備好了：場地是否平靜？是否沒有任何聲響或氣味的干擾？是否有舒適的光線與有助於觀察酒色的白色背景？杯子與雙手（還有小鬍子，如果你蓄鬍的話！）是不是都清潔乾淨而沒有突兀的氣味了？身旁是不是準備好飲用或稀釋酒液的冷水，也許還有一些餅乾與麵包？如果你想作筆記，工具也不難取得。最後，拿出那瓶你準備品飲的威士忌。

準備好了，我們開始吧。

| 格蘭凱恩品酒杯 | 古典威士忌酒杯 | 雪莉酒杯 |

杯子

品飲威士忌應該準備什麼樣的玻璃杯呢？關於這個問題，有一整個產業迫不及待地等著回答你！答案也並非只與價格及外觀有關，杯子的類型真的會影響威士忌香氣與口感。杯身太寬，威士忌氧化的速度較快，入口的香氣容易只剩一瞬間。若是杯口或杯頸過寬，香氣將太快溢散。杯壁過厚，便無法以手掌溫熱威士忌；太薄，像我一樣手拙的人會不斷擔心可能打破它。

為威士忌撰寫酒評時，我會使用專為品飲威士忌設計的格蘭凱恩（Glencairn）品酒杯。此酒杯呈錐型，擁有像是煙囪的杯頸，除了能讓香氣集中，也不至於像聞香杯般難以就口飲用。洋蔥般的杯身也利於觀察酒色，以及以手溫酒（但我通常不會這麼做）。小巧堅實的杯底不僅容易握取，而且不會使酒液模糊不清。酒杯穩固但不顯笨重，是一只相當優秀的威士忌酒杯。

老實說，會使用格蘭凱恩品酒杯，主

品嘗另一半的人的生活

我曾經歷過一次非常實用且有趣的品嘗訓練，當時，《Whisky Advocate》雜誌創辦人約翰‧韓索和我正在蘇格蘭斯貝塞蒸餾區域的核心，這裡是全球蒸餾廠密度最高的地方。我們趁著酒莊導覽的空檔，在亞伯樂（Aberlour）小鎮的糖化槽（Mash Tun）酒吧享受了一頓美味的午餐，這座小鎮沿著斯貝河（River Spey）建立，大約位在麥卡倫蒸餾廠向上游走一哩半之處。

午餐後，我們漫步走到斯貝藏食間（Spey Larder），這是一間極具斯貝風格的食品雜貨店，裡頭賣著許多好貨。我買了一杯咖啡（當時我有點疲累，需要提振一下精神），約翰則在一旁挑起了各式各樣的小東西：英國傳統水果蛋糕（Dundee cake）、橘子醬（orange marmalade）、蘇格蘭焦軟糖等，總共八樣與一瓶水。我們沿著斯貝河走著，然後在一張長凳坐了下來，有位老兄正站在我們面前的河中央飛蠅釣。

約翰拿出他的戰利品，開始一樣樣打開包裝，一邊解釋他為什麼要買它們。這些都是蘇格蘭威士忌作家與蒸餾廠品測師在描述威士忌時，經常提到的味道，約翰覺得我應該嘗嘗。我們很像是在進行著羅塞塔石板（Rosetta Stone）語言解密的威士忌版。

那塊英國傳統水果蛋糕相當豐郁，上面搭配了扁桃仁；橘子醬的味道很強烈，並帶有富層次的甜橙特性；焦軟糖則與我想像中的味道很不一樣，它的顆粒口感比較明顯，糖與焦糖的特性也比鮮奶油更突出。我細細品嘗了每一口，並在腦中不斷地想著威士忌。

最後，我們駕車準備回到克雷格拉奇的高地飯店（Highlander Inn），我在這裡找機會喝了一些優秀的斯貝地區的威士忌，一面運用我的品飲新記憶。那天，我度過了一個絕妙的午後。

要是因為我在各式威士忌活動中前前後後獲得了大約一打這個品酒杯。重點是，每當我認真品評威士忌（即使是楓糖口味威士忌）時，都會使用同一種類型的酒杯，以避免任何因為杯具而影響感知的可能。

除了準備一只在認真品飲威士忌時使用的酒杯，我們也會需要另外其他幾種酒杯。這些酒杯不一定都很昂貴，在一般廚具專賣店便可以找到好幾款價格合理且適用的酒杯。要準備數量足夠的酒杯，能夠應付一次一字排開數款，然後將這個數字乘以二，以便能邀請另一位朋友一起品嘗。與朋友一道品飲總是比較有趣。基本上，無論你選擇的酒杯風格為何，都應該具備以下特點：

· 乾淨無色的玻璃杯壁，以直接觀察酒色。有些調酒大師有時會使用深色酒杯來避免顏色的干擾，他們的需求與我們不同。

· 酒杯的寬度與高度尺寸適中，杯身別太寬大，但也避免使用像一口杯這種既短且窄的酒杯；我們希望有足夠的空間讓香氣從酒液表面釋出且集中，而酒杯高度足以讓你輕轉酒液，旋出更多香氣。杯身切勿過寬，否則香氣將無法集中且很快地消散。

- 擁有堅實的杯底或杯梗，如此可以避免以手掌溫熱了酒液。小型白葡萄酒杯或雪莉酒杯很適用，也可以選擇經典的古典威士忌酒杯（old-fashioned glass/rocks glass）。
- 清洗酒杯且把剩餘的清潔劑沖洗乾淨。我會先手洗，再以相當燙的熱水沖洗，最後直接晾乾。品飲時，裝在酒杯裡的應該只有威士忌與空氣。

威士忌悠閒時光

你將要好好享受一杯威士忌，並好好學習這杯威士忌。這樣的感受不僅會發生在第一次品飲，即使這款威士忌已品嘗過許多次，今後的每回品飲你都能有此體驗。保持敏銳，並玩得開心。

打開酒瓶，不論它是新款威士忌、熟悉的酒款或任何一支酒。倒入大約半盎司（15毫升）於你的酒杯中。將酒杯舉至靠近鼻子。別將鼻子直接插入杯中，以免酒精味一下子讓你難以承受。慢慢地把酒杯靠近鼻子，直到你開始聞到威士忌，將酒杯維持在那個位置。

閉起眼睛（只有一下下）。想想這個味道讓你想起什麼，它牽起了什麼回憶。餅乾？徐徐陽光下的草地？金黃葡萄乾？辛香料？去光水（丙酮）？煙？新鮮的木材？淋在剛出爐麵包上的蜂蜜？緩緩地嗅聞，直到你找到這個氣味讓你想起什麼曾經聞過的味道。如果你正在寫品飲筆記，就記下這個味道。等待其他突然浮現的感受；移開酒杯，呼吸數次，再返回慢慢嗅聞。輕轉酒杯，將新鮮的香氣旋出，再多聞幾次。

現在，慢慢啜飲一口。閉上嘴唇，讓酒液流過舌頭。在舒適的狀態下，將威士忌保持在舌上，接著慢慢地呼吸並將酒液吞下。威士忌初碰舌頭時，你很有可能會覺得正品嘗與剛剛嗅聞時不一樣的東西，接著讓酒液在口中擴散、揮發，嚥下威士忌與尾韻浮現時，很可能會感受到更不一樣的東西。

你嘗到了什麼？是否灼熱？苦？甜？你現在聞到了什麼氣味？是否與單純嗅聞時不一樣？經常這時聞到的會與單純嗅聞時不一樣，有時候則會相同。再一次，你感受到什麼熟悉的味道嗎？當你聯想到什麼時，別分析它，也別害怕寫下與大聲說出這個感受。

現在，再啜飲另一口，這次要更投入一點。讓威士忌流過整個口腔；別像漱口一樣，酒液流動的速度會太快，流過的位置也太凌亂隨機。可以試著做出緩慢的咀嚼動作，並一面吸入少量的空氣（別吸入太多）。這些動作毋須刻意做得明顯或誇張，也毋須試著把氣味推向鼻腔。當你邊咀嚼邊帶入空氣時，氣味自然而然就會進入鼻子。

再次嗅聞，接著啜飲，並嘗試回想其他也有類似氣味的東西。香氣與氣味會隨著你呼吸而有所改變嗎？當你嚥下威士忌，而呼吸的氣息通過在口中殘留的一層薄薄酒液時（這個時刻就是所謂的尾韻），是否有新的香氣出現，或氣味產生劇烈的轉變？如果你正在寫品飲筆記，也記下更多感想吧。

接著，我們要進入一個相當重要的部分：你喜歡它嘗起來的味道嗎？你喜歡它的什麼？不喜歡它的什麼？思索這些問題

威士忌的香氣來自何方

整體而言，每一種威士忌類型會展現共通且可辨識的香氣範圍（不同酒款當然還可能表現出此範圍之外自身獨有的香氣）。香氣主要來自兩大方面：其一是蒸餾酒液，此部分受限於穀物、蒸餾廠獨家的發酵方式與蒸餾法；其二來自木桶，受到木桶種類與儲藏環境的影響。多數威士忌所呈現的香氣，都會是其中某一方面強過另一方面。例如，波本威士忌的主要香氣呈現來自木桶，裸麥威士忌則是源自蒸餾酒液。以下是各種威士忌類型的香氣範圍。

蘇格蘭威士忌

蒸餾酒液：香甜的麥芽、堅果、焦軟糖、蛋糕、泥煤（煙燻、海水、焦油）、莓果、蜂蜜、柑橘、辛香料

木桶：椰子、果乾、濃郁型葡萄酒、橡木

勝出方：經泥煤處理的威士忌為蒸餾酒液勝出；經雪莉桶培養的威士忌由木桶勝出

愛爾蘭威士忌

蒸餾酒液：糖粒餅乾、水果拼盤、太妃糖、新鮮穀物

木桶：果乾、蠟、椰子、香草

稍微勝出方：蒸餾酒液

波本威士忌

蒸餾酒液：玉米、薄荷、肉桂、青草、裸麥

木桶：椰子、楓、香草、煙燻、辛香料、皮革、干型調、焦糖

勝出方：木桶

裸麥威士忌

蒸餾酒液：乾燥薄荷、茴香、硬糖果、花、牧草、苦裸麥油

木桶：辛香料、皮革、干型調、焦糖

勝出方：蒸餾酒液

加拿大威士忌

蒸餾酒液：辛香料（胡椒、薑）、裸麥、甜穀片、深色水果

木桶：木材（橡木、杉木）、香草、焦糖

勝出方：蒸餾酒液

日本威士忌

蒸餾酒液：水果（梅、清淡的柑橘、蘋果）、泥煤味（煙燻、海草、煤）、青草、辛香料

木桶：椰子、杉木、香草、橡木、辛香料

勝出方：平手

並歸納出評論的過程，被我某位朋友稱為為「自己的口味」寫本書，當你的自信隨著品飲威士忌數量上升而跟著增厚時，這本書也會愈來愈有參考價值。在未來，當你嘗過更多酒款、品飲逐漸進化後，當然也能改寫成不同的想法。

品飲過程中，你也會思考這款酒的整體表現。它的整體表現良好或不平衡？其中是否有某種蓋過其他所有特質的味道？就像曲子中有某個幾乎蓋住所有旋律的音符。這也許是因為威士忌不幸在不合適的

木桶中收尾，或是某款具煙燻特質的年輕威士忌中的各式香氣還沒來得及彼此融合。

也許你還會遇到鼻聞時香氣羞澀的酒款，要在舌上才真正綻放，也奪去一半的樂趣，或是在品飲過程的另一端結尾時，遇到酒款尾韻驟然消失，或是尾韻比主要味道遜色太多。

熟成過程也可能使威士忌失衡。年輕酒款可能因尚未經木桶柔化而太粗獷炙烈，或是顯得「青生」與酒精味過重，高齡的威士忌則有可能受太多木頭與蒸散作

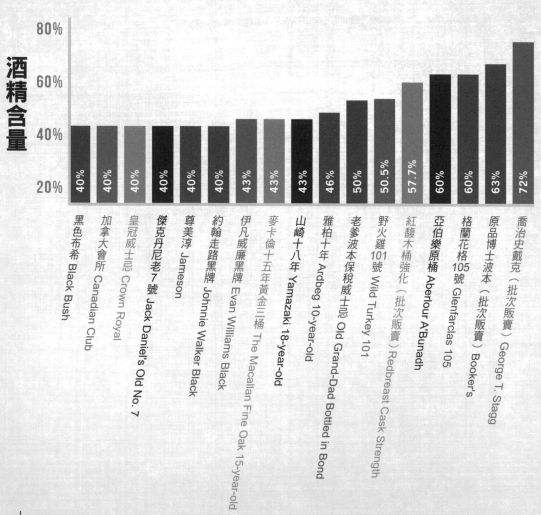

酒精含量

- 黑色布希 Black Bush — 40%
- 加拿大會所 Canadian Club — 40%
- 皇冠威士忌 Crown Royal — 40%
- 傑克丹尼老７號 Jack Daniel's Old No. 7 — 40%
- 尊美淳 Jameson — 40%
- 約翰走路黑牌 Johnnie Walker Black — 40%
- 伊凡威廉黑牌 Evan Williams Black — 43%
- 麥卡倫十五年黃金三桶 The Macallan Fine Oak 15-year-old — 43%
- 山崎十八年 Yamazaki 18-year-old — 43%
- 雅柏十年 Ardbeg 10-year-old — 49%
- 老爹波本保稅威士忌 Old Grand-Dad Bottled in Bond — 50%
- 野火雞 101 號 Wild Turkey 101 — 50.5%
- 紅馥木桶強化（批次販賣）Redbreast Cask Strength — 57.7%
- 亞伯樂原桶 Aberlour A'Bunadh — 60.9%
- 格蘭花格 105 號 Glenfarclas 105 — 60%
- 原品博士波本（批次販賣）Booker's — 63%
- 喬治史戴克（批次販賣）George T. Stagg — 72%

用的影響而帶乾澀感，如同被奪去了生命與風味。

相較於整體表現完整的威士忌，以上都可以視為酒款的缺陷。理想上，一款威士忌應從起頭的香氣，經過在舌上綻放的氣味，再到於尾韻繚繞的香氣與感受，形成一段柔滑流順的過程。也許當威士忌入口或酒液在尾韻與更多空氣接觸時，會產生讓你驚訝的強烈香氣，但這些香氣應讓你感到愉悅而非如同突襲。

「整體圓融」並不是拘謹或過於細緻的代名詞。有的酒款香氣如同巨人朝你暴吼，這類威士忌也有整體均衡的絕佳酒款。但是，好的巨人不會長出兩顆腦袋與三條腿，或手持脆弱的蘆葦而非棍棒；其中每個部分都很強壯，彼此均衡。

加水：生命中的水

是時候說老實話了。對味蕾來說，威士忌是不是的確太過炙烈（酒精味太重）？這也是為何水能派上用場。千萬別覺得為酒添水有什麼好害羞或尷尬的，我們都這麼做。作家、酒評家，當然還有蒸餾師與調酒師，也就是所有認真看待威士忌的人都會品飲加了水的酒。我們將在第十三章針對這部分多聊一些，但現在，先來說說允許威士忌加水的基本原因。

首先，向各位說明一個基本事實：威士忌從木桶倒出時的酒精濃度，並非就是酒標上寫的40％（或是43％、45％、50.5％，或任何你偏好的酒精濃度）。當酒液出桶時，酒精濃度大約落在40％（大多威士忌產國都會將此酒精濃度設為法定底限）至70％。

蒸餾廠會謹慎地挑選一定數量的木桶，混調成某一批次的瓶裝酒款，接著會在酒中加入適量的水，以符合酒標上所示的酒精濃度；除非是相對少量的桶裝強度原酒（barrel-strength），則不會另行加水。加入「適量」水的緣由來自於稅，因為稅通常會以酒精濃度計算，而不想錯失任何一分稅收的政府對瓶中酒液的實際酒精濃度相當挑剔。蒸餾廠當然也不想損失任何一滴珍貴的威士忌。

所以，當你在品飲時為威士忌添水，其實也只是又再多加了一點的水。沒這麼嚴重。

品飲時在威士忌中加水有兩個用處。其一，很單純就是為了降低酒精濃度；這時，你又將那堵牆的高度調得較低。為了避免把威士忌給溺死，我們稍稍做個數學計算。查克・考德利整理出一個稀釋威士忌的方程式，收錄在他的《波本歷史不加水》（*Bourbon, Straight*）：

$$\text{Whi} \times ((bP/dP) - 1) = Wa$$
$$\text{Whi} = 威士忌量$$
$$bP = \text{proof}（或酒精濃度）$$
$$dP = 目標\,\text{proof}（或酒精濃度）$$
$$Wa = 添加的水量$$

例如，想把15毫升酒精濃度45％的威士忌稀釋成酒精濃度30％，方程式可以這樣列：15 × ((45/30) − 1) = 7.5，也就是你該加入7.5毫升的水。礦泉水或蒸餾水為佳，自來水可能會參雜一些不欲出現的氣味。你可以花大錢買很奢華的水，但是超市的瓶裝水就能勝任了。

剛開始你會想要實驗，加多少水或多

少酒精濃度是最舒適的狀態，一旦找到之後，便可以保持這樣的濃度。多數專業的「鼻子」——也就是在蒸餾廠挑選要調和哪些木桶的專家——會將酒精濃度維持在20％。當你一整天必須盡可能嗅聞上百桶的樣本時，即使酒精濃度已降為40％，鼻子也將很快變得遲鈍。

水也能幫助威士忌釋放香氣與氣味。這些香氣分子（主要是果香）與芳香的酯類會被鎖在充滿乙醇的酒液中，而乙醇會環繞在它們四周。當你加入水分後，水分子就會扯開包覆在它們身上的乙醇緊身衣，酯類因此能溢散入你的鼻腔。回想一下，下雨天後你的嗅覺是否有所不同：清新的植物香氣，以及明顯的潮濕人行道的氣味。水能拆除化學鍵結，讓香氣得以釋放到空氣之中。

不過，行事乖張的水也會帶出較厚重的蘇格蘭威士忌中的硫化物，釋放出一種帶有橡膠與「肉味」的氣味。它也會削弱一些我們想要的香氣，尤其是泥煤帶有煙燻感的酚類與怡人的穀類氣息。

由於水對威士忌的影響不可逆，所以加水之前最好先聞聞純（未經稀釋）威士忌的味道。把水倒進酒裡很簡單，想要將水自酒裡抽出來便難如登天，問問蒸餾師就知道。

另外，還有一個小技巧：等待。讓威士忌靜置一會兒，它的香氣便會有所改變。有些東西會在這個期間氧化和轉化，有些東西則是單純地消失溢散了。等待，能幫助某些酒款，也能使某些酒款變得乏味或不好喝。雖然沒有一套推測的規則或指南，但是這也為品飲威士忌帶來變化多端的樂趣。

盲飲的公正

當你與威士忌益發熟悉，就會注意到各家蒸餾廠的特色。同一家蒸餾廠的酒款經常會有某種品飲者能辨認的相似特性，某種程度上，他們也會預期這些酒款會出現什麼特質。

這些特色可能來自釀酒技法，例如，格蘭傑獨特的長型罐式蒸餾器讓酒款更為輕盈細緻；格蘭花格較矮胖寬廣的蒸餾器能帶出更厚實且近乎擁有油脂感的特性。也可能源自採用的穀物，例如，亞伯達蒸餾公司（Alberta Distillers Ltd.）使用百分之百裸麥，這個特色很容易分辨；愛爾蘭蒸餾廠（Irish Distillers）未經發芽大麥的單一罐式蒸餾威士忌也獨具風格。使用類型固定的木桶、酒倉的建造架構與位置、水源、泥煤產地、酵母菌，或長期使用同一套蒸餾師或調酒師的流程，這些都可能為蒸餾廠的酒款創造自家獨有的可辨識風格。

蒸餾廠特色是人們分辨不同蒸餾廠酒款的基本依據。當他們發現並且愛上某種特色時，就再也找不到其他能取代的。當蒸餾廠推出新酒款時，他們預期會喝到那種特性，並知道自己一定會喜歡它。

這只是當你品飲威士忌時會拋開感知的理由之一，卻是你對酒款產生期待的關鍵原因，讓你的舌頭在碰到威士忌之前，就被大腦絆了一跤。

看到酒標的雙眼，也是品飲的一環。就像我在品飲水牛足跡（Buffalo Trace）的酒款時，腦中已經置入了現有的框架。我喜歡水牛足跡的威士忌，也預期喝下它們會讓我感到愉悅，這無可避免地影響了我

的視角。

　　你可以試著客觀，也可宣稱只用舌頭與鼻子品飲，或腦袋不帶任何偏見……但這只是你在欺騙自己。而你最多也只能做到這樣。在你的腦袋深處，在那些你無法控制的運作過程中，正啃蝕著堅實穩固的感官主幹，你的記憶、對這家釀造廠的印象、與對它們產品的感想，你在什麼地方喝過它們的酒款、酒瓶的模樣、其他人對這些酒款的評價，以及你在心中對這家威士忌逐漸建構出的風格──一切的一切，都會崩毀你的客觀。

　　不過，你可以經由一副眼罩與一名助手重建客觀視角。這不是什麼魔術，這就是盲飲。如果你想知道自己對某款威士忌的真正想法，準備其他兩款相似的酒款進行一場盲飲吧。請助手在另一個房間把酒倒好（這時通常都是女兒幫我），並做好標記或記得順序，以分辨哪只酒杯屬於哪個酒款──而你無從得知。

　　這個過程麻煩嗎？當然。如果你只想悠閒地品嘗威士忌，便完全沒有理由如此大費周章，但若想了解威士忌，沒有更好的方法了。盲飲強迫你開始思考。這並不輕鬆。其中毫無捷徑，你沒辦法說出「喔，對，這就是它們的招牌特色」，因為你根本不知道自己喝的是哪家的！當你面前少了這些標靶，便必須開始真正地思考自己正在品嘗什麼，試著揪出什麼重要的組成元素，元素之間如何彼此融合，它們在你的味蕾上如何變化。盲飲會讓你深思品飲、口感與收尾，是唯一能不帶偏見且誠實品飲的方式。

　　如果你想要認真盲飲，還可以嘗試

日本三得利（Suntory）山崎威士忌蒸餾廠的首席調酒師輿水精一。

三角盲飲，它是一種設了陷阱的盲飲方式。準備三款相似的威士忌，例如熟成年份相似的單一麥芽泥煤酒款，像拉弗格（Laphroaig）、大力斯可（Talisker）與卡爾里拉（Caol Ila）。接著請助手倒出三杯威士忌，助手可以隨意選擇哪三款威士忌，可以是兩杯大力斯可與一杯卡爾里拉，或甚至是三杯拉弗格，但你同樣並不知道他倒的是哪些酒款。這個作法能真正集中精神於感知，你必須非常努力尋找相似點——因為有可能根本沒有相似之處，而是一模一樣。

盲飲將會打開你的雙眼。試試吧，看看你能學到什麼。但如果你想嘗試比較不那麼激烈（或是比較可以獨自完成）的方式，也可以準備兩款相似酒款，在知道酒款的狀態下進行品飲。

對照式品飲是利用比較的手段，如同以強光照射酒款差異，幫助你深入直視自己喜歡或不喜歡威士忌哪些部分。你可以準備三款位於艾雷島東南部基爾戴爾頓（Kildalton）海岸，不同蒸餾廠的標準瓶裝酒款，如拉弗格、拉加維林與雅柏。在各個酒款都能嘗到香甜的煙燻特性的同時，也會發現雖然它們都帶有強勁的泥煤味，仍有清晰的差異，而就是這些差異讓你了解不同威士忌的獨特之處、它們的產地，及一般泥煤風格威士忌的模樣。

不論是單一酒款的品飲、盲飲或對照式品飲，品嘗過後，記得在慢慢喝完杯中剩下的威士忌時，好好放鬆與回顧。你又為「自己的口味」多寫了一章，而這本書將一路伴隨你，走在探索威士忌世界的旅途上。

分享

你已經發現真正品飲威士忌是多麼享受的事。當然，單純地輕鬆喝杯威士忌也有很多值得大書特書之處，但品飲威士忌完全是另一回事，且本身已樂趣無窮。想與朋友或其他人分享這個樂趣的方式也很簡單，只需要多一點酒杯與對的方式。

與朋友一同品飲威士忌的棘手之處，並非在於準備器具，如威士忌酒款、酒杯、水或筆記本，而是態度，你的與你朋友的態度，但主要的關鍵還是你自己的態度。你需要謹記，你想讓朋友有一段愉快的威士忌品飲時光。重點並非藉機炫耀收藏的酒款或淵博的知識，而是分享你在好威士忌身上得到的喜悅。

列出邀請名單。第一次辦的品酒會適合小規模舉行，也許邀請二至三位朋友。先問問他們是否有興趣，像我就不太有興趣參加龍舌蘭品酒會。舉辦過數次之後，你可以擴大規模，也許辦個威士忌晚宴度過美好的一晚（但請在列舉邀請名單時，事先想好朋友們安全返家的方式。除了走路或搭乘大眾交通工具的朋友，應再邀請一位當晚不進行品飲的駕駛朋友）。

完成朋友名單之後，就該決定品酒主題了。數款單一麥芽威士忌？試試某些波本酒款？探索愛爾蘭威士忌？或是，每種都來一點？你將發現，品飲不僅能點出同一類型威士忌的各酒款差異，也是為主要類型找出不同特性的好方法。

這個階段最好保持簡單。三款酒款是滿合適的數字。選擇數款同類型的威士忌或幾款不同的主要類型威士忌，如波本、蘇格蘭與愛爾蘭威士忌。接著，必須開始

三角盲飲

主題	酒款
不同泥煤個性的旗艦泥煤威士忌	卡爾里拉十二年、 拉加維林十六年、大力斯可十年
基爾戴爾頓海岸蒸餾廠， 細微的泥煤個性差異	雅柏十年、拉加維林十六年、 拉弗格十年
單一麥芽雪莉桶， 比較雪莉桶陳年帶來的不同果乾特性	格蘭多納（GlenDronach）十二年、 格蘭花格十二年、麥卡倫十二年
垂直品飲， 比較不同年份招牌酒款的差異	格蘭花格十年、十二年、十七年
調和威士忌，評斷不同的調和風格 並尋找穀物的「鮮奶油感」	帝王威士忌、 威雀（Famous Grouse）、 約翰走路紅牌
重裸麥波本威士忌， 比較裸麥特性	巴素海頓（Basil Hayden）、 柏萊特（Bulleit）、 老爹波本（Old Grand-Dad）； 如果想要多點樂趣， 也可以加入真正的裸麥威士忌， 如老歐弗霍特（Old Overholt）
小麥波本， 比較柔滑的「小麥低語」	雷克尼（Larceny）、 美格、偉勒（W. L. Weller）特藏； 也可加入凡溫客十五年酒款
老波本，觀察橡木調性較干且辛香料 更重時的香氣變化	柏萊特十年、錢櫃（Elijah Craig） 十二年、金賓大師精選十二年
不同的愛爾蘭單一麥芽	布希米爾單一麥芽十年、愛爾蘭之最 （Tullamore Dew）單一麥芽十年、 泰爾康奈（Tyrconnell）單一麥芽
愛爾蘭單一罐式蒸餾，比較年輕、 高齡與調和之酒款的差異	綠點（Green Spot）、 尊美淳十八年、紅馥 Redbreast
不同裸麥特性的 加拿大旗艦酒款	亞伯達首選、 黑美人（Black Velvet）、 加拿大會所

思考挑選哪些酒款。此時的選擇將顯得有些微妙。因為，酒款太過普通，賓客可能會覺得遭到貶低，酒款太過出眾，又有可能讓他們產生壓力。

建議你這時不妨稍稍偏向平等主義的作法，與其端出珍藏的寶貝，不如選擇一瓶旗艦酒款。想想看。如果你一開始就推出三瓶你擁有的頂尖酒款，接下來的品酒會該準備什麼？再者，如果某位朋友真的很喜歡你的稀有酒款，他也應該不想聽到你說：「喔，你已經買不到這支酒了，如果你有幸找到，一瓶大概也要個五百美金。」更糟糕的是，萬一他們一支也不喜歡。你大概會覺得自己簡直像個白癡，或是朋友都是一些沒品味的蠢材，不管哪種狀況都不有趣（或是你也有可能需要舉辦更多場品酒會）。

不如挑選一些買得到又不會太大膽或太嚇人，並且是該類型裡比基本款更高一階的酒款，例如黑牌約翰走路就是一款美味的調和蘇格蘭威士忌，且比一般標準紅牌多了點魅力。若是想要準備單一麥芽威士忌（這個選擇已經多上了一層階梯）：先推出斯貝塞地區的十二年份酒款，如格蘭菲迪或格蘭利威，也可以準備黑色布希（Black Bush），一款經雪莉桶熟成而多帶點深度的布希米爾酒款。換作是波本，也許你可以準備帶有小麥特色的美格威士忌，或是用帶有鮮明裸麥個性的黎頓郝斯威士忌（Rittenhouse）嚇嚇大家。

理想上就是試著讓賓客保有興趣的同時降低風險，因為說到威士忌，我們很難控制不去選自己最愛的酒款，並且試圖迫使其他人也一樣愛上這些酒款，這樣的作法有時其實並不可行。

要知道分享威士忌的樂趣，就是與一同品飲威士忌的人們共處一個房間、在同一張桌上。有時，我也會參加線上品酒會，這種方式的確優於一個人品飲，但是比起與實際的人和他們的威士忌聚首，線上品酒絕對稱不上一樣好，且既不自然也不值得。你在聊天室聽不見笑聲也看不見笑臉，也無法在視訊聊天中再拿出一瓶威士忌與大家分享。

也就是說，你該把雙眼從本書拉出來，雙手也該離開鍵盤了。你要稍微打掃一下廚房，買點麵包、起司，也許再準備一些煙燻鮭魚或鮮切蔬菜盤。如果需要，再多買點酒杯、水瓶與小水罐。

布置品酒場地，也許不用太堅持「零干擾」這一點，這個階段最好也將寫品飲筆記拋在腦後。

賓客到場時，先招待他們一杯酒，但在品飲開始之前別喝超過這一杯。隨著喝進或吃下的東西愈多，味蕾就愈不敏感，我們都希望給即將上場的酒款一個同等看待的機會。

首先，倒出第一款威士忌。記住：也許你還有尚未跨越那堵牆的朋友，所以先專心於輕輕地嗅聞。先從簡單的開始；嗅聞第一款威士忌，說出任何你聞到的氣味。最好的方式是慢慢來；我們想要引導而不是領導或掌控品酒會。試著開啟大家聞到了什麼的對話，別直接說「沒有，我沒有聞到這個」，別太挑剔、太堅持，也別告訴你的朋友一定要怎麼做。相反地，你可以告訴他們一些你覺得很有用的方法，建議他們也試試。

開始口嘗時，鼓勵大家緩慢地啜飲，並留點酒液好與其他兩款威士忌比較。如

你喝了些什麼

　　就像其他人類創作的藝術品（教堂、小說、油畫或美味料理），威士忌是以各式元素建構而成的。沒錯，威士忌的確是由穀物、水、酵母菌與橡木熟成等方面組成，但我指的是同源物或元素（就是那些化學元素），它們構成了威士忌的氣味、口感與香氣。以下就是架構威士忌的原料。

穀物

穀物的香氣來自發酵與蒸餾（如果最終的酒精濃度不會過高），這樣的香氣也是某些酒款主要散發的香氣。麥芽威士忌擁有香甜、堅果與溫熱的穀片特性。玉米會讓酒款帶有香甜感，以及一種很好辨識的……玉米味。裸麥則會讓其有苦味、芳香植物、草味與薄荷味，還能小量增加這些特色。

酯類

酯類能帶來水果香，香氣是發酵過程生成的副產品，並且撐過蒸餾過程的洗禮。各式酯類擁有不同的香氣，如乙酸異戊酯（isoamyl acetate）聞起來如同香蕉，己酸乙酯（ethyl caproate）則像是蘋果。酯類含量多寡取決於回流率的高低以及取酒心的方式。酯類也可能因木桶的木質分解而融入酒液，並帶來更多香氣，例如，丁香酸乙酯聞起來像是菸草與無花果，阿魏酸乙酯有肉桂的辛香料氣味，香草酸乙酯則有煙燻與燃燒的香氣。

內酯類

內酯類來自木桶，可在熟成過程中融於酒內。在新桶中熟成的波本威士忌，會比其他威士忌擁有更多的內酯類。威士忌中的橡木內酯類有兩種常見的同質異構物（isomer）：順式內酯類（cis-lactone）讓威士忌擁有甜香草與椰子的特性，反式內酯類（trans-lactone）則會有讓椰子特色中多帶點丁香的辛香料個性，但強度較弱。

酚類

酚類是燻燒泥煤麥芽產生的主要煙燻氣味，以百萬分之一（ppm）為計量單位。酚類的效果會因為發酵與蒸餾作法不同而有差異；計量數據不能代表一切。

酒精

乙醇不是發酵產生酒精的過程裡唯一的產物，也並非蒸餾後酒精唯一帶在身上的東西。酒精的香氣不高，大多只有乾淨且極細微的甜感。其他酒精也許可以統稱為雜醇（fusel）酒精，這些帶油脂味的高濃縮物是你不希望在酒裡出現的物質。

柳酸甲酯

柳酸甲酯（Methyl Salicylate）會在某些白橡木少量出現，讓年輕的威士忌帶有薄荷香氣。

香草醛

橡木會以不同的方式將香草醛釋入酒中，包括分解木質素。香草醛的特性以波本威士忌表現最為明顯。

醛類

醛類（aldehydes）擁有獨特的香氣，如花、檸檬或溶劑的味道。醛類也會與橡木木質素反應，產生酯類。

在酒倉中品嘗不同木桶的酒液是安靜且強烈的時刻。

果有人一臉被辣到的樣子,趕緊建議他加點水,並且也在自己的酒杯裡添些水。口嘗是具包容性的過程,別讓人感到被排除在外。

三款威士忌都嘗過之後,聊聊他們喜歡哪一款,或是不喜歡哪一款。現在就是屬於聊聊酒的時刻,也許可以再多來點威士忌,剛剛品過的酒款或是其他威士忌都可以。這是你的隨興時間;威士忌應該已經發揮了破冰作用,你可以大聊威士忌經或任何他們想聊的話題。

品酒會後就要清掃環境了,而且沒錯,儘管你不願意,可能有一些朋友會想要待久一點。不過,這是威士忌呀,別在意吧。

最後,所有你為品飲威士忌的付出都是值得的,那些美好時光、美妙滋味,以及你從經驗學到的一切。不僅如此,為品飲威士忌而敞開的眼界,也會令你在日常生活的每一個品嘗時刻都多思考一些。你將在食物與飲品中嘗到新的味道,也會從微風中聞到新的氣味。你的享樂世界將向外擴展。

這世界畢竟不是只有威士忌。除了鍛練空手道功夫,宮城先生也順便幫車子上了蠟。

日常威士忌:居家酒款

我會在家裡放一些常備威士忌酒

款。我的調和威士忌有黑牌約翰走路或威海指南針大國王街（Compass Box Great King Street），有時候則是帝王威士忌（Dewar's）；波本則有黑牌金賓（Jim Beam Black）、伊凡威廉（Evan Williams），如果有經過肯塔基，就可能是陳年老巴頓（Very Old Barton）；愛爾蘭威士忌通常是權力威士忌；加拿大則是加拿大會所或VO。到了夏天，我會買一瓶1.75公升的大瓶派克斯維爾（Pikesville）裸麥威士忌，製作我的高球調酒。

過去二十年來，我陸續收藏了數以百計（這不是形容詞）無與倫比的稀有威士忌。特別節日如生日、重要節慶、升職或是有朋自遠方來，就是這些酒款出場的時刻。我的櫃子裡也放了些比較常品嘗的中階等級酒款。但大多日子裡，像是晚餐前的小酌、調杯酒，或是烤肉時抑制想要大啖的衝動，我會選擇上述的那些酒款，它們就是我所謂的日常威士忌。

也因此，我不是很能理解「資深」威士忌飲者的想法。我遇到愈來愈多只喝稀有或「九十分以上」酒款的威士忌假內行。真不知他們是真的喜歡威士忌，或只是喜歡讓旁人知道自己會喝很貴的酒。

日常威士忌不罕見、不昂貴，它很平易近人。想像一下，威士忌是汽車，而你我是《汽車瘋狂秀》（Top Gear）的主持

人。這是英國廣播公司很受歡迎的汽車節目，主持人每週都會試開新款超級跑車，只有在想要嘲笑「普通汽車」，或是做了一些奇怪的大改造之後，才會開「日常汽車」。

我很喜歡看《汽車瘋狂秀》。它好玩又有趣，而且，說不定有一天我真的有機會開一次那種車。但是，在現實世界中，我每天開的是日常汽車。

現實世界裡，有些人就是能每次都喝稀有酒款，他們可能是因為錢多到不放在心上，或是願意在其他方面做出一些犧牲。這很棒！不過，這樣的方式可能造成的結果顯而易見，當愈來愈多人這樣喝酒時，罕見酒款也會變得更罕見、更昂貴、更讓人沮喪。

所以，我鼓勵你花點時間，尋找價格合理又取得容易的酒款，建立屬於自己的日常威士忌名單。如此一來，每當朋友突然來訪、想要晚餐配一杯高球，或是很想調杯酒但又不想用那支兩百五十美元的波本時，你手邊永遠有馬上可以倒入杯中的威士忌。

我喜歡威士忌，也喜歡啤酒。這兩種飲品提供我各個場合的不同選擇（沉思間的啜飲或歡笑間的暢飲），兩種飲品的所有價格區間裡也都有相應的優質酒款。我猜我之所以喜歡它們，也可能是因為它們的一視同仁，不像葡萄酒背著沉重的知識包袱。如果我們希望威士忌保有現在的模樣，就應該多欣賞日常威士忌的美德。

威士忌
風格地圖

坊間流傳著一種相當迷人有趣的說法，認為歐洲人喝什麼酒與釀什麼酒的緣由，來自於「釀酒葡萄／穀物界線」。在人與貨物都能輕鬆跨越距離、國際品牌現身與冷凍儲藏的技術出現之前，歐洲的葡萄酒與啤酒區域自然而然分布在當地人民種植該作物之處。

這個理論是這麼說的，葡萄在比較溫暖的南方欣欣向榮，當地人就釀造葡萄酒，而在較冷的北方遍布了穀物，因此北方人便釀啤酒。這是個相當吸引人的理論：義大利人釀葡萄酒，西班牙與希臘人喝葡萄酒，而德國、荷蘭、斯堪地那維亞與英國人則釀啤酒。

這條界線大致穿越法國東北部，一刀切過北加萊海峽（Nord–Pas de Calais）、阿爾薩斯（Alsace）與洛林（Lorraine），愛好葡萄酒的法國人在這裡拋掉葡萄酒杯，愛上了法式窖藏啤酒（bière de garde）、季節特釀啤酒（saison）與皮爾森啤酒（pilsner）。香檳區也在北方，不過，這條線並不是很精確。

德國的情況就有點難用這個說法解釋。在萊茵（Rhine）北部與摩塞爾（Mosel）的谷地，啤酒釀造與重要的葡萄酒類生產有所重疊。這與羅馬時期的狀態似乎有點矛盾。羅馬人並不喜歡啤酒（至少對上層社會來說是如此，朱利安大帝〔Emperor Julian〕曾說啤酒聞起來像山羊），他們帶著釀酒器材只為了以防無酒可喝。這個說法開始行不通了，而且在著名的慕尼黑十月啤酒節（Munich Oktoberfest）上，還會出現葡萄酒攤位。

另外，西班牙、法國的諾曼第（Normandy）、德國西部與英格蘭等以蘋果為原料的酒類勢力強盛。那條曾經可以大膽畫下的界線，是否開始變得模糊？不過，這個理論依舊堅強，但這並不難理解，在人們鮮少離家旅行超過十哩的年

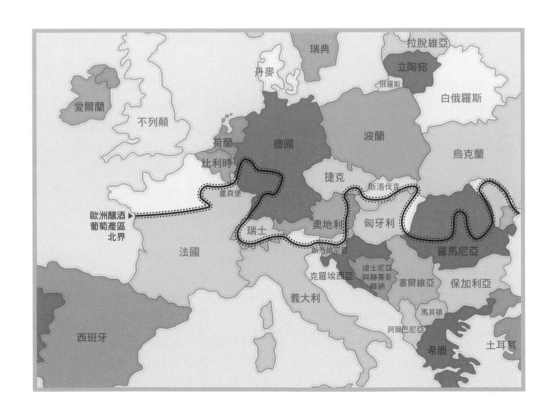

代，所飲所食當然就是該地盛產的食物。

釀酒葡萄／穀物界線

在蒸餾與冶金藝術擴展至歐洲之後，南方地區開始製作白蘭地與渣釀白蘭地（grappa），而寒冷的北方則生產伏特加與威士忌。當德國將啤酒蒸餾成啤酒蒸餾酒（schnapps）的同時（今日依然有生產），絕大多數威士忌使用的其實是專為威士忌發芽且發酵的穀物製造（伏特加起初也是使用穀物而非馬鈴薯；一直要到十六世紀，馬鈴薯才由新世界經過西班牙輾轉進入歐洲）。蒸餾技術在十五世紀某個時間傳至歐洲北部，很快就釀產出用在藥物、香水、精油與飲用的未經陳年培養的穀物烈酒。沒過多久，用途便以飲用為主，產出眾多酒色純淨而粗獷的烈酒，如中世紀晚期的伏特加、柯恩酒（korn）與生命之水（蓋爾語〔Gaelic〕為 uisce beatha，拉丁語為 aqua vitae）。

釀酒葡萄與穀物分別占領了整個歐洲。現今，它們更脫離歐亞大陸，在愛爾蘭與蘇格蘭宣示主權。

運輸的極限

如果將釀酒葡萄／穀物界線向歐洲以外延伸到北美洲的威士忌區域，還能應用不同威士忌的成長與茁壯，以及藉此理解它們何以形成今日的模樣。釀酒葡萄／穀物界線占地區域與農業領域的條帶寬廣，但是實際狀態其實切分得更為細碎。現實中，並非只是某個地區是由穀物取得勝利如此簡單，該區域還能細分成某種特定的

穀物，釀產威士忌的蒸餾商一開始通常都是農人，而農人手上擁有的穀物選擇其實不多。

某個近代的概念就是回頭傾聽並挖掘早期威士忌之所以成為威士忌的緣由。地產地銷（locavore）是一種正在逐漸成長的新運動，主張拒絕食用運輸了數千哩的食物與飲品。他們希望盡可能地從當地取得食物與飲品，最好是在方圓一百哩之內。

這項運動只針對可取得的新鮮水果與蔬菜，但起司與甜品則不受此限。他們的廚房不會出現跨越整個世界的冷凍小羊肉，也沒有從另一個半球運來的非當季水果與蔬菜，更不會出現其他氣候地帶生成的異國風味。他們歡慶當地的豐收，並盡力以任何方式儲藏這些食物以過冬（或以高價購買其他人做的保存食品）。

從產地到餐桌的餐廳則是重新改造了這個概念，餐廳善加利用當地供應與儲存的食物之一分一毫製作料理。但是，你也因此將自己限縮在當地的食物中；假如你身在芝加哥，餐廳裡的菜單便不會出現橄欖油、塔巴斯科（Tabasco）辣椒醬或日常生活中常見的黑胡椒。你只能使用當地有的。

那麼，威士忌呢？地產地銷運動者能安心喝下什麼威士忌？這就要看如何定義了。如果威士忌在方圓一百哩以內的蒸餾廠製造是否就符合條件？還是原料穀物也必須在附近生長？這就必須取決於他們心中的定義，以及他們有多愛品嘗威士忌了。

回到威士忌剛剛起步之時（愛爾蘭與蘇格蘭的中世紀晚期、美國的十八世紀），那時的「當地」還沒有這種瞎扯淡的解釋。當時的「當地」，指的是最多在

5~10哩範圍內生長的，而當地穀物就是拿來生產威士忌的東西；那時沒有任何更為經濟的作法了。

這是因為那時的運輸成本相較於今日如同天價。貨物在水路由風或河流（前者難以捉摸，後者則只有一種方向）負責推動，在陸路則依靠人力或獸力。運輸方面唯一重大的進步是自羅馬帝國展開的海運，當時已有更為精良的帆船，需要的船員更少卻能運載更大量的貨物，並以更短的時間抵達。即便如此，多數的新式帆船在嚴峻天候的冬季仍不宜出航。

當時的穀物以水路運輸，大多在內陸以河道運送至港口，再於不同港口間傳送。如果農場未臨河邊，想將穀物運至他處幾乎不可能；因為穀物單價較低，即便只是在陸路拖送一小段路程，都是難以承受的昂貴。當時陸路運輸貨物的相對成本對現代來說不可思議。十八世紀晚期，將一噸貨物從英格蘭送至美國費城（當時美國殖民地最大、最四通八達的港口），這趟超過三千哩的航行費用與在陸路拖送僅僅三十哩的價格一致。你可以想像在運河與鐵路誕生之前，讓貨物穿越蘇格蘭高地的崎嶇山脊或愛爾蘭一座座山丘與沼澤，成本會有多高昂。

這對威士忌產業的影響相當巨大。在工業革命完全轉變製造業與運輸業的模式之前，蒸餾廠為四散各處的小規模經營，由農人或他們的親友釀造威士忌，以物易物的方式交換每年的必需品。威士忌是一項農產品，就像起司、奶油、蘋果酒或培根。

不難理解為何農人會選擇將多餘的穀物收成拿去蒸餾，而非直接販售。例如，

想在市場販售40蒲式耳（bushel）的大麥，需要想辦法運送1,200磅的穀物，或找來八匹騾子。另一方面，在收成後農事閒暇的月份進行糖化、發酵與蒸餾，這40蒲式耳的大麥可以釀出大約20加侖的威士忌。即使再加上陶製酒壺或木桶的重量，20加侖的威士忌還是可以輕鬆吊在一匹騾子身上，並換回比直接販賣穀物更好的價錢。

在四大傳統威士忌產區：蘇格蘭、愛爾蘭、美國與加拿大，各有不同的歷史背景形塑各自釀製威士忌的方式。在十九世紀運輸業革新前，蘇格蘭與美國地區大部分的酒廠就已確立；但在愛爾蘭與加拿大地區，鐵路、運河與蒸氣動力則一同影響塑造了威士忌酒業。日本，第五個威士忌產區（若你同意，也許可算是蘇格蘭傳統威士忌的複製產區），則可算是二十世紀科技的產物，使用以蒸汽船運輸的蘇格蘭進口泥煤處理麥芽。讓我們看看這一切的歷程吧。

蘇格蘭：
在峽谷裡的年代

大部分蘇格蘭境內地區（除了南部的低地），都環繞著一系列各式屏蔽：山脊、陡峭的峽谷、河流、長長的河口以及小島四周的海洋。宛如為了阻止人們進行貿易而設計。

這裡的氣候冷涼、土壤經常包含許多岩塊。但大麥在這裡生長良好，至今仍是；這裡的大麥時常製成威士忌，至今依然。大麥是一種應用多元的穀物，例如它是一種良好的牲畜飼料，即使是釀造啤酒

與威士忌所剩的殘渣一樣可以餵養牲畜；發酵過程會取走糖分，留下牲畜體內能多加利用的纖維素與蛋白質。雖然大麥裡面的麩質含量較低，因此不太適合烘焙，但還是可以做成營養充分、富飽足感的麥片粥或湯。

但說到釀酒，大麥占有獨一無二的地位。首先，比起部分穀類（如玉米），它容易發芽得多。再者，大麥的低麩質含量，讓它的麥芽在加熱將澱粉轉換成糖的過程中，形成較少的黏滯糖化物；相較於裸麥，大麥糖化產生的泡沫較少（裸麥糖化產生的泡沫多到會造成實際製程的困難）。大麥穀仁躲在穀殼內，釀造階段過後，穀殼還可以擔任天然的過濾器，濾出相對清澈的啤酒，這也讓後續的蒸餾處理相對簡易。

即便是在 1780 年代初期，英國試圖殲滅家庭蒸餾業後，大麥依舊是蘇格蘭農人的好朋友。當時，英國政府四處尋找增稅的可能（這場尋找稅收的獵捕，最後導致波士頓傾茶事件與美國獨立戰爭），他們的目標之一便是酒類飲品。麥芽可以收稅，蒸餾可以收稅，販賣也可以收稅。1781 年之前，家庭與農場只要沒有販售行為便可以合法蒸餾。另一方面，市面販售的商業產品則伴隨著賦稅。因此，兩者之間其實有著價差。農場蒸餾酒廠相當清楚情況對自己比較有利，只要他們敢在小馬或自己背上馱些少量威士忌，冒險走私販賣。

所得的收益也足以讓他們持續冒險；對當地擁有一塊小佃地（蘇格蘭高地稱為 croft）的家庭而言，這樣的冒險結果通常只有兩種：生存或致命。數以千計的佃農甘冒如此巨大的風險。橫亙在貿易前的崎嶇地理環境，同時也是非法蒸餾的天賜屏護，他們擁有數量龐大的細小支流，做為

1789 年於蘇格蘭皮特洛赫里（Pitlochry）成立的布萊爾阿蘇蒸餾廠（Blair Athol Distillery）。

蘇格蘭威士忌採用的大麥絕大部分都在蘇格蘭當地生長。

冷卻等用途的水源；高聳的山頂可駐點監看是否有生人靠近；豐沛的泥煤可用來加熱蒸餾器；沼澤與峽谷將一切的活動好好地隱藏起來。

當時的蘇格蘭人也比較喜歡家庭蒸餾烈酒，這樣的喜好一路擴散到倫敦，不是非法酒款不喝。那時的課稅方式也常使得低地地區的商業蒸餾業者較著重於釀製烈酒的價格而非品質。例如，稅收的課徵依照蒸餾器的尺寸而不是產量，業者將焦點放在快速地產出，蒸餾器因此變得較寬、較淺，可以讓溫度更高、運作得更快且更努力。低地蒸餾酒廠也幾乎是馬上就採用了雙柱式蒸餾器（科菲式蒸餾器），今日的穀物威士忌仍使用這種柱式蒸餾器。農場蒸餾酒廠則是使用「小蒸餾罐」（sma'

still），這是一種容易加熱與操控的小型罐式蒸餾器，更適合農場的小規模蒸餾，在政府查稅員視察有無非法蒸餾行為時也比較容易偷偷藏好。

那些產自小型農場蒸餾器的烈酒，並非我們想像中今日蘇格蘭威士忌的模樣。因為這些酒液並未經過陳年培養，雖然它們有可能在存貨與運送過程於木桶中待上約一個月的時間。它們也經常添加辛香料或以水果增加香氣。但這是一種蒸餾自穀物的烈酒，其中許多穀物還會因為以泥煤火烘乾而散發煙燻味。接著，它開始經過陳年，它會放進曾經使用過的木桶裡陳年，放進那些橡木單寧大多已被濾除的木桶裡。今日的蘇格蘭威士忌依然流淌著這些酒液的基因。

1823 年的蒸餾稅法案（Excise Act）讓蘇格蘭蒸餾酒業一下子曝了光，在那之後，蘇格蘭威士忌經過兩次重大演化。首先，此法案讓農場蒸餾者「合法經營」變得比較誘人，有些蒸餾廠會直接在舊酒廠就地合法，稅額變少了，規範與稅收結構的改變，也讓全麥芽、慢速蒸餾的高地風格酒款轉為合法將有更高收益，更重要的是，強制執行的狀態顯著增加。

當高地風格酒款流傳開來，開始有酒商購買與協助銷售業務。同時，另一次演化也在進行中，透過政府政策的改變、消費者的喜好與慧眼獨具的商業直覺，這些蒸餾後直接出售的烈酒開始陳年，接著更出現調和不同穀物的酒款。在柱式蒸餾的發明與讓混調麥芽與穀物的威士忌合法的政策頒布之後，我們今日熟悉的調和蘇格蘭威士忌開始成形。調和威士忌穩定且不似全麥芽威士忌嘗起來那般直接決斷，因

早期，青綠黧黑的蘇格蘭峽谷庇護了非法「小蒸餾罐」團體進行蒸餾活動，
他們正是今日名聞遐邇、廣受愛戴且合法的蘇格蘭威士忌祖先。

此較受大眾喜愛，這些遍布英國與全世界的大眾，歡欣地喝光上百萬瓶。

此外還有一項創新，僅單純來自經濟實惠的考量，結果創造相當美妙的影響。長期以來，大不列顛都是雪莉酒（一種西班牙的加烈葡萄酒）的主要市場，今日依舊，但銷量已經大不如前。在十九世紀，雪莉酒仍是以木桶運送，蘇格蘭蒸餾廠發現這些用過的雪莉桶可以做為較便宜的木桶來源。

威士忌的風味因為與殘餘的葡萄酒和西班牙橡木交互反應有了改變；幸運地，這是個美味的轉變，部分蒸餾廠將雪莉桶陳年納入常規的作法。當美國波本威士忌向外拓展到某種程度後，同樣的模式再度發生，蘇格蘭威士忌有大量的波本桶（波本威士忌只能使用全新的木桶）可以使用；今日的蘇格蘭酒窖裡躺著90％的波本桶。

雖然是因為缺乏有效且經濟的運輸方式而造就了今日的蘇格蘭威士忌產業，卻是隨後在十九世紀發生的工業運輸與製造革命，結合了蘇格蘭威士忌先驅無盡的熱情，讓它贏得了極其龐大的全球市場。

美國：在吶喊中的沉寂

美國威士忌也在相似的狀態中孕育。事實上，可以分為兩組狀態：美國裸麥威士忌自賓州的阿帕拉契山脈與阿利根尼山

（Allegheny Mountains）成長；而波本威士忌則在俄亥俄河漂流中逐漸轉變形成。再一次，兩者都是因為地理環境與時代而造就。

美國裸麥威士忌（與加拿大裸麥威士忌不同），由十八與十九世紀自歐洲中部來到賓州的移民創造。尤其是摩拉維亞人（Moravian）與德國人，他們經常因為宗教迫害而來到此地，除了開始釀造與蒸餾也向西拓展。就是這些移民所釀的威士忌，讓1776年於福吉谷紮營的北美大陸軍（Continental Army）保持體溫。

為什麼選擇種植裸麥？因為裸麥是他們家鄉麵包的主要穀物。裸麥在農業種植也占有優勢；因裸麥能輕易地在貧瘠的土壤上生長，它的根部結構細密，能抓住鬆散的土壤並預防土壤侵蝕，再加上裸麥擴散能力強，亦可控制雜草。雖然它在發酵過程中會產生驚人的大量泡沫，但裸麥能在酒（還有麵包）中添入極佳的辛香料香氣。

這是賓州殖民地的農場蒸餾廠一段美好的時光。他們忙著種植裸麥、釀造啤酒、蒸餾威士忌，並拉著威士忌穿過海拔雖不高但十分陡峭的山脊，以在市場交易各式加工產品，如茶、糖與火藥。這些未經陳年的威士忌會浸泡合乎規範的水果（多數為櫻桃）、香草植物或胡椒以增加風味。

然而，在美國獨立戰爭獲勝之後，新建立的聯邦政府卻面臨龐大的戰爭債務，債主大多為歐洲銀行。他們想到的解決方法之一就是向蒸餾業者徵收烈酒稅。賓州西部的農場蒸餾業者因此勃然大怒，他們認為聯邦政府根本沒有帶給他們什麼好處，針對他們收稅的作法很不公平。另一方面，他們也實在難以繳付以現金徵收的稅費。這樣的邊疆經濟體（frontier economy）的貿易基礎大多是以物易物；以匹茲堡（Pittsburgh）為中心的「西夕法尼亞」（Westsylvania）當時的貨幣流通並不盛行。

農人們拒絕繳稅，並且在1794年縱火焚燒了賓州西南部查稅員約翰‧納維爾（John Neville）的家。這便是威士忌暴動的起點，也是新聯邦政府面臨的第一項挑戰。協商失敗後，當時的總統喬治‧華盛頓不情願地召集了國民軍鎮壓反動。在行軍至西部的途中，華盛頓隨行視察並短暫地與軍隊共騎，這是美國史上唯一一次在位元首出任將軍並親自領軍。

此策略相當成功，反抗軍開始潰散，政府逮捕了一小群反抗成員，其中兩人雖被判吊刑，但隨後便由華盛頓特赦。這場戰爭的結局影響全面。烈酒稅不僅沒有實際地完整徵收，更在1801年廢止。裸麥威士忌繼續在賓州西部與馬里蘭州（Maryland）的烈酒領域制霸直到二十世紀。之後美國裸麥威士忌遇到急遽的下滑，差點一腳踏進死神的大門，直到1990年做了漂亮的回歸，推出像是威格威士忌（Wigle Whiskey）酒款的模式，這是一款匹茲堡的精釀裸麥威士忌，以當時威士忌暴動的領袖成員之一命名。

在鎮壓威士忌暴動期間，不少反抗軍順著俄亥俄河來到下游，以逃避已經走樣的自由，那份美國獨立革命曾經答應過的自由，這群反抗軍後來大多在路易斯安那州（Louisiana）待下來。但部分也許來到了擁有深黑營養土壤的肯塔基州，此時，

原生北美的玉米已經開始在這裡進入威士忌。

　　玉米威士忌與更為精煉的親戚波本威士忌堪稱最美國的烈酒，兩者都是以採用當地穀物以歐洲技術蒸餾。究竟是誰先開始將玉米加入威士忌原料？其實頗具爭議且有好幾種說法。其中年代最早但可能性最低的說法是，喬治‧索普（George Thorpe）在維吉尼亞州靠近威廉斯堡（Williamsburg）的柏克萊種植園（Berkeley Plantation）發明，年代可回溯

自1622年！當時索普寫了一封給英國資助者的信，信中提到「我們發現一種方法，可以用印第安玉米做出相當美味的酒，好幾次我都推開一杯美味的英國烈啤酒，而選擇這種酒。」很明顯地，這應該是一種玉米啤酒；尚未有證據顯示柏克萊當時已有使用蒸餾技術的現象。

　　另一個最常被提到的名字是伊凡‧威廉（Evan Williams），這也是海瑞威士忌一款知名波本威士忌的酒款名稱。波本威士忌歷史學家理查‧維奇（Michael R.

美國獨立戰爭之後，新政府開始向蒸餾廠徵稅以清償戰爭債務，憤怒的民眾與聯邦收稅員產生對立衝突，進而引發威士忌暴動。

Veach）對這個說法舉出一個乾淨俐落的反駁，他表示當時伊凡‧威廉甚至還沒抵達美國；維奇在《肯塔基波本威士忌》（*Kentucky Bourbon Whiskey*, 2013）一書中寫道：「現存一張威廉從倫敦航行至費城的鴿號（Pigoe）乘客收據，收據的日期為 1784 年 5 月 1 日。」

維奇接著又提到其他幾位可能在 1779 年於肯塔基進行蒸餾的發明候選人：雅各‧邁爾斯（Jacob Myers）以及喬瑟夫與山謬‧戴維斯（Joseph and Samuel Davis）兄弟。他們都是在 1779 年曾進行蒸餾或有能力從事蒸餾的人士。但是，維奇也指出當時尚未有官方紀錄，肯塔基的酒類稅制尚未建立。

我們很有可能永遠都無法得知究竟是誰想到將玉米加入威士忌，但是，為什麼我們應該知道？我們不是也不知道誰是第一位在愛爾蘭或蘇格蘭將大麥蒸餾成威士忌嗎？

不過，我們知道玉米在肯塔基生長繁盛，今日依然；現今的玉米田綿延種植到波本的核心地帶，從路易威爾南部到洛雷托（Loretto），並向東到萊辛頓（Lexington）一帶。玉米倉儲容易，莖桿又是極佳的牲畜飼料。它也是便宜且富飽足感的人類基本食物：玉米粥（mush）、玉米麵包、玉米烙（fritter）、玉米煎餅（hoecake）與南方到處可見的主要早餐玉米碎（grits）。玉米發芽困難，但是充滿可以轉化成糖的澱粉；只要在玉米糖化裡加點大麥麥芽，接著就交給化學反應帶領玉米一路轉化了。

製作烈酒的農場蒸餾廠，設備有時的確很原始，使用的也是當地產的作物，

然後為了啟動化學反應而加入一些大麥麥芽，再丟進一點裸麥或小麥增加風味。他們會以威士忌交換貨物（同時也留下一些自己喝），接著，開始朝離家更遠的地方貿易他們的威士忌。這種交易模式的成功與肯塔基威士忌聲望高漲的方式，再度留給我們兩道波本謎題：誰是第一位將波本放進經燒烤的木桶陳年（以及為什麼）的人？以及為什麼它的名字是「波本」威士忌？同樣地，各種理論口沫橫飛。關於木桶燒烤，最常見的解釋是處理後的木桶可以再度使用；這個理論認為燒烤過程可以消除原本內容物的氣味。他們經常會以魚做為「原本內容物」的範例（雖然你一定會想問：燒烤能不能消去煙燻或醃漬魚的味道）。

再來，說到為什麼威士忌會開始陳年，也許有人會說這些威士忌抵達紐奧良（New Orleans）之前，會在緩緩漂流而下的平底船的木桶裡熟成，船夫因此發現酒嘗起來更加美味。但是，順流而下的旅程僅大約一個月，因此不太有可能形成顯著的陳年效果。

維奇的研究顯示這些木桶之所以經過燒烤，是特地為了影響威士忌的風味。他引用一封 1826 年肯塔基州萊辛頓酒商寄給波本郡（Bourbon County）的蒸餾商約翰‧柯利斯（John Corlis）的信，信中提到幾桶促銷的威士忌，建議柯利斯可以燒烤木桶內部「烤焦縮小深度 1/16 吋左右，就能顯著增進風味。」

維奇指出，這種燒烤方式為仿效法國白蘭地與干邑白蘭地的陳年，這兩種酒在當時的紐奧良是熱門舶來品。他推測白蘭地的流行可能會讓酒商想讓肯塔基威士忌

也嘗試燒烤木桶的陳年。也許正是這個時候，人們開始把波本威士忌暱稱為「紅烈酒」（我最喜歡的稱呼之一），因為眾多褐色酒中出現的一支紅寶石色，象徵此酒款的裝瓶處理良善。

最後，為什麼叫做「波本」？與肯塔基州的波本郡有關嗎？但因為好幾處地方都有釀產波本威士忌，所以這個說法似乎有點牽強。還是因為這些經過陳年的「好東西」可以在紐奧良的波本街（Bourbon Street）買到？或者如同維奇說的，是一種讓來到紐奧良的法國移民者得以辨識的行銷手法？最佳的解答就是最為簡單的那一個：不知道。以上所有疑問都沒有一個能確切證實的解答。而我們，其實只需要能好好享受威士忌。

波本威士忌接下來還會再經過一次轉變，從大型罐式蒸餾烈酒變成幾乎只使用柱式蒸餾器（雖然在第二次蒸餾時，會用上類似罐式蒸餾器的「加倍器」）。不像蘇格蘭威士忌的製程，柱式蒸餾器的效率較高，然而波本威士忌的香氣與特性便比較少源自於蒸餾器的尺寸與形狀，它的風味來自玉米與燒烤橡木。

其他波本威士忌重要的特徵轉變則在十九世紀發生，當時的蒸餾廠想出一些精明但有時顯得不太道德的經濟策略，「精餾器」便在此時崛起。宛如厄普頓・辛克萊（Upton Sinclair）在《魔鬼的叢林》（The Jungle）中描述的屠場區經典黑幕情

圖中為放在大柏木桶的酸麥芽漿發酵物，位於美格威士忌。

節，許多威士忌廠牌以實際內容物與酒標並無關聯的作法經營。這些廠牌會將中性酒精、香精與色素（常見的有焦糖、雜酚〔creosote〕、冬青〔wintergreen〕與甘油〔glycerin〕）混調創造出「威士忌」，正直的蒸餾廠相當憤怒；名副其實的陳年波本所付出的成本比加味烈酒高出許多，加味烈酒通常只需要幾天的裝瓶時間。

蒸餾廠的怒火延燒到華盛頓，最後促成了兩項立法。第一項法案是 1897 年的保稅法案（Bottled-in-Bond Act）。「保稅」（bond）象徵符合政府規範與繳稅，後來更因 1875 年的威士忌共謀（Whiskey Ring，美國政府官員與蒸餾業者共謀逃避威士忌稅費）醜聞，實行了保稅酒倉。

依此法案，若要能在酒標上註明此為「保稅威士忌」（bottled in bond），須陳年至少四年、裝瓶酒精為 100 proof 以上、除了純水以外未添加任何物質，並且是單一蒸餾廠的產品。很明顯地，以精餾器製成的威士忌並不在此限，蒸餾廠更努力讓消費者知道保稅威士忌代表了「好東西」。精餾器製作的威士忌不僅不須任何標示，也能持續以「威士忌」或甚至「老波本」的字樣行銷，而且不受任何法律規範。更有甚者，以具公信的波本威士忌調和出品質優秀酒款的裝瓶業者，亦認為他們受到此法案的傷害。

這場混亂需要另一種模式的規範，方能撥亂反正，而這項規範則是 1906 年頒布的純淨食物與藥物法案（Pure Food and Drug Act），此法案部分源自於當時的大眾輿論，就在厄普頓‧辛克萊以《魔鬼的叢林》描述了屠場區的情形後，聲浪四起。在禁酒令頒布前的時代，一般而言，美國全國皆對波本威士忌賦予高度尊敬，肉類、牛奶、藥物與威士忌都是當時大眾眼中的健康食品。

這項法案的促成並不容易（為了解決威士忌問題又花了三年的交互爭辯，最終由塔夫托〔William Howard Taft〕總統下了判決意見），但在 1909 年，威士忌終於得到應有的保護。經過長期爭取之後，威士忌的定義去蕪存菁地濃縮成比較合理的簡單版本：

‧必須以穀物製作。
‧純穀物陳年烈酒須標註為「純威士忌」（straight whiskey）。
‧以高 proof 之未陳年蒸餾液（中性酒精）添加香味製成的威士忌，須標註「調和」（blended）。

這個決定就此塑造了波本、裸麥與所有美國威士忌的香氣與個性。此後，美國威士忌還是有經歷幾次變化，但是基本特徵（一路追溯至 1830 年代的早期木桶陳年威士忌）仍舊堅毅穩固。

愛爾蘭威士忌

愛爾蘭威士忌的故事不像蘇格蘭或美國的裸麥與波本威士忌，它並非源自一個龐大的巧合。愛爾蘭的起點不同，故事從早期修道院文化的重重雲霧開始。然而，今日我們熟知的愛爾蘭威士忌已與當初未陳年的烈酒不同，它被歷史、產業與政治的洪流改變，儘管看似有目的的導向，但或許也與巧合相去不遠。

關於愛爾蘭威士忌如何演化，答案遠比基本的特徵描述更加複雜。目前，愛爾蘭僅有三家主要的蒸餾廠商（米爾頓、布

舊米爾頓蒸餾廠外展示了一座巨大的罐式銅製蒸餾器，該廠建立於愛爾蘭科克鎮。

希米爾與庫利〔Cooley〕），以及與一間正在施工的大型特拉莫爾蒸餾廠（Tullamore Dew），但蒸餾廠商擁有為數不少的不同品牌，各品牌相異程度之高，讓我們甚至很難定義究竟什麼是愛爾蘭威士忌。以下是愛爾蘭威士忌的特性與例外：

・愛爾蘭威士忌會經過三次蒸餾。但是，米爾頓與布希米爾蒸餾廠的產品不在此限。
・愛爾蘭威士忌不經泥煤處理。除非，你手裡拿的是庫利蒸餾廠的康尼馬拉威士忌（Connemara）。
・愛爾蘭威士忌會使用未發芽的大麥釀造。但只有米爾頓的單一罐式蒸餾酒款是如此。

・愛爾蘭威士忌為調和威士忌。除非，你正在喝布希米爾或庫利蒸餾廠的單一麥芽威士忌，或是米爾頓蒸餾廠出品的未調和罐式威士忌，如紅馥 Redbreast 威士忌。

　　只要盯著以上幾條特性夠久，你就會發現那個直覺迸現的答案就是正確解答；愛爾蘭威士忌就是在愛爾蘭製造的威士忌。不過，大部分的愛爾蘭威士忌都有滑順且濃厚怡人的親切特性（這也很有可能是愛爾蘭威士忌經常能純飲品嘗的原因），這是它經過演化所得的成果，而且，也許愛爾蘭威士忌是全球最難用正常方式描繪個性的威士忌。

　　愛爾蘭威士忌最初的模樣並非如此，

我們要回到很久很久以前，也許是最早的威士忌歷史。所有認真研究蒸餾歷史的學生，都會記得穀物基底的蒸餾技術可能源於愛爾蘭，由具有折衷學派（eclectic）傾向的愛爾蘭修士帶領。愛爾蘭的修道院文化底蘊深厚，是吸引歐洲眾多學者的基督教世界遙遠西方邊境的一盞知識學習明燈。

修士從他們旅途中帶回的祕方之一，就是可以製造香水、精華與藥酒（elixirs）的蒸餾技術。當時，蒸餾技術已用於製造以葡萄酒為基底的酒類飲品，再加上愛爾蘭寒冷的氣候，距離以啤酒蒸餾出「生命之水」（usquebaugh）已不遠。有人以蓋爾語稱為 uisce beatha，在歐洲其他地方還可叫做 aqua vitae、eau-de-vie 與 akvavit，以上各詞的意思都是「生命之水」，或者也有「活生生的水」之意。另外，修士也可能進一步探索煉金術，將「生命之水」與其他煉金術士創造的化合物比較，如稱為「強化水」（aqua fortis）的硝酸，或有「王水」（aqua regia）之稱的硝氫氯酸。

這種新點子不可能一直關在愛爾蘭自家，很快地，「生命之水」便漂過了與蘇格蘭之間的狹窄海洋。當愈來愈多人試著釀產、品飲與討論，原本念做「易西卡霸合」（ish-ka b'ah）的它，便開始簡稱為「易西卡」（ish-ka），最後轉變為「威士忌」；聽一個多貪了很多杯的人來解釋以上過程，大概會比較容易理解這種轉變到底是怎麼辦到的。

同一時間，愛爾蘭島上的修士與其他並未煩惱著怎麼命名的人，正專心研究如何釀造。愛爾蘭威士忌開始以發芽大麥製成，並以辛香料與水果增加風味。就像蘇格蘭，這裡也有許多小型的農場蒸餾廠，

酒款合法與否，單看當時的法令修改與蒸餾者的脾性，大型的商業蒸餾廠也開始在都柏林（Dublin）、科克（Cork）與特拉莫爾（Tullamore）等城鎮成長。然而不像蘇格蘭低地，這些蒸餾廠如尊美淳、權力與 Tullamore Dew 威士忌等蒸餾廠都在追求品質之中脫穎而出，並使得非法的蒸餾廠無法滲入，那些未經陳年的酒款在今日仍被人們稱為 poitín 或 potcheen，產量相當少。

愛爾蘭蒸餾廠與眾不同之處主要有兩方面。還記得蘇格蘭低地蒸餾廠解決小型蒸餾器產量問題的方式嗎：利用雙柱式蒸餾器，每天二十四小時不停歇地釀產威士忌，速度快到可以直接把發酵過的酒汁倒入蒸餾器。愛爾蘭的作法不同且更為直接，他們直接把農場的罐式蒸餾器加大。加大非常多，就像放在靠近科克的尊美淳／愛爾蘭蒸餾廠有限公司（Irish Distillers Ltd., IDL）門口展示的巨獸，或是位於都柏林波街（Bow Street）的尊美淳舊蒸餾廠（現在是一座博物館兼品飲中心）也可以看到。

另一個獨特之處源自我們之前提過的稅制，這項因素竟是影響威士忌風格的主要驅力著實令人吃驚。這是因為英國政府對啤酒廠與蒸餾廠課徵的麥芽稅。麥芽稅在十七世紀首次實行，並在十八世紀中逐漸修改；這項稅法在當時是一種政治手段，分別在英國不同地區鼓勵或壓制釀酒與蒸餾活動，因此不斷地被英國議會修改。在某個時間點，愛爾蘭蒸餾廠決定在威士忌的糖化槽中加入大量未發芽大麥，以躲避沉重的稅費。

至少，這是一種常見的說法。但是用

以解釋健力士司陶特（Guinness Stout）之所以使用未發芽的烘焙大麥釀造，則是空穴來風。此稅法實行時，愛爾蘭啤酒廠並不允許使用未發芽的大麥，健力士司陶特很有可能是在之後因為風味考量而如此釀造。無論如何，愛爾蘭蒸餾廠的確將未發芽的大麥投進了糖化槽，而且愛爾蘭蒸餾廠有限公司至今依然如此產製威士忌。

愛爾蘭威士忌使用大型的銅製罐式蒸餾器，蒸餾經糖化的麥芽與生大麥；無論這是由於稅制的無心插柳或刻意為之，它都因此擁有獨一無二的風味。只消走進愛爾蘭蒸餾廠有限公司的米爾頓蒸餾廠釀酒間，就可以知道為什麼。我曾經拜訪過歐洲與美國超過千家啤酒廠與蒸餾廠的釀酒間，但就在我走進米爾頓蒸餾廠釀酒間的大門後，我聞到了從未在其他地方嘗過的新鮮且強烈香氣。這味道就像剛割過的青草與剛成熟的水果，背後襯著一股強烈的熱麥片香，這是一股無比生動的大自然生氣盎然之味。

以這種糖化槽與蒸餾器製成的威士忌，稱為「單一罐式威士忌」。但這是政府規定的新名稱，為了與舊有名稱「純罐式威士忌」有所區隔。顯然，「純」這個字眼已不允許出現在威士忌產業。

無論名稱為何，此威士忌即是愛爾蘭蒸餾廠有限公司調和威士忌的核心，也是少數幾款真正單一罐式蒸餾酒款之中心，這些酒款包括紅馥 Redbreast 威士忌、單獨裝瓶的綠點威士忌（Green Spot）與黃點威士忌（Yellow Spot），以及部分愛爾蘭蒸餾廠有限公司的新酒款，如權力約翰巷（Powers John's Lane）與貝瑞柯克特傳奇（Barry Crockett Legacy，取名自米爾頓資

深蒸餾大師）。這些酒款都能輕易地嘗到新鮮與天然的果香。

純粹的罐式蒸餾酒款發展出來之後，愛爾蘭威士忌將再經歷轉變，其中包括數項轉變，不幸地，這次改變來自威士忌領域以外的災難。當愛爾蘭因為他們美味的酒款而茁壯，一旁的蘇格蘭威士忌則以可親的調和威士忌酒款唱和，兩種威士忌類型都在全球創造可觀的銷量。然後，天降橫禍。

自 1916 年 的 復 活 節 起 義（Easter Rising）一直到愛爾蘭內戰（Irish Civil War），愛爾蘭一直掙扎著尋求獨立，最後在 1948 年建立了愛爾蘭共和國。在此期間，已發展出巨大出口市場的威士忌產業，如同被掐住了咽喉。在愛爾蘭與英國關係惡化時，銷量在遍及全球的大英國協（British Commonwealth）便驟降，到了 1930 年代的英愛貿易戰爭（Anglo-Irish trade war）期間甚至等同於靜止。

同一時間，美國禁酒令輾碎了美國市場。愛爾蘭當時有以走私船少量運至美國，但相較於禁酒狂熱者大獲全勝前，光景如天壤之別。

布希米爾蒸餾廠開始因應困境。曾經釀產的是二次蒸餾的淡泥煤威士忌（但一直以來都是使用麥芽，布希米爾從未釀產過純罐式威士忌），到了 1930 年代，布希米爾轉而釀造更加清淡且未經泥煤處理的三次蒸餾威士忌。當北部的蒸餾廠一一倒閉時，它存活了下來。

但是整體而言，兩個愛爾蘭最大市場的斷絕，以及兩次世界大戰導致的貿易限制，再加上絕大多數愛爾蘭蒸餾廠堅決不向較溫和的蘇格蘭威士忌調和風格靠攏，

漸漸在 1960 年代把愛爾蘭蒸餾業推向了崖邊。1966 年，愛爾蘭共和國裡剩下的蒸餾廠召集起來，共同成立愛爾蘭蒸餾廠有限公司。1975 年，他們一同在米爾頓建造了一座現代化的聯合蒸餾廠，十一年後，他們買下北部的布希米爾。至此，所有愛爾蘭威士忌全來自同一家公司，一家公司對抗整個世界。

最終，在巨大的生存壓力之下，愛爾蘭蒸餾廠有限公司轉而釀造風格較清淡的調和威士忌，這項策略也讓愛爾蘭威士忌在過去的二十年間，經歷了驚人的成長。尊美淳威士忌改造成較清淡的三次蒸餾調和威士忌，但是，它仍保有純罐式蒸餾的靈魂。

當庫利蒸餾廠在 1989 年成立時，它重新推出了二次蒸餾威士忌、泥煤威士忌，最後更將瓶中陳年穀物威士忌製瓶販售。布希米爾今日釀造了使用不同橡木桶陳年的不同風格的單一麥芽威士忌。米爾頓則擁有持續令人眼花撩亂的系列酒款，但是在眾多威士忌中仍以四種純罐式（喔，抱歉我指的是單一）威士忌為調和的核心。

愛爾蘭威士忌相當多變，雖然很奇異地源自一家壟斷公司。它歷經一場相對近代且致命的轉變，這場轉變更將它在國際市場間創造出許多蒸餾廠難以望其項背的迅速竄升。

加拿大：
傑出的調和烈酒

一如其他主要的威士忌類型，加拿大威士忌也從沒有預設目標的漫步開始，農場與磨廠連同小型蒸餾廠試著將大量剩餘的穀物製成生烈酒，並進行以物易物或向外販賣（他們一樣也會留下一些自己品嘗）。加拿大威士忌發展的不同之處，在於當地距離更遙遠以及人口相對稀少，這也有助於蒸餾廠更快速地團結。

在進入它的源頭前，讓我們先簡單說說什麼是加拿大威士忌。雖然它不像愛爾蘭威士忌這般難以定義，但這個問題仍然稍微困難。大致而言，加拿大威士忌是一種主要由兩部分組成的調和威士忌。首先是基底威士忌，這是一種擁有高酒精濃度（約 94%）的烈酒；其次是香氣威士忌，酒精濃度低。

部分加拿大蒸餾廠會將兩者分開陳年，部分則是先進行混調；幾乎可以說是有幾間加拿大蒸餾廠，就有幾種作法。它們也會使用不同的穀物；最大宗的穀物為玉米，但所有蒸餾廠多多少少都會加入裸麥，亞伯達蒸餾廠則幾乎採用百分之百的裸麥。蒸餾廠可能會製作數種基底威士忌，數量取決於使用的穀物種類。陳年基底與香氣威士忌的使用比例相當多變，並創造出不同的樣貌。

在美國威士忌的眼中，這些並非「調和」威士忌，而是純威士忌添加了中性穀物酒精。就像優質的蘇格蘭威士忌，加拿大威士忌會以不同特性的多種陳年威士忌進行調和。不過，此由來在加拿大主要受到政治地理分界的影響，而非實際的地理環境。當初期的小型蒸餾廠在自家農場、磨廠或家中開設店面時，很快便受到大型蒸餾廠的擠壓，如莫爾森（Molson，在加拿大威士忌早期發展階段，它是全國最大蒸餾廠，也是正在茁壯的啤酒廠）、古德漢（Gooderham）、麥汁人（Worts）、

柯比（Corby）、海侖渥克、西格拉姆（Seagram）與 J. P. 懷瑟斯（J. P. Wiser）。

大型蒸餾廠能在出口貿易中持續成長茁壯，並成為加拿大歷史悠久的穩固經濟基礎。大型蒸餾廠適應了柱式蒸餾器。在最早的處理方式，幾間大型蒸餾廠使用「岩盒」（box of rocks）蒸餾器，這是一具裝滿表面光滑大石塊的木製柱式蒸餾器，當酒液蒸氣在岩盒上升，石塊便能讓酒液蒸發且再蒸發（回流）。小型蒸餾器沒有對抗高效率柱式蒸餾器的能力，也缺乏打入出口市場的機會，漸漸地，它們開始凋零。

然而，大型蒸餾廠也需要找到能消化高產量的大型市場。這正是為什麼加拿大威士忌酒廠能與蘇格蘭幾乎同一時間，將眼光放到了調和威士忌：將多元風格的威士忌陳年與調和，創造出更柔順、更平易近人且讓更多人喜愛的調和威士忌。加拿大人將罐式與柱式蒸餾威士忌分別陳年，再將兩者調和出不同風味。

但是，他們也師法德國與荷蘭的蒸餾傳統（美國威士忌也有此傳統的影子），加拿大藉此學會即使僅在糖化槽加入少量的裸麥，也會大大影響烈酒的香氣與風味。這個小小的蒸餾秘密對加拿大威士忌的影響，其實不亞於調和。裸麥也很適應加拿大的土壤與氣候，即使當穀物基底從小麥幾乎都換成了裸麥，現今又換成了大量的玉米，裸麥依舊是加拿大威士忌的固定班底，為甜美特性的酒款帶來辛香料氣息。

這樣的風格很對加拿大人的口味，也很符合出口市場。加拿大威士忌在美國找到了龐大需求，尤其是美國內戰期間當地的蒸餾廠大量關閉。至今，加拿大威士忌的銷量依舊強勢，但在幾年來的緩慢下滑後（皇冠威士忌則是例外，其銷量持續成長），出現了一個轉捩點。這樣的甜美且帶辛香料的風味，得到了調酒與高球的青睞。

想要討論加拿大威士忌歷史，便不得不提到美國禁酒令（雖然相當多加拿大蒸餾廠並不想如此解釋；大部分的蒸餾廠都把那個時期的紀錄銷毀，並且否認曾經參與過非法出口）。一般認為，加拿大威士忌今日的模樣就是因為禁酒令，當時的美國面臨了十三年（又十個月二十天，真不知是誰在計算）的當地威士忌空窗期，對一個建立在綿長又相對沒有戒備的國界旁的完善威士忌產業，這正是一個得以輕取的市場。

海侖渥克威士忌公司的加拿大會所蒸餾廠，就建立在底特律岸邊（Detroit River），正對著有「汽車之城」之稱的美國底特律，河上經常有小型船隻兩邊往返。非法事業讓加拿大蒸餾廠賺進數百萬美元，也讓它們的威士忌公司益發龐大。故事這般述說，我們也就這般相信。

事實上，加拿大威士忌在此之前已是龐大的產業，禁酒令只是讓銷售變成公開的非法行為。對蒸餾廠而言，行銷到非法市場已是相當重要的一環，但通常會伴隨一些顯著的問題，如絕大多部分的收益都讓走私者與零售商賺去，因為他們承受了主要的風險。影集《海濱帝國》（Boardwalk Empire）便有描述巨量來自加拿大會所的威士忌，在岸邊卸貨給非法組織，不過，這是電視影集，不是正式紀錄。直到 1920 年代早期，查緝增強，而走私者發現將貨

Nikka 的余市蒸餾廠（Yoichi）建立在北海道。獨具特色的烘窯塔融合了傳統歐風石造建築與強烈的日式美學。

物越過國界變得越來越難。據傳，海侖渥克的兒子在 1926 年出售該品牌與蒸餾廠時，成交金額僅打平酒倉裡陳年威士忌的價值。

今日，加拿大蒸餾廠開始發現酒倉裡年份完備酒款的潛力，而加拿大威士忌離復興似乎只差臨門一腳。如果他們能拋開一些加拿大人著名的謙遜，也許，世界又有另一個品嘗到這些傑出調和威士忌的機會。

日本：名師出高徒

不像其他威士忌領域，日本威士忌的起點，何時、何人與為何，我們一清二楚。在歷經兩百年的鎖國之後，日本在十九世紀開始向西方敞開大門，其中一項踏進這個島國的角色就是威士忌。

日本很快地接受了威士忌，進口量成長了，但是其中一位威士忌進口商鳥井信治郎並不以此滿足。他想要做出屬於日本的威士忌。鳥井信治郎擁有通路與資金，但缺少蒸餾廠。他找到了竹鶴政孝，這名年輕人曾遊歷蘇格蘭學習化學，並刺激他對威士忌、蒸餾技術與蘇格蘭強烈的興趣；他更愛上了一名蘇格蘭女子麗塔‧柯文（Rita Cowan）。他在海索奔威士忌（Hazelburn）與朗摩恩蒸餾廠（Longmorn）工作過，之後與麗塔一同回到日本。1923 年，他進入位於東京與

大阪之間的山崎之三得利蒸餾廠（Suntory distillery）為鳥井信治郎工作。

1929 年，竹鶴政孝為鳥井信治郎做出的威士忌首度推出。這款白札（Shirofuda）幾乎大刺刺地複製了蘇格蘭威士忌：宏壯、大膽、富煙燻與泥煤味。白札對日本市場而言還太難以接受。竹鶴政孝在 1934 年離開了三得利，鳥井信治郎轉而生產一款較溫潤的新酒款：角瓶（Kakubin）。角瓶相當成功，這款調和威士忌至今仍在產線上。竹鶴政孝則在北海道的余市成立自己的蒸餾廠，並在此開始生產鍾愛的煙燻威士忌。

目前，這些酒款與後繼追隨者都是麥芽威士忌。日本威士忌的樹根扎實地建立在竹鶴政孝先生的蘇格蘭教育，以及他關係緊密的蘇格蘭家庭。日本威士忌使用進口自蘇格蘭的麥芽，產出以單一麥芽釀製的調和威士忌。難道，日本威士忌就只是在日本製造的蘇格蘭威士忌？

當然不是。鳥井信治郎想要的是屬於日本的威士忌，他也真的做到了。三得利前蒸餾大師宮本博義（Mike Miyamoto）試著向我解釋兩者的差異：「鳥井信治郎希望創造能貼近日本人精緻味蕾的威士忌。我們日本人喜歡平衡、溫和且複雜精巧的威士忌。我們創先把調和的概念引入單一麥芽。有些人覺得這不能稱為單一麥芽，但理論上，只要來自同一間蒸餾廠，它便是單一麥芽酒款。藉此，我們釀出相當均衡的單一麥芽威士忌。」

宮本的解釋有些含糊，但品飲上卻很能明確展現。他真的加了一項讓日本與蘇格蘭威士忌相當不同的概念：單一麥芽自己調和。蘇格蘭威士忌源自大約百家蒸餾廠，絕大多數都會為了調和而直接互相交易彼此出產的烈酒：這裡放點煙燻味的、那邊加點較熟的水果調性，基底就來點年輕活潑的香甜感。但日本僅數家蒸餾廠，這裡的威士忌釀造者並沒有太多選擇。

日本的作法更接近愛爾蘭哲學，他們在自家牆內創造出多元。他們利用不同的蒸餾器、發酵方式、麥芽與木桶（部分日本原生）組成陣容多元的調和用存貨，日本威士忌釀造者學會如何將他們的威士忌型塑成自己想要的模樣。

當他們終於走到這一步，並帶著自家威士忌走向世界時，威士忌飲者都能嘗得出來這是一塊擁有獨特個性的威士忌產地。的確，最近幾場比賽中，日本威士忌都拿到了世界最佳的認可。高徒已經走進大師殿堂。

美國精釀蒸餾廠：百家齊鳴

美國精釀蒸餾廠其實並未實際形成一塊威士忌領域，但他們迸發出大量的影響力與產量，在相對短期時間裡，一切顯然正朝著相當重要的方向前進。在過去短短數年間，美國精釀蒸餾廠的數量有爆炸性的成長。當時，蒸餾廠的數量每天都會增加，威士忌更是流行產物，就在我撰寫這本書的當下，全美共有將近三百間蒸餾廠正製作著威士忌。二十年前，蒸餾廠的數量還不到五間。

你是否也覺得這些數字看起來有點眼熟？因為美國啤酒廠也有相似的成長曲線。當第一間美國精釀啤酒廠 New Albion Brewing 在 1976 年開啟時，美國僅有三

位於美國德州威果（Waco）的巴爾柯尼斯蒸餾廠（Balcones Distillery）。

十五間啤酒廠。不到四十年的今日，啤酒廠已經超過兩千五百間，而且漲勢持續飛揚。雖然很難說二十年後還會剩下多少間蒸餾廠或啤酒廠，但數量想必比較接近今日而非二十年前。

這背後是否有什麼秘密？也許是對在地產業的興趣、更樂於支持小公司的傾向，以及對品牌行銷與廣告促銷的反感，

這些都是背後原因的一部分。但是，精釀啤酒廠與新興精釀蒸餾廠的主要訴求，是多元與專屬。

對部分消費者而言，專屬感能瞬間讓他們失去理智。當你找到一款很棒的小批次威士忌時，你會發現自己知道了一些大多數人不知道的事，而且正在享受一些大多數人甚至聞所未聞的事。這是一股行銷

人員口中所謂「發掘」的特殊興奮感，精釀蒸餾廠的微小產量與限定區域，便向消費者釋放了相當大量的「發掘」訊息。

更棒的是，就如同精釀啤酒廠，我們可以前往蒸餾廠，實際親見威士忌的製造與蒸餾師，這就是專屬感：「我遇見了蒸餾師」。大型蒸餾廠可能會設立遊客中心與導覽，但這樣的體驗完全談不上任何專屬的親密感。

另一方面，讓精釀蒸餾廠之所以有趣的原因則來自多元，這也是精釀蒸餾廠之所以成形的基礎。想要精釀蒸餾廠做出常見的風格是完全不可能的事，愛爾蘭威士忌更是如此。他們使用無數種類型的蒸餾器、種類難以計數的穀物（麥芽、玉米、藍玉米、燕麥、小麥、裸麥、黑小麥〔triticale〕、美國野藜〔quinoa〕、蕎麥、斯卑爾脫小麥〔spelt〕與黍〔millet〕等等），他們的木桶尺寸、燒烤與烘烤程度皆多元，酒款的香氣變化肆無忌憚，也有分陳年與未陳年，調和酒款能一字排開，連煙燻味都有不同的源頭。有些精釀蒸餾廠甚至會用不同類型的精釀啤酒製作威士忌。

這樣的多元性來自何方？就在小型葡萄酒莊與精釀啤酒廠等先驅前行的腳步中。小型葡萄酒莊曾嘗試新的技術、新科學概念與新的葡萄混調，他們掌握了新領域，並讓小產量運作得宜。精釀啤酒廠則深入研究歷史書籍以再創舊風格，開啟了全新的啤酒釀造區塊。他們使用啤酒花不同方向的潛力，也用不同的方式處理麥芽，以及採用多樣的穀物與不同的木桶陳年。他們釀出來的啤酒……

聽起來很耳熟嗎？精釀蒸餾廠占盡了小規模酒類產業後進的優勢。他們得以親見創新能獲得什麼好處，這時，所有行銷人員與零售商都已被說服小品牌與小生產者賣得出去，且能用更高的價格出去。甚至還有製造商準備好生產小型設備，一切都要感謝小型葡萄酒莊與啤酒廠對酒類產業帶來的改變。

當然，精釀蒸餾廠依舊持續演變，部分歸因於經濟考量。當小型蒸餾廠剛起步之初，他們需要可以開始出售的產品，因此我們看到了大量未經陳年（或稍微陳年）的「白威士忌」（white whiskeys），許多人也出於熱情與好奇紛紛購入。有些酒款滑順且有趣，有些則艱澀而需要混調其他東西，但所有酒款都是品飲威士忌的有趣體驗，因為我們實在不常有機會喝到未經陳年的威士忌。這也是我們實際感受木桶陳年能如何影響威士忌的絕佳機會。

另外，精釀蒸餾廠加速現金流的妙招還有使用小木桶，小木桶能增加酒液接觸木桶的表面積比例；或者，選擇氣溫較高的酒倉，以讓酒液更加深入木桶。兩種方法都會造成酒液蒸散的損失提高，但某種程度上也加速了陳年的效率。這些方式會讓威士忌快速「上色」，但這與在標準尺寸木桶中的陳年不同。對某些試著找出兩者差異的蒸餾廠來說，此作法沒有問題。即便如此，不少精釀蒸餾廠在獲得一些經驗（與現金）之後，都回頭採用標準木桶。精釀蒸餾廠的腳步仍不同地持續轉變。

目前，我們還沒真的看見精釀蒸餾廠的威士忌的未來。海盜船蒸餾廠（Corsair Distillery）創辦人達雷克‧貝爾（Darek Bell）將目前的威士忌產業時代稱為精釀蒸餾 1.0，靜觀 2.0 版本會帶給我們什麼新

鮮事。雖然，精釀蒸餾 2.0 將勢必令人驚豔，讓威士忌的多樣性、定義與極限再度向外拓展。

全球化：環遊世界的威士忌

世上的蒸餾廠一定比我們想像中的多更多。小型威士忌蒸餾廠不斷湧現，遍及歐洲：在瑞典、法國、瑞士、英格蘭與德國；在亞洲，熱帶氣候讓釀酒廠做出了短期陳年的有趣實驗，如印度的阿穆特（Amrut）、臺灣的噶瑪蘭（Kavalan）與澳洲與紐西蘭的蒸餾廠；這裡的蒸餾廠從早期試煉的挫折中強勢回歸。

氣候不僅在創建這些威士忌個性時具有強大的影響力，對穀物的影響也甚巨。新木材勢必為威士忌換個顏面，同樣地，處理炎熱與寒冷氣候陳年的新方式也將讓酒款擁有不同特性。這些蒸餾廠的相似處也尚微小，因此也還沒有可下定義的區域特性。

或許根本不會有區域特性。也許美國的精釀蒸餾廠是一道窺見未來的視角；多元、多變、百家齊鳴。已頗具規模的蒸餾廠將繼續以當地歷史性的根源，創新它們傳統而傑出的威士忌，如同今日德國、比利時、英國與東歐的傳統啤酒廠正在做的。對新蒸餾廠而言，區域界線不具絲毫意義，頂多代表在購買調和用酒與販售自家酒款時，需要使用不同語言與匯率。

釀酒葡萄／穀物界線依舊存在，畫在生產與購買酒款類型上，但是隨著人口遷移與氣候變遷，各種文化的特徵逐漸淡化，這條界線也似乎一年比一年模糊。美國精釀蒸餾廠生產麥芽威士忌，澳洲蒸餾廠以澳洲波特酒桶陳年威士忌，比利時蒸餾廠用它們著名的啤酒製作威士忌；威士忌的歷史其實就在我們身旁的土地上上演，或快或慢，但從未停歇。

威士忌不斷地轉變，自愛爾蘭修士首度用啤酒蒸餾，威士忌便開始演變。若是認為威士忌僅是一種傳統仿古的歷史性飲品，就是忽略了真實性。三十年前，當我開始品飲威士忌到現在，威士忌已經不同，而我也向你保證，再過三十年，威士忌一定會有新樣貌。這就是威士忌，這也是人生。

蘇格蘭威士忌
世界認識威士忌的起點

想像一下：蘇格蘭，小小的蘇格蘭，光是 2012 年就向世界輸出了相當於十一億九千萬瓶的威士忌。美國的出口量接近它的三分之一。若是我們僅看蘇格蘭直接船運至美國邊境的數量（總計約占蘇格蘭出口量的五分之一），加拿大威士忌的銷量就像桶中的一顆小酒滴。愛爾蘭威士忌雖正以驚人之勢成長，但總銷量仍只是蘇格蘭威士忌出口量的十分之一。無怪乎世人口中的「威士忌」，指的就是蘇格蘭威士忌。

奧克尼群島

路易斯島

斯開島

斯貝塞

高地

默爾島

艾雷島

坎貝爾鎮　艾倫島

低地

　　而且指的可能還是蘇格蘭調和威士忌，並非時常聽到的單一麥芽威士忌。絕大多數的情況裡，如約翰走路、貝爾（Bell's）、百齡罈（Ballantine's）、威雀、威廉格蘭特（William Grant）、帝王與起瓦士（Chivas Regal）威士忌等，就是統御所有專賣店的貨架、酒吧與住家的品牌。超過百年的歲月裡，皆是如此。單一麥芽威士忌的竄升則是近期現象；三十年前，還必須大費心力才能找到超過五款單

一麥芽威士忌品牌，就連最棒的專賣店與酒吧也難以尋得。特殊的專賣店可能可以多找到幾款精心挑選呈現的獨立裝瓶酒款（independent bottler）。

　　這三十年來的發展極具革命性。今日的單一麥芽已是主要市場之一，相當於蘇格蘭威士忌出口至美國的占比（20％），這是三十年前作夢也想不到的驚人數字。面對 1980 年代的威士忌產量過剩（即「威士忌湖」，當時為刺激銷量而增加產量，

這個酒款要怎麼念？

雖然我曾說世人口中所指的威士忌就是蘇格蘭威士忌，但我可沒說世人口中所念的蘇格蘭威士忌發音都正確。蘇格蘭調和威士忌的念法其實都很簡單，反觀單一麥芽威士忌的酒款名稱，就可能會在零售商、吧檯手或愛好者的口中，聽到各式各樣的念法。千萬別因此覺得丟臉，因為有些名稱即使在蘇格蘭人之間也眾說紛紜（也許美國人會覺得這樣有點好笑或古怪，但是，問問你的美國同胞都怎麼念路易威爾〔Louisville〕吧）。

我沒有足夠的版面與權威來一一告訴你每個名稱的念法。不過，網路上倒是有兩個不錯的資源：《君子》（Esquire）雜誌便邀請了莎士比亞劇作演員布萊恩·考克斯（Brian Cox），為超過三十款最熱門的酒款（其中收錄了部分最難發音的名稱）配音，影片放在〈男人的吃法〉（Eat Like a Man）線上部落格，你可以到《君子》雜誌的網站 Esquire.com，然後搜尋「Brian Cox Scotch」；這些影片中的發音與我曾經在威士忌產業聽到的蘇格蘭人念法極為相似。另外，還有一個酒款名單更為完整的線上資源，由地位崇高的蘇格蘭麥芽威士忌協會（Scotch Malt Whisky Society）之創辦人皮普·希爾斯（Pip Hills）配音，對我來說，這個網站聽起來更為權威一點，你可以直接搜尋「Pip Hills whisky pronunciation guide」。

以下是幾個最常念錯的發音。首先，艾雷島（Islay）念為「EYE-luh」而非「IS-lay」；名稱看起來有點怪的安努克（anCnoc）念為「uhn-NUCK」；布萊迪（Bruichladdich）的念法很接近「bruek-LAD-ee」，雖然第一個「ich」真的會讓舌頭打結；還有一個我個人最喜歡的是格蘭蓋瑞（Glen Garioch）念成「glen GEE-ree」，我也不知道為什麼裡面要包含兩個很困難的「G」。

格蘭傑蒸餾廠，位於蘇格蘭高地區的泰恩（Tain），該蒸餾廠建立於 1843 年。

卻適逢一波伏特加的爆炸性流行，威士忌銷量曲線瞬間拉平，形成大批過剩的威士忌），愈來愈多威士忌製造商選擇直接在自家蒸餾廠裝瓶，創造了在單一蒸餾廠調和不同麥芽與不同酒齡的酒款類型（酒標標註的是調和酒液中最年輕的酒齡），而不加入穀物威士忌。接著，他們發現了單一麥芽這塊從未發掘的狂熱市場。

單一麥芽威士忌的成功改變了整個產業。它讓喝蘇格蘭威士忌變得有趣，甚至是一種誘人的娛樂活動，門檻與樂趣同時大大提升，一如投入品飲葡萄酒。現在，

市面上容易取得的蘇格蘭調和威士忌約有十款（但也正在成長中），背後約有百家蒸餾廠推出自家的單一麥芽，每一款都有獨有的故事、獨特的個性與擁護者（以及批評者）。最近，美國大多數的好酒吧會至少備有三款單一麥芽可供選擇。

方才我說單一麥芽威士忌的成功改變了整個產業，指的可不只蘇格蘭威士忌產業，這股影響力道傳向更遙遠的地方。單一麥芽的成功引領了波本威士忌產生相似的特化，小批次、單一木桶裝瓶與老威士忌的趨勢，也幫助波本扭轉了長期的式微。愛爾蘭威士忌也有相似的轉變，它以標註年數升級產品描述，它的單一罐式蒸餾威士忌也掀起一場大獲全勝的復興。加拿大威士忌也開始朝優質化邁進，推出年

數更老的威士忌與換桶酒款。

朝更遠的方向望去，將發現這股影響甚至更寬廣。單一麥芽威士忌成功創造的趨勢還包括陳年蘭姆酒的銷量成長、強調獨特草本混調的琴酒（被遺忘已久的荷蘭琴酒也有小幅成長）、酒莊裝瓶龍舌蘭，甚至連蘋果白蘭地也推出新酒款且頗受關注。另一方面，就算它並非調酒師常用的烈酒，但是由於蘇格蘭單一麥芽威士忌受到行家的賞識，也開啟了頂級烈酒進入調酒的大門，進而在頂尖酒吧創造了新的龐大門類。

這場革命沒有絲毫缺點，真的。更令人驚豔的是，這些革命性的威士忌源自堅定不移的傳統思維，他們視改變為妖魔，斷然拒絕，因為「威士忌就是這樣做」的

稍微年輕一點點的格蘭菲迪蒸餾廠，位於蘇格蘭斯貝塞區的達夫鎮，該蒸餾廠成立於 1887 年。

蘇格蘭威士忌協會

蘇格蘭威士忌協會（Scotch Whisky Association, SWA）是極為成功的貿易組織。基本上，正是其制定了何謂蘇格蘭威士忌，最近一次的版本由英國政府發布，即是「2009 年蘇格蘭威士忌規章」（其中的「蘇格蘭威士忌」〔Scotch Whisky〕名稱受到歐盟規章的地理標示規範保護）。它不僅是實際制定法規的機構，在蘇格蘭境外也致力維護。蘇格蘭威士忌協會的法務部門為了蘇格蘭威士忌，訴訟遍布全球，而且經常獲得重大勝訴。

　　該協會花了一段時間才養成這樣的影響力。最近，蘇格蘭威士忌協會慶祝創會百年，蘇格蘭議會藉此為它主辦了一場酒展，協會也推出了一款很不錯的紀念酒款，我很幸運地拿到了幾瓶，這是一款調和（想當然）且美味的酒款。當時蘇格蘭威士忌協會為了對抗酒價削砍便以貿易協會之姿成立，到了 1970 年代，它已成功整頓蘇格蘭威士忌的酒價。如今，協會依舊關心威士忌價格問題，但是對象換成了不斷異動威士忌最低價底線的政府，並持續與政府進行酒稅攀升的永恆之戰。

　　蘇格蘭威士忌協會極具影響力，有力地為傳統形象與蘇格蘭威士忌的定義奮戰。但是，對於持續實驗威士忌多元與創新的其他國家威士忌產業而言，蘇格蘭威士忌協會如同一柄兩面刃。

想法不僅已經刻在石碑上，而且早在數百年前就刻好了。小夥子，你們最好別想動這塊石碑一根毫毛！

定義蘇格蘭威士忌

　　市場在過去約十五年來持續成長，部分蒸餾廠與獨立裝瓶廠因此遊走在蘇格蘭威士忌製造傳統的邊緣，嘗試拉扯界線；此產業則開始建立釐清何謂蘇格蘭威士忌的規則，並將定義再細分為五個子類型。讓我們仔細看看吧。

　　根據「2009 年蘇格蘭威士忌規章」（Scotch Whisky Regulations 2009），任何想要標上「蘇格蘭威士忌」的產品都必須符合以下條件：

・糖化、發酵、蒸餾與熟成的過程均須在蘇格蘭境內。
・須以水與發芽大麥製成，「據此，才能額外添加其他穀類的完整穀粒」。
・僅能以穀物中的酵素進行澱粉轉化。
・發酵用的添加物僅能使用酵母菌。
・不得蒸餾超過酒精濃度 94.8%。
・須在橡木桶（尺寸須小於 700 公升）中熟成，而且必須置於領有營業執照的酒倉或「經許可的場所」，時間不得少於三年。
・須保持原本未經加工之物質、製作過程與熟成階段所形成的顏色、香氣與味道。
・不得添加水和／或「普通焦糖色素」以外的物質。
・酒精濃度最低為 40%。

蘇格蘭威士忌的五大類型

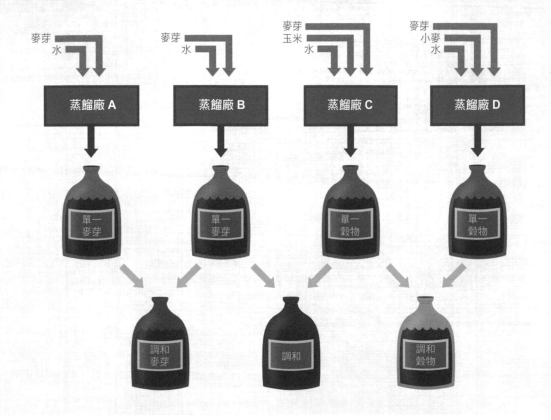

根據規章，蘇格蘭威士忌共分為五種類型。其中兩種關於「單一」：

· 蘇格蘭單一麥芽威士忌（Single malt Scotch whisky）：在單獨一間蒸餾廠經一次或多次批次蒸餾，但僅能使用發芽大麥與罐式蒸餾器（這就是我們熟悉的單一麥芽威士忌）。

· 蘇格蘭單一穀物威士忌（Single grain Scotch whisky）：在單獨一間蒸餾廠經一次或多次批次蒸餾，其中須至少有部分使用穀粒，如小麥或玉米。

以下則是三種蘇格蘭調和威士忌：

· 蘇格蘭調和麥芽威士忌（Blended malt Scotch whisky）：以兩種以上單一麥芽威士忌（產自不同蒸餾廠）進行調和。舊稱為「蘇格蘭純麥威士忌」（vatted Scotch whiskies），不過，換了名稱之後能讓消費者更容易釐清或是更加混淆則有待商榷，取決於你問誰這個問題。此類型的酒款目前並不多見，不過今後可能會有更多，包括威廉格蘭特的三隻猴子（Monkey Shoulder）與幾款威海指南針的出品，如烈焰之心（Flaming Heart）與泥煤怪獸。

· 蘇格蘭調和威士忌（Blended Scotch

參訪格蘭菲迪的遊客，最後一站通常都會是格蘭菲迪的餐廳兼酒吧，麥芽倉（Malt Barn），在這裡可以品嘗到其他地方找不到的酒款。

whisky）：以一種以上的蘇格蘭單一麥芽威士忌與一種以上的蘇格蘭單一穀物威士忌進行調和。這是我們較為熟識且酒款大宗的調和類型。

· 蘇格蘭調和穀物威士忌（Blended grain Scotch whisky）：以兩種以上單一穀物威士忌（產自不同蒸餾廠）進行調和。這類型的酒款並不常見，酒款如威海指南針的甜心皇后（Hedonism）。

這些規範看似頗為嚴謹，尤其是單一麥芽：不僅須全程在蘇格蘭境內、只能使用水與麥芽、不能添加酵素、只能以罐式蒸餾器蒸餾、只能使用橡木製的木桶，而且不能添加香氣僅能加入一點焦糖色素。但是，就像現今波本威士忌的身分標準（參見第九章），以現狀而言，這些規範反倒並非這麼嚴謹。

對絕大多數的蒸餾廠而言，這是他們希望的方式。過去，他們曾經將界線多拉扯了一點，酒標標示曾在 1810 年代模糊鬆散了一些，也因此出現這些規範。現在，所有人都有了一致的規範。

獨立裝瓶

並非所有威士忌最後都由蒸餾廠裝瓶。許多優秀的調和威士忌，一開始都是由雜貨商或葡萄酒商製作與行銷，如約翰走路與帝王威士忌。他們會向蒸餾廠購買威士忌，有時會自行陳年、調和、販售，最後甚至代理到其他地區或國家。

同樣的，部分早期單一麥芽威士忌也是由獨立裝瓶商向市場販售。他們會向經紀人或直接向蒸餾廠購買一桶桶威士忌。威士忌經紀人的工作是協助各式陳年威士忌之間的交易，因調和師需要這些酒液創造自己的酒款；他們會向不同的蒸餾廠買進大量酒桶，再進行交換或交易。有時，會有剩餘的酒桶，這些酒桶最後就會賣給獨立裝瓶商。在威士忌產業蕭條期間，總有蒸餾廠為了短期的現金需求，願意向獨立裝瓶商販賣整批陳年或未經陳年的酒桶。

像是高登麥克菲爾、聖多弗力（Signatory）、凱德漢（Cadenhead）以及貝瑞兄弟與路德（Berry Bros. & Rudd）等裝瓶公司，會集結這些酒桶自行陳年（有時會將酒桶留在蒸餾廠的酒倉並標上註記，有時則會搬到自家酒倉）並裝瓶，可能會以長期經營的品牌販售，或是推出限量的批次酒款。根據不同的行銷用語，麥芽兩字不一定會出現在酒標上。回到單一麥芽威士忌獨占鰲頭的這幾年之前，獨立裝瓶商經常是大眾能品嘗到蒸餾廠麥芽威士忌的唯一方式。

近幾年，當需求一直推擠著供給而稀有酒款在拍賣會價錢飆高的狀態之下，威士忌市場變得較為艱困。但是裝瓶商擁有多年的連結可以依靠，並且持續製造許多品質非常良好且可負擔的威士忌。

眾蒸餾廠的調和

遵守規範表面看起來如同身穿束縛衣，實則不然。蒸餾廠仍然可以在許多地方發揮多元性：酵母菌的種類與發酵速度會影響酒中的水果酯味；蒸餾器的形狀與尺寸、冷凝器的種類將左右酒體；酒頭與酒尾的取酒時間點會急遽影響香氣與酒的「純淨」；還有陳年使用的木材、酒倉的類型與選址，以及威士忌的入桶時間等。

讓我有點壞心眼地比較一下美國最暢銷的烈酒，伏特加。伏特加蒸餾廠可以使用穀物、馬鈴薯與葡萄等等；它們可以蒸餾一次到一百九十九次（真實發生過的實

際數字，我沒有開玩笑），每蒸餾一次香氣會少掉一些；蒸餾廠還可以進行過濾，當然也能再加入一些新的香氣，所有的選擇過程基本上沒有絲毫限制。無論額外添加香氣與否，沒有任何一款伏特加會在倒入一杯紅牛（Red Bull）或番茄汁之後，還喝得出來有任何差異。

威士忌調和大師通透蒸餾廠在各種影響因素間做出的選擇，並且善用這些單一麥芽威士忌以創作酒款的樣貌。一旦樣貌成形，調和師的工作就是利用酒倉可用的存酒，穩定地持續維持這個模樣。

記住，酒款年數的特性並非直接代表瓶中所有威士忌年數或平均年數的特性，

什麼是穀物威士忌?

也許你聽過蘇格蘭調和威士忌就是混和了麥芽威士忌與穀物威士忌。我們都知道麥芽威士忌指的就是名稱很蘇格蘭的單一麥芽威士忌,而穀物威士忌就是用穀物做的威士忌,嗯,麥芽不也是穀物的一種嗎?那到底穀物威士忌指的是什麼?

穀物威士忌其實指的是選用各式穀物(通常會挑選品質良好且廉宜的穀物,近幾年的蒸餾廠選的經常是小麥),以柱式蒸餾器蒸餾出的高酒精濃度威士忌。我們在本書開頭解釋過這部分。穀物威士忌並非伏特加,就如同加拿大調和威士忌也不是伏特加一樣,其原因在於意圖。就因為這些烈酒本著製造威士忌的意圖,因此在過濾、稀釋、精美的包裝與市場指向都會與伏特加相當不同。

高酒精濃度的威士忌會在木桶(最常使用的是波本桶)裡至少陳放三年,讓生澀的口感柔滑,橡木桶能使威士忌的口感如奶油、香氣如香草與椰子(這也讓此酒液能合法地稱為「威士忌」)。而且,某些穀物威士忌的陳放時間還會更長。有的酒款則僅包含穀物威士忌,而不添入麥芽威士忌。這些酒款本身已經相當出色,即便其特色為清淡,但依舊是威士忌。

絕大多數的穀物威士忌都會成為蘇格蘭調和威士忌的一部分。威士忌假內行可能會跟你說這些穀物威士忌只是一種便宜的充數,酒款香氣還會因此變得貧乏。也許便宜的調和威士忌真是如此,但如果是旗艦或首選調和威士忌酒款,其中的穀物與麥芽威士忌都同等重要,穀物威士忌會為麥芽威士忌添加口感,並平衡其尖銳感或厚度。如果這真的僅是充數,那麼調和師只需要打開蒸餾槽的水龍頭,然後直接倒進去就好了。但是,其實調和師需要調和各式不同年數、不同蒸餾廠出產的穀物威士忌。這就是鐵錚錚的威士忌。尊重它!

頂多只是瓶中最年輕酒款年數。在這個年數底線下,調和師可以向上選用更老的威士忌,使用任何他們需要的威士忌以在每一次調和都維持相同的風味。這個工作需要敏銳且訓練良好的鼻子,以及一顆兼顧細節與組織能力的腦袋:存酒還剩多少?年數的分布?木桶的種類?在哪間酒倉?然後,他們要向蒸餾廠要求五年、十二年、二十年的多少酒?當年數拉得愈長,就只能是依靠猜測,但這是個以理有據的猜測。

以上只是一間蒸餾廠針對單一麥芽所須考慮的種種。想像一下這項工作還須擴張到製作且維護每星期必須運出蘇格蘭的巨量調和威士忌,而且,現今的調和師還必須了解其他威士忌的特性、需要多少量才能剛好達到酒款想要的特徵、存酒將會擁有什麼面貌,以及當供應發生問題時該如何替換,畢竟,許多運來等待調和的威士忌都來自其他公司的蒸餾廠。各威士忌公司彼此間以一套相當複雜的公平系統相互交換存酒,此概念即是一般所知的「互惠」(reciprocity)。

別把調和想成只是簡單地「丟進一

些三年的穀物威士忌，再來一點這間蒸餾廠的八年麥芽威士忌增加甜感，最後加入一些那間蒸餾廠的十年威士忌以帶點煙燻感。」調和可能相當複雜，不僅須面對幾種不同年數的穀物威士忌，以及來自二十間以上蒸餾廠的麥芽威士忌，也須謹慎地調配比例與媒合，當供應發生變化時還須進行調整。

調和威士忌曾經很成功，誇張地成功，但原因很簡單。它們滿足了一項需求與渴望，人們想要一種擁有某種特定風味與特定強度的酒。這些酒不像單一麥芽威士忌焦點相當集中，當然調和威士忌也並非因此目標而誕生。調和師看重的是創造他們想要的威士忌風味，這並非只能是蒸餾廠製造出的某一種風味。

就像依照不同預算與需求能找到各式汽車，不同的價格帶與味蕾也有相對應的各種調和威士忌。想開車在附近兜風卻沒有足夠的預算？那就買一輛小型二手車吧；零售商品牌（store-brand）調和酒款或促銷酒款（bargain label）就如同一輛小型二手車，這些酒款就是為了與蘇打水或軟性飲料混調而誕生。想要比較奢華一點點或價格高一點點的酒款？換成新系列酒款或品質更棒的系列之「二手」威士忌，便能嘗試特性多一點、麥芽多一些，或知道自己對泥煤味與雪莉桶陳的感受為何。想駕車來場小旅行？也許你需要一輛小型且舒適的轎車或有趣且實用的掀背車；換成威士忌的話，就是來瓶好酒與冰塊，或準備蘇格蘭威士忌、蘇打水和悠閒的心情。或許，你正想找個可以好好慶祝「被那家大公司錄取」的東西？大概就是一輛跑房車或印第安重機，你也可以找些調和麥芽

位於蘇格蘭高地伯斯郡（Perthshire）的亞柏菲迪蒸餾廠，成立於 1896 年，生產的蒸餾酒液占了帝王調和威士忌的絕大組成比例。

或高酒齡調和威士忌。

如果你一舉大獲成功而一夕致富，那你真的可以開（喝）任何你喜歡的東西。如果這時你腦中浮現的是單一麥芽，提醒你也別忘了，調和威士忌也有相同等級酒款，例如約翰走路的藍牌（或甚至是藍牌喬治五世紀念款〔King George V〕）、起瓦士的皇家禮炮命運之石（Chivas Royal Salute Stone of Destiny）、黑牛（Black Bull）的奢華三十年（30 Year Old Deluxe）等，都是傑出的威士忌。

我將在愛爾蘭與加拿大威士忌的章節更詳細地介紹其他這些，但你其實只需要知道：調和威士忌也可以是相當傑出的威士忌。覺得調和威士忌比較便宜且品質不好的想法反而是相對較近期才出現的，正逢專喝單一麥芽威士忌假內行人數大量增加之際，以及源於清淡型調和威士忌開始在禁酒令實行期間擴散，並在整個 1970 年代持續向上攀升。

調和威士忌繞了一圈回到最初：多元如光譜般的選擇，威士忌產業流行用「香氣禮包」形容它。另一方面，麥芽威士忌卻一直固執地維持原樣，即使它已無法靠自身魅力販售；而讓麥芽威士忌如此頑固的推手當然是調和威士忌，因為調和師想要也需要麥芽威士忌維持穩定的香氣。

如今的消費者想要這些直接來自單一麥芽的種種香氣。他們的渴求讓酒款存貨處於壓力，價格便隨之水漲船高。有些人甚至預測這樣的漲勢，會讓威士忌愛好者回頭尋找比較粗獷的調和威士忌（「比較粗獷」通常代表的是價格比較接近入門款的單一麥芽威士忌），但是，目前的單一麥芽威士忌的聲勢仍持續上揚。

接下來，讓我們仔細看看香氣如何能保持穩定。

維持麥芽威士忌的穩定

參觀過三、四家蘇格蘭蒸餾廠之後，不免會發現一些它們都有特殊氛圍。參觀過程中經常會聽到蒸餾師說：「我們的威士忌只能在這塊獨一無二的地方釀製。」背後通常與當地的水源或氣候有關。或者，你也可能會聽到他們說：「也許其他蒸餾廠有不一樣的作法，但是在這裡，我們的作法從未改變。」這表示一種堅持不向商業成功低頭的反骨。其中我最喜歡的是當蒸餾師提到關於蒸餾器的大小或幾何設計時，他們會說：「就是它，讓我們的威士忌如此獨特。」在在強調這樣的蒸餾器是為了創造什麼絕妙酒液而設計。

嗯，他們說的對，但也不對。沒錯，如果蒸餾廠搬遷到其他地方，或是在其他地方建造一間一模一樣的蒸餾廠，蒸餾出的烈酒幾乎肯定會不一樣；曾有人試過，的確不同。這就像是製造業版的「風土條件」（terroir），結合了濕度、日照、水、風與其他科學無法解釋的因素。聽起來也許相當浪漫，卻也確實頗為科學（在蒸餾廠設計方面，也許能以混沌理論解釋），也同時集令人感到沮喪與歡欣於一身，單看以誰的立場視之。關於蒸餾器設計的說法也的確屬實，因為蒸餾器的形狀會直接影響回流，回流率即是直接左右蒸餾酒液與最終威士忌個性的因素。

然而，與更多威士忌產業從業人員聊過之後，你會發現許多這些獨特又符合邏輯的緣由，並非源自於某位第一代蒸餾師或計畫大師的設計，而是因為他們剛好買得起這樣的蒸餾器，而且常是從某位離開威士忌產業的蒸餾師手中買下的二手蒸餾器。格蘭傑著名的高挑蒸餾器（將近 17 呎，全蘇格蘭最高）產出以清新且相當優雅著稱的威士忌，它便是來自琴酒蒸餾廠的二手蒸餾器；格蘭傑並未將蒸餾器改造成標準規格，反而直接讓它登上產線。

聽過眾多類似的故事之後，某天，我站在格蘭利威新擴建的蒸餾室裡，一面看著蒸餾器一面思考，為什麼這些蒸餾器一

換桶

1990 年代，格蘭傑的比爾‧梁思敦博士與百富的麥芽威士忌大師大衛‧史都華，開啟了為蘇格蘭威士忌添加個性的新方法，這種方法後來稱為「換桶」（finishing）。當威士忌熟成，酒液可能會從波本或雪莉桶倒入其他類型的木桶，這些第二輪上場的木桶常是之前陳放過葡萄酒的木桶，如馬德拉、波特、索甸（sauternes）或馬拉加（Malaga），也可能是陳放過蘭姆酒或其他烈酒的木桶。

換桶逐漸成為製作威士忌的常規，因為木桶為橡木，而且原本舊有的酒液會清空，其實並沒有實際的物質添入威士忌，帶入威士忌的只有氣味、香氣，以及新舊木桶兩者個性的互相影響。謹慎處理的話，換桶可以創造出一些嶄新且美味的特性。

但是，換桶也有毀了整桶威士忌的風險。當選到一桶錯的木桶，新舊木桶間的相異點很有可能毀了一切；萬一威士忌在換桶木桶中待太久，換桶帶來的影響也可能喧賓奪主。我曾經嘗過受到換桶時間過長荼毒的威士忌，這款酒經過波特桶換桶，若是處理得巧妙，木質特性將很討人喜愛；相反地，如果時間過長，甜感與果味也有可能過於膩人。

換桶曾經蔚為風行，但是今日已不像往昔盛行。一般而言，今日仍舊採用換桶處理的調和師，都是已能運用自如的換桶大師。

位於蘇格蘭泰恩的格蘭傑蒸餾廠酒倉。
照片中的木槌為「起塞槌」（bung starter），
瞬間敲擊木塞的一側便可讓木塞彈出。

定要長成這副模樣？我抓住機會問了問釀酒師理查・克拉克（Richard Clark）。他帶點傻笑地說：「因為一直以來我們都把它們做成這樣。」

接著，他正色繼續向我說道：「真的就是這樣。不論是哪方面的處理，我們都維持不變。因為前人這麼做的理由為何其實並不重要，這就是我們的酒的誕生方式，這就是我們的酒。我們從未想過改變它。」當我們開始談到有關蒸餾廠的擴建時，格蘭利威的國際品牌大使伊恩・羅根（Ian Logan）接手導覽（沒錯，我承認這不是一般導覽的待遇）。他們根據原有第一組蒸餾器的組裝比例，打造第二組一模一樣的蒸餾器。但第二組則是全自動，以電腦數據執行，到處都設有溫度探針，能讓每一批次的酒液與之前完全一致。

羅根說：「這是一種傳統與拓展之間的平衡。取其品質？或取其穩定一致？我們選擇穩定。也許我們無法不時產出稀有的美妙批次，但整體而言，每一天每一批次的品質都比之前高出許多。我們正為舊蒸餾室的相同設備升級。」

他說：「當然，自動化並不表示完全不需要人類。我們只需要十個人，十個人就能運作全球第二大單一麥芽威士忌的輸出量。釀造威士忌的是人。」

有趣的是，一天後，我參觀了大摩的蒸餾室，這裡則全以人力勉強地營運。這裡的蒸餾室簡直瘋狂，裡面裝著許多長得有夠古怪的蒸餾器：頭頂被平直截斷的酒汁蒸餾器（他們告訴我是因為必須配合天花板高度），酒液蒸餾器的頸部則套著一圈冷水槽，以冷卻銅壁創造更多回流。他們有兩組蒸餾器，新的那一組如同舊的放

這座雙子星塔形烘窯位於凱斯（Keith）的斯特拉塞斯拉（Strathisla），是蘇格蘭境內仍在運作的最古老蒸餾廠。

大版，當這些全湊在一起時……。

蒸餾師馬克・哈拉斯（Mark Hallas）表示：「這是一個不平衡的蒸餾系統，不同的蒸餾器會流出特色不一的酒液，但經過二十四小時的蒸餾之後，酒液就會平衡了。」他露齒笑道：「要不要自動化都無妨，最重要的是機器裡面的東西。」他再次笑了，然後拍了拍自己的腦袋。就像羅根說的，釀造威士忌的是人。有時，一個人對釀造的威士忌影響也至深。在許多層面，釀造威士忌講求的是團隊，產業中的互相協作是必要的，除了蒸餾器，還有許多因素影響著大摩的威士忌，如他們使用的一系列不同類型之木桶，以及從各式木

蘇格蘭威士忌經典酒款的風味

下表的五大核心特性以 1~5 表示程度的強弱，1 代表微弱到幾乎沒有，
5 則是強勁到幾乎完整表現。

酒款	泥煤味	雪莉桶	美國橡木	麥芽	口感
單一麥芽					
雅柏十年份	5	1	2	3	3
格蘭花格十五年份	1	4	2	3	4
格蘭花格十二年份	1	2	2	4	3
格蘭利威十二年份	1	1	3	4	2
經典格蘭傑	1	1	4	2	2
高原騎士十二年份	4	3	1	3	3
拉加維林十六年份	5	1	1	3	4
麥卡倫十八年份（雪莉桶）	1	5	1	2	5
調和					
起瓦士	1	1	2	2	2
帝王白牌	1	1	2	3	2
約翰走路黑牌	2	3	2	2	3

桶調和出的多元威士忌。但是，當我身在大摩的這趟參觀中，我發覺：「酒倉的香氣是獨特的，它帶點鹽味、帶梗的葡萄、麥芽與土壤氣息。讓大摩之所以有此樣貌的，就是古怪的蒸餾器、多元的木桶、精心的選桶與調和，還有，理查・派特森（Richard Paterson）。」

派特森曾是大摩母公司懷特馬凱（Whyte & Mackay）的調和大師，也是威士忌產業的傳奇人物。他是「那副鼻子」，調和的手藝源自其父，據說也是最年輕的調和大師。就像百富的大衛・史都華（David Stewart）、格蘭傑的比爾・梁思敦博士等等，從這間蒸餾廠產出的威士忌，以及懷特馬凱推出的調和威士忌，都蓋上了派特森的獨特印記，現在如此，也許在他必須退休的幾年後依舊。當站在那個位置上的人擁有對的天賦與一雙能自由施展的手，便會對威士忌在蒸餾廠如何形成、如何陳年與如何調和，形成相當巨大

艾雷島與蘇格蘭諸島

根據傳統，蘇格蘭威士忌可以分為數個區域，其中部分產區為島嶼。如奧克尼群島、斯開島（Isles of Skye）、默爾島、路易斯島、侏羅島、艾倫島，當然還有艾雷島。

艾雷島上共有八間蒸餾廠，從東北部開始順時鐘分布依序是布納哈本、卡爾里拉、雅柏、拉加維林、拉弗格、波摩、布萊迪與最年輕的齊侯門（Kilchoman）。艾雷島上產有部分堪稱明星的酒款，至少是現代威士忌界的偶像。但是，三十年前，這些酒款甚至連贈送都困難，它們煙燻味太重、太堅硬、太單一了。

如今，人們會說：「沒錯，你說得對，它就是這麼單一，再給我來一杯！」泥煤稱王，艾雷島則是泥煤的王座。我想一定有人跟你說過：如果你真心愛蘇格蘭威士忌，一定得去一趟艾雷島。

若是選擇搭飛機到艾雷島，能一覽艾雷島與身邊緊鄰的鄰居侏羅島，以及中間那片開放水域。映入眼簾的艾雷島是一座絕立的孤島。但是，如果選擇搭船進入艾雷島，就會發現從島到島、海岸至峽灣是多麼容易，一切的連結是多麼緊密。當你嘗過布納哈本的未經泥煤處理酒款，或蘇格蘭本島亞德摩爾出產的煙燻泥煤酒款，就會發現這些連結能一路連回本島。它們都是蘇格蘭威士忌，並非只是艾雷島威士忌或高地威士忌。

也許你也聽過人們會爭論不同島的蘇格蘭威士忌是否有「風土條件」之別，這是一個相當具法國葡萄酒風格的問題。這個問題很模糊，因為威士忌中的麥芽可能來自蘇格蘭，也可能運自歐洲其他地方；用水通常來自當地，但水管的源頭可能接自總水管；酒倉可能就蓋在蒸餾廠旁邊，也可能設在數哩之外。

相較於不同蒸餾廠與延續數代釀酒傳統所產生的酒款個性，如果其中真有「風土條件」存在，影響程度也相當稀微。艾雷島上比較特

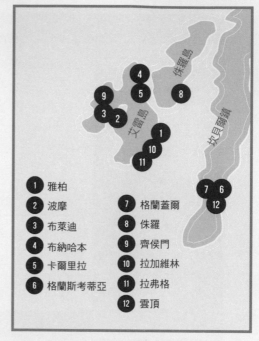

1	雅柏	7	格蘭蓋爾
2	波摩	8	侏羅
3	布萊迪	9	齊侯門
4	布納哈本	10	拉加維林
5	卡爾里拉	11	拉弗格
6	格蘭斯考蒂亞	12	雲頂

立獨行的蒸餾廠會雇用當地居民（他們自稱為艾雷客〔Ileachs〕），或是移至此地安頓的居民。直接或間接從事威士忌相關產業的人口約占島上人數三分之一，這讓艾雷島與眾不同。

我曾詢問同樣身為艾雷客的拉弗格蒸餾廠經理約翰·坎貝爾（John Campbell），是什麼讓艾雷島的威士忌與眾不同。他不加思索地回答：「泥煤，艾雷島威士忌的香氣源自大地與木桶。這是一種富深度的香氣。」艾雷島大量使用泥煤的方式，把四大古老神秘的元素帶進酒中：水與土元素創造了泥煤與大麥，接著以水浸泡大麥使之發芽，最後，火元素燃燒泥煤（土元素）而產生煙霧（氣元素），煙霧將滲入麥芽並使之乾燥。威士忌完滿俱全。

威士忌狂熱者是對的：如果可以，真的應該去一趟艾雷島。島上小鎮有啤酒很美味且友善的酒吧，氣候很舒適，人們腳踏實地。威士忌也相當優秀。

斯貝塞

斯貝塞是斯貝河（River Spey）沿岸區域。斯貝河為蘇格蘭長度第二的河川，全長98哩，雖不像美國密西西比河（Mississippi）或哈德遜河（Hudson）如此壯闊，但沿岸星光熠熠。沿岸蒸餾廠之密集，讓人難以置信斯貝河竟然還能如此清澈，今日的斯貝河仍舊保持健康且維護妥善。來對季節時，還可能在河中央看到飛蠅釣客。

在羅斯（Rothes）與達夫鎮等區域，蒸餾廠的密集程度已經形同比鄰而居。蒸餾廠會受到流經優質岩石間的良好水源吸引，斯貝河正是這樣的地方。一間接著一間，群聚的蒸餾廠又向外衍生出威士忌相關事業。斯貝塞製桶廠（Speyside Cooperage）也在此敲打著箍圈與木條。主要為羅斯當地蒸餾廠製造蒸餾器與冷凝器的弗西斯威士忌設備廠也在此落戶，廠址部分區域還曾是開普道尼（Caperdonich）蒸餾廠。

羅斯地區還有一處植物處理中心，俗稱「黑穀物」，處理蒸餾廠產生的植物殘餘（穀物殘渣與酒糟），並製成動物飼料。毫無意外地，蘇格蘭威士忌大麥的主要種植地一開始也是從斯貝塞種起。

對前來此地尋找威士忌的我們來說，斯貝塞也果真不負所望。一般而言，斯貝塞的威士忌風格為未經泥煤處理，因此，普遍認為這裡的威士忌較為平庸。近幾年來，隨著嗜煙燻味的飲者不斷地要求更濃、更濃、再更濃，斯貝塞的蒸餾廠因此才開始嘗試泥煤。然而，斯貝塞實是未經泥煤處理的美麗蘇格蘭威士忌之家鄉。

斯貝塞蒸餾廠傾聽木桶，木頭告訴他們萃取與陳年能成就什麼。此處便是麥卡倫致力實行西班牙木桶計畫之處，麥卡倫出資為雪莉酒釀造商製作木桶，並請他們將酒放進這些木桶

陳放兩年，兩年後，蒸餾廠便可以把這些清空的雪莉桶運回蘇格蘭。沒錯，這很花錢（每個木桶須花費一千美元），但是沒有其他方法能做出麥卡倫想要的風味了，這同樣也是我們欲求的風味。

斯貝塞擁有複雜的地理環境，裝滿了谷地、山丘、本尼林斯山脊與斯貝河的支流。這裡也曾是非法蒸餾廠的起源地，格蘭利威是第一間循1823年蒸餾稅法案合法化的蒸餾廠，創辦人喬治·史密斯（George Smith）正是第一位拿到合法蒸餾證照的人，此舉激怒了周遭的非法鄰居，因此早年他會隨身攜帶一對防身用的手槍。

此區蒸餾廠超過三十間，信步參觀可能就要花上好幾天。沿著斯貝河走進不同的小鎮，在克雷格拉奇旅館（Craigellachie Hotel）嘗嘗威士忌，也許還可以試試釣魚。這裡是威士忌國度，每一處轉角幾乎都有一間蒸餾廠出現在眼前。

的影響。

　　當然，還有另一項元素也會影響調和威士忌：慣性。即便是調和大師也很難更動已經推出的調和威士忌酒款；酒款裡有想要保存的香氣、想要維持的銷售情形，而且你也不想不停地迎合市場味蕾的每一次變化，尤其是當社群媒體飆速的時代中，老舊時常一夕復古成為新潮。另外，數以萬計的威士忌木桶皆以相同的方式製造，而且調和的比例經常一致，在這種情況下，實在很難將成果轉向。改變威士忌的方向必須相當謹慎且深思熟慮。

如何選酒

　　了解組成蘇格蘭威士忌的各式因素之後，接下來我們來看看如何選擇想喝的酒款。這絕大部分取決於你自己的口味。我建議你從調和威士忌或單一麥芽旗艦酒款，十年與十二年的麥芽威士忌（如果是拉加維林可選擇十六年酒款）也是此範圍的重要選項。

　　若是要從一般蘇格蘭威士忌挑選出自己喜歡的酒款，調和威士忌是比較便宜實惠的入門選擇。如果你發現自己喜歡低調節制的煙燻特質，如約翰走路（但雙黑限定版〔Double Black〕沒那麼低調），也可以考慮試試黑瓶子（Black Bottle）或教師（Teacher's）威士忌，或是嘗試大力斯可或艾雷島地區煙燻感較重的單一麥芽威士忌。也或許你會喜歡雪莉桶特性豐厚的威雀，那麼亦可在麥卡倫找到類似特色，高原騎士的酒款也能嘗到泥煤氣息。想要尋找起瓦士的味道，那就進展到十八年的酒款，或轉移陣地嘗嘗格蘭利威或安努克的

格蘭菲迪蒸餾廠正進行桶邊試樣的「鼻嗅」。

單一麥芽威士忌。若是你喜歡帝王的蜂蜜特徵，那就多嘗嘗十二年的酒款，或直搗亞柏菲迪（Aberfeldy）的核心吧。記住，調和威士忌雖以麥芽奠定基礎，但還會向上添加多種特色。

　　未經調和的單一麥芽威士忌則最能清楚直接感受蒸餾廠的特性；另外，由於旗艦酒款都很年輕，因此木桶的影響程度最輕，可從這些酒款嘗到蒸餾廠的個性。

　　如果不想為酒款花下大把鈔票，你可以找一間不錯的威士忌酒吧，然後好好嘗遍這些酒款。另外，威士忌品飲活動或慶

典也有機會一次品飲多款威士忌，而且通常還能遇到一些專家或熱情的酒評。

「悄悄休停」

威士忌產業在經歷許多想法概念轉換的同時，很長很長的時間中，蘇格蘭威士忌始終擔任引領地位。酒倉工作人員一路滾動著一個比他更年長的木桶的畫面，也並不稀奇。2007 年，格蘭花格推出了一個相當聰明的系列，家族桶系列（Family Casks），他們從 1952~1994 年中，選出每一年度的「年份酒款」，這是一場展現格蘭花格陳年麥芽威士忌酒藏深厚的驚人巡禮。

另外，還有一些蒸餾廠早已不復存在的威士忌。這些威士忌並非復刻版或只是幻想，它們是受到細心護衛的遺產。蘇格蘭絕大多數的蒸餾廠都隸屬於不只一家公司，例如，帝亞吉歐（Diageo）就擁有二十八間蒸餾廠。當這些公司認為某間蒸餾廠的存貨對未來計畫而言已經足夠（有時是他們買下競爭者欲脫手的蒸餾廠），他們會選擇將蒸餾廠封存，一面悄悄地停止營運，一面把目光放在為未來存藏，同時還能省下蒸餾廠繼續營運的成本。這種蒸餾廠便是人們口中的「悄悄休停」。

這些蒸餾廠的麥芽威士忌會用於進一步調和，或裝瓶成為單一麥芽威士忌酒款；帝亞吉歐便有一條類似系列酒款，稱為珍稀系列（Rare Malts）。但我們心中一直期盼的其實是這些蒸餾廠復活。畢竟，雅柏、布萊迪、格蘭葛萊斯歐（Glenglassaugh）與格蘭凱斯（Glen Keith）都已再度回歸戰場。

那些未能且再也不會起死回生的蒸餾廠，不是傾毀、搬空，就是變成時尚公寓，如布朗拉（Brora）、波特艾倫、格蘭烏妮（Glenury）與薔薇堤岸（Rosebank）。但是，它們的威士忌氣息猶存，就像久久不止的震動或餘音繞梁。我去年品飲過的三十年布朗拉就是個直接的例子。雖然你可能會為此產業的命運、威士忌興滅的週期而感到唏噓或氣憤，但我們仍須為此感到慶幸，感謝酒倉的悉心留存，讓這些威士忌依舊長伴我們左右。

在這些威士忌尚在人間時好好享受它們吧。然後，沒錯，當你身旁坐著一位蘇格蘭人時，建議你別在這些珍貴酒款裡加冰塊。

當你走在認識蘇格蘭威士忌的路上，開始學會你喜歡什麼、不喜歡什麼與愛上什麼時，記住，這條道路比世上其他區域的威士忌都更為複雜。此話並非偏見，而是事實。蘇格蘭威士忌蒸餾廠數量比波本威士忌或加拿大蒸餾廠都多（愛爾蘭與日本的蒸餾廠數量甚至沒有資格參賽）。當然，也許你會說其他地方還有許多精釀蒸餾廠，但是它們是否也一樣能撐過一百年？蘇格蘭威士忌多元地迷人，而且，我們永遠永遠都能從中學到更多。

別停下學習的腳步，別停止品飲。品試、閱讀、參訪、討論，然後重複品試、閱讀、參訪與討論。每一輪的練習都能讓你學到更多，而威士忌一定會在每一次的練習又變得更美味。

愛爾蘭
一次、二次、三次

根據愛爾蘭傳統，當地的聖派翠克節以三葉草的葉子向人們解釋三位一體的意義。三片葉子分別代表聖父、聖子與聖靈，三者合一便成為完整的三葉草。同樣地，愛爾蘭威士忌也可以用四葉幸運草象徵，四片葉子分別代表主要蒸餾廠釀產的不同威士忌，以及威士忌誕生處。

1　布希米爾 Bushmills

2　庫利 Cooley

3　奇爾貝肯 Kilbeggan

4　米爾頓 Midleton

5　特拉莫爾 Tullamore Dew
　　（建造中）

愛爾蘭

　　第一片：愛爾蘭蒸餾廠公司的核心威士忌酒款，以單一罐式蒸餾壺蒸餾，這是一款愛爾蘭獨有的獨特威士忌。

　　第二片：庫利蒸餾廠使用的二次蒸餾法，這是一項復古蒸餾法，曾在 1960 年代前於愛爾蘭實行。

　　第三片：由米爾頓（尊美淳）與布希米爾蒸餾廠生產的三次蒸餾威士忌，三次蒸餾讓酒款更輕盈且更易飲。

　　第四片：代表了愛爾蘭主要四家蒸餾廠：米爾頓、布希米爾、庫利與奇爾貝肯，最後一間是寬容入選，因為雖然奇爾貝肯歷史悠久，但如今正在運作的是建在原廠址的迷你蒸餾廠。另外，威廉格蘭特父子（William Grant & Sons）正在特拉莫爾破土興建一座規模完整的特拉莫爾蒸餾廠，預計 2014 年正式運作，到時我們便可

以把它算成第四家。不過，愛爾蘭也正有許多小型蒸餾廠竄起，前庫利蒸餾廠擁有者約翰・帝霖（John Teeling）便正將帝亞吉歐的前丹多克（Dundalk）啤酒廠改建為蒸餾廠，所以不久後主要蒸餾廠就不會只有四間了。

　　這就是愛爾蘭威士忌產業的實際寫照：茁壯。歷經災難性的崩潰後（參見第六章），愛爾蘭威士忌產業開始從平地再起。在全球穩定地支持愛爾蘭威士忌、愛爾蘭酒吧在國際間愈來愈受歡迎，以及全球普遍對威士忌愈來愈感興趣的今天，正是愛爾蘭威士忌強勢回歸的時刻。

　　美國是愛爾蘭威士忌最大的市場。過去二十年來銷量每年都有 20％的漲幅，儘管起步的根基小得可憐，這樣的成長強度仍令人驚嘆。目前為止，尊美淳是愛爾蘭

說故事

我們一夥人在芝加哥喝酒，其中一位朋友隔天一早就要啟程前往愛爾蘭，準備到帝亞吉歐的布希米爾工作。還有什麼比布希米爾四百周年紀念酒款布希米爾 1608，更適合為他的新冒險敬一杯？

在一場威士忌與烈酒展上，我花了整整四十五分鐘才終於得以接近尊美淳的攤位，也剛好即時搶到那款稀有年份珍藏的最後一小杯，這樣的幸運總是能讓我開懷大笑。

我們一行十人，在舊金山的美景咖啡館（Buena Vista Cafe）的夜晚中喧鬧，周遭的牆上環繞著一排又一排特拉莫爾的酒款。我向大家問道：「來一輪愛爾蘭咖啡如何？」一片贊同聲，那一口熱騰騰又甜蜜的香甜酒好不美味呀。

我們總共八人，正為了一場小型啤酒節準備低頭迎著傍晚吹起的急風與雨水走上半哩。「拿去，」我說，接著把我裝滿溫暖又富香氣的紅馥 Redbreast 隨身酒瓶遞出去。後頭傳來一聲：「太棒了！」酒瓶傳回來時已經空了，它的任務也達成了。

好朋友配上好威士忌就是一件絕妙的美事，而且每次的狀態都有些不同。每當我想起喝著波本威士忌的夜晚，我就想起笑聲與紙牌遊戲。蘇格蘭威士忌的夜晚則讓我想起音樂與經常一同帶上的威士忌話題。但是，當我想起有愛爾蘭威士忌相伴的夜晚時，隨之而來的通常都是一則則故事。

原因是什麼，我也說不上來。也許與愛爾蘭人很愛說故事有關吧；據說，請蘇格蘭蒸餾師說則故事，很難；請愛爾蘭蒸餾師別再說故

事了，也很難。（這不是真的，兩邊其實勢均力敵。）

　　也許，有可能是因為愛爾蘭威士忌的可親個性，讓任何人都能一起享受。愛爾蘭威士忌柔順、有一點點甜、香氣十足且沒有波本威士忌新木桶的喧騰（當然，除非你手裡拿的是康尼馬拉），也沒有蘇格蘭威士忌非愛即恨的極端。

　　愛爾蘭威士忌擁有多元木桶與調和帶來的複雜性，也可能有單一罐式蒸餾形成的獨特亮度，還有麥芽帶來的深度，以及穀物形成的奶油感，而且以上特性都相當怡人可親。我並非要求你必須接受愛爾蘭威士忌，而比較像是它準備了一席座位等著接待你。

　　愛爾蘭威士忌要求的不多，它也沒並未嚴肅地看待自己。這讓我的腦海裡浮現另一則故事：那天，布希米爾的蒸餾大師柯倫・伊根（Colum Egan）出席一場相當嚴肅的座談發表，他的演講主題是「認識愛爾蘭威士忌」，臺下坐的是數百位非常認真嚴肅的威士忌狂熱者。伊根正帶領大家品飲二十一年的布希米爾。

　　他說，別只是品飲它，要用全身的感官嘗它。細聞它的果香與堅果氣息；觀賞它美麗的琥珀色澤；感受它每一滴靈活且富麥芽的溜滑（順帶一提，以上全都是很棒的建議）。接著，他用非常認真的表情說，聆聽你的威士忌，然後把玻璃杯舉到了自己的耳旁，臉上皺起專注的神情，傾身靠近麥克風悄悄地說：「它說，」然後伊根用一種卡通裡會出現的假音繼續道：「喝我吧！」

　　所有觀眾瞬間爆出哄堂大笑。一下子，他們全被伊根收服了。

威士忌、司陶特啤酒（stout）、蘋果酒（cider）與歡樂時光。可愛的愛爾蘭酒吧的經典日常。

的最大品牌，占據美國市場的三分之二，但其他品牌的發揮空間仍然遼闊，過去十年我們目睹了新品牌如洪水般湧現，這便是愛爾蘭威士忌產業茁壯的鐵證。我們曾見識了特拉莫爾蒸餾廠的重生，即便它曾錯過美國市場一陣子，但如今，它已是愛爾蘭威士忌國際銷量第二強的蒸餾廠。

聰明的讀者一定已經發現我曾提到特拉莫爾蒸餾廠正值興建，也許正懷疑他們的威士忌該從哪兒生產。特拉莫爾的威士忌來自米爾頓，兩家蒸餾廠簽訂了一份長期合約，一旦對威士忌產業的狀態有所認識，便能理解這是頗為公平合理的安排。這讓試圖東山再起的愛爾蘭威士忌品牌能從其他蒸餾廠取酒，如康尼馬拉、泰爾康奈、約翰 L. 蘇利文（John L. Sullivan）、麥克・柯林斯（Michael Collins）與斯萊恩堡（Slane Castle）等。這些品牌的酒主要來自庫利蒸餾廠（康尼馬拉與泰爾康奈便是庫利的品牌），不過，在金賓集團（Beam Global，沒錯，就是那個金賓）2011 年買下庫利之後，隨即宣布將停止供應契約威士忌，這些契約曾是約翰・帝霖

一手為庫利奠定威士忌事業的基礎。其他品牌開始因威士忌供應短缺而掙扎求生，約翰・帝霖將丹多克啤酒廠改建為蒸餾廠的新事業，正是希望可以添補這塊空缺。

米爾頓：威士忌的核心

愛爾蘭還有許多不同的威士忌，如米爾頓珍藏（Midleton Very Rare）、權力、尊美淳、佩迪（Paddy）、十冠（Crested Ten）、紅馥 Redbreast、綠點與黃點等品牌的威士忌酒液都來自米爾頓，或愛爾蘭蒸餾廠公司與尊美淳。這些酒款都是一樣的東西。

讓我解釋一下愛爾蘭威士忌的酒業狀態何以如此。1966 年，愛爾蘭共和國內的威士忌製造商總數銳減至三家，分別是約翰強森父子公司（John Jameson & Son）、約翰鮑爾父子公司（John Power & Son）與科克蒸餾廠。他們一同做出一項極為大膽（或走投無路）的決定：合併為一家公司，即是愛爾蘭蒸餾廠公司。

到 1970 年代中期，該公司正式啟用

一間設在米爾頓舊科克蒸餾廠旁的現代化酒廠，其他蒸餾廠因此產量削減並關閉，包括尊美淳在都柏林的鮑街蒸餾廠（Bow Street，目前這裡有不錯的威士忌導覽與品飲參觀行程，吸引大量的觀光客）。因此，當時所有威士忌產品都從米爾頓出產，所有存活的品牌也都在那裡釀造。如今這間大型蒸餾廠仍在運作，由位於米爾頓的愛爾蘭蒸餾廠公司（法國飲品巨擘保樂力加〔Pernod Ricard〕子公司）營運，其中最為知名的品牌即為尊美淳，三種名稱都有人稱呼。

米爾頓蒸餾廠最重要的關鍵是釀產威士忌的方式，這些處理方式實在令人困惑。蒸餾程序很複雜而且包含各式威士忌路線，他們拒絕簡化。這指的不只是他們同時擁有罐式與柱式蒸餾器，或是有可能兩者混用；米爾頓出品的不同酒款還採用不同的酒心取點（自罐式蒸餾器流出的酒液，依據流出時間，可分為酒頭、酒心與酒尾），並搭配不一樣的再蒸餾流程，結合出四種截然不同的罐式蒸餾酒液。（也許更多種，戴夫・布魯姆〔Dave Broom〕所著的《國家地理：世界威士忌地圖》〔*The World Atlas of Whisky*〕提到，米爾頓已退休的蒸餾大師貝瑞・柯克特在這套系統中注入了眾多設計。）

在酒液進入炙熱的銅壺之前，還有另一項處理讓愛爾蘭威士忌特立出眾，那就是生的未發芽大麥。定義單一罐式蒸餾之愛爾蘭威士忌的這項奇異特色，源自十九世紀中期酒廠為了節省英國稅收成本的狡猾法子，他們把糖化中的部分麥芽以未發芽的大麥代替。

歡迎來到位於愛爾蘭米爾頓的「尊美淳體驗中心」。

愛爾蘭威士忌經典酒款的風味

下表的四大核心特性以 1~5 表示程度的強弱，1 代表微弱到幾乎沒有，
5 則是強勁到幾乎完整表現。

酒款／蒸餾廠	「純罐式蒸餾」	雪莉桶	美國橡木	口感
布希米爾黑色布希	1	4	1	3
布希米爾	1	2	4	2
布希米爾十六年	1	3	2	5
庫利奇爾貝肯	1	1	2	2
泰爾康奈	1	1	4	3
米爾頓綠點	5	2	2	3
尊美淳	2	2	3	2
尊美淳十八年	4	3	2	4
紅馥 Redbreast	5	3	3	4
特拉莫爾	1	2	3	2

現今大麥與麥芽的比例約六比四，但針對不同目的再調整成各式不同比例。這個比例在釀酒間創造了新鮮氣息，並為蒸餾酒液形成本質上特立的酒體與口感；生大麥的未發酵組成成分不同，經過釀造與蒸餾後，形成怡人的糖蜜感以及翠綠且果味十足的蘋果、桃子與梨子香氣——造就了它成為米爾頓威士忌的核心元素。

接下來，讓我們進一步試試紅馥 Redbreast。幾年前我到費城拜訪一位剛從家鄉探親回來的愛爾蘭朋友，當時我嘗到了生平第一口紅馥 Redbreast 威士忌，我們正參加一場正式晚宴，他竟然從口袋掏出隨身酒瓶，悄悄地說：「嘗嘗看。」當

下其實有點驚愕，但酒液入口後，這種感覺被純粹的喜悅一掃而空；在正式晚宴這樣喝酒其實有些尷尬，但我仍然被美妙的清新感直擊，那股溫潤縈繞在口中，嚥下後，口中還是能在每次呼吸間感受到充滿果香與辛香料的氣流。我問他這是什麼？他露齒笑說：「在這裡買不到。」但是，現在可以了，相信我，我買到了。

另一項讓米爾頓出眾的因素是木桶管理。我在 1980 年代初嘗尊美淳的酒款，不是很有印象。當時我也喝了野火雞與格蘭利威，尊美淳的威士忌既沒有野火雞的強勁與炙熱，也不如格蘭利威的優雅。老實說，是個欠缺生命力的東西。到了 1990

遇見綠點

綠點酒款曾是威士忌世界裡的「大白鯨」，全球只能在一處尋得：都柏林米榭爾父子（Mitchell & Son's）的專賣店。他們是威士忌的橋梁，也就是會向蒸餾廠買進酒桶再自行裝瓶販賣的威士忌酒商。「綠點」之名則是因為他們會在選中的酒桶末端用沾了綠色油料的筆刷塗上一點。那時，酒倉裡還可見到黃點、紅點與藍點，但是幾年過去了，只有綠點留下來。這是一款百分之百的單一麥芽威士忌，所有酒液都從米爾頓蒸餾廠精心選出。

當我耳聞米榭爾父子的綠點在都柏林機場的免稅商店拓點時，隨即在下次前往愛爾蘭途中在機場抓了一瓶。老天！就像命運的安排，一下飛機，我的太太就直接從機場載著我一同參加朋友家的派對，一位愛爾蘭朋友。當然，

我們開了這瓶綠點，而它大受歡迎。幸運的是，下一趟我再度拜訪愛爾蘭時，隨著愛爾蘭威士忌快速茁壯與更受愛戴，米榭爾父子重新推出經過馬拉加葡萄酒木桶換桶的黃點，我不禁就各帶了一瓶回家。行文至此時，一直有風聲傳說紅點與藍點也即將回歸，我猜下一趟愛爾蘭之旅可能需要一只更大的行李箱，才裝得下這道彩虹收藏。

年代，我再嘗了一次，品飲的條件大致相同且公平，我先是喝到一款很棒的黑色布希，但是驚訝地發現隨後的尊美淳其實相當不錯。這樣的差異是因為我個人的狀態嗎？還是米爾頓哪兒變得不一樣了？

或許部分原因來自我個人的品飲演化，但也有部分源於米爾頓。他們為木桶砸下大筆研究經費，並開啟了木桶管理的概念：追蹤酒倉裡所有木桶的狀態，所有威士忌的品質都逃不出法眼。米爾頓的製桶大師葛·巴克利（Ger Buckley）留意到在1970年代之後，蒸餾廠開始大量使用舊波本桶。他說：「在那之前，我們會用葡萄酒桶、新木桶或任何手邊能派上用場的木桶。木桶就只是一種容器。」

今日的蒸餾廠認識到，唯有木桶能帶給威士忌如此強烈的影響。有些風味因木桶而有的緩慢呼吸作用而轉變，有的因為氧化作用，還有因為多年來在酒倉中因蒸散而造成的「天使份額」。然而，木桶本身狀態帶來的影響也極大，使用數次之後，木桶其實就不再有作用。說起來不可思議，但是直到1980年代，眾人才發現此因素，而米爾頓的蒸餾廠工作人員則是第一批找到原因的人。

當木桶耗盡生命力時，他們便不再使用。他們選用的木桶種類很多元（就像米爾頓其他製程一樣，都很多元），如舊波本桶、「新」波本桶（以波本桶方式建造且經燒烤的全新橡木桶）、雪莉桶、波特

布希米爾的黑色布希豐盈著雪莉桶的特性。

桶、馬德拉桶、馬加拉與舊威士忌桶。

這些因素形成的複雜度，讓米爾頓在調和威士忌領域占有一席之地，得以站在擁有眾多蒸餾廠夥伴所形成的多元蘇格蘭威士忌身旁。他們更進一步利用這個領域創造更多的新威士忌，也因此獲得了應有的矚目。尊美淳歷經爆炸性的成長，這表示聲量更大的渴求，以及在複雜度、香氣與版本之間更寬廣的發揮空間。米爾頓順從了我們的渴望，釀產了十二年、十八年、金牌與稀有年份珍藏（Rarest Vintage Reserve）等酒款，他們擁有酒齡與調和複雜度都相當多元的傑出酒款名單（而且，大體上他們還正持續增加單一罐式蒸餾威士忌的比例）。

他們還承諾將增加純單一罐式威士忌酒款。現在也已經有貝瑞柯克特傳奇、權力約翰巷等酒款，紅馥 Redbreast 的特選酒款也持續增加。現在可謂品飲愛爾蘭威士忌的絕佳時機。

伴隨酒流

不論何處的蒸餾過程，我們說的「取酒心」（也就是分出酒頭、酒尾與中間的酒心），從來都沒有「取除」的意味。取酒心的動作實際上是讓蒸餾酒液的酒流轉向，轉向的酒液也並非直接流進廢棄槽，而是注入等待再度蒸餾的容器。這些酒液裡還含有酒精，因為蒸餾過程無法全然精確，酒液中還留有蒸餾師想要保留的香氣分子。

困難的是，如何將這些分開的部分與酒汁及同一源頭的不同批次酒心混合後再度蒸餾它們？再蒸餾該使用什麼蒸餾器？而且，由於進入蒸餾器後還可做出調整，所以蒸餾器的溫度與速度也會有所影響。

當然，最終這些再蒸餾酒液會達到只剩下不討喜的物質。有些蒸餾廠會選擇直接丟棄，有的會燒毀，有的則是當作工業原料販賣。這些才是唯一真正被「取除」的酒液。

布希米爾：
以三次蒸餾打造根基

布希米爾看起來真的很像一間蘇格蘭威士忌蒸餾廠（呼，我終於說出口了）。那裡有兩座由查理斯・多伊格（Charles Doig）設計的塔形烘窯煙囪（在愛爾蘭威士忌再度結盟之前的二十世紀，布希米爾也擅長泥煤處理）、罐式蒸餾器與長長的石造建築。如果不是因為屋頂上寫了大大的「老布希米爾蒸餾廠」（Old Bushmills Distillery），我就可以綁架一名威士忌愛好者，然後騙他其實身在斯貝塞。

從布希米爾只要越過北部海峽（North Channel）就可以到達蘇格蘭西南部，此處距離艾雷島的波特艾倫只有 31 哩，到金太爾半島（Kintyre Peninsula）上的坎貝爾鎮也只要 39 哩，微乎其微的距離，因此這樣的相似其實並不驚人。布希米爾也產有麥芽威士忌，而且並未裝設柱式蒸餾器。這裡也未使用泥煤，不過，在蘇格蘭這並非特例，就算是三次蒸餾其實也並不稀奇；歐肯特軒（Auchentoshan）也利用三次蒸餾維持酒款的清淡低地風格。

布希米爾的三次蒸餾之所以如此獨特，其實因為選擇三次蒸餾背後的原因。布希米爾一樣面臨米爾頓試圖克服的問題，他們都需要、甚至渴望能進行調和的酒液，但是身邊沒有供應威士忌的夥伴。所以，布希米爾同樣打算直接在自家廠內解決此問題。用「三次蒸餾」解釋他們的解決方式有點過於簡化。事實上，經過多次取酒心與轉變的酒液，會比直接蒸餾酒汁複雜得多。先取酒心，再次蒸餾此酒心，再度取酒心，然後再蒸餾一次，酒液將愈來愈清淡且強勁。一旦酒液在蒸餾師手中跑完蒸餾間的所有流程之後，就像拳擊手經過一整輪的訓練，它們會進入各式各樣的木桶，多數木桶都很年輕。

布希米爾不使用任何年齡超過二十五年的木桶（酒架上最老酒款為二十一年，其實不難達成）。布希米爾原創（Bushmills Original）大部分的陳年時間為在波本桶完成，並與米爾頓提供的穀物威士忌調和（沒錯，這也須感謝讓愛爾蘭威士忌存活的那份契約），但兩者分開陳年。黑色布希是我以嶄新目光再度認識愛爾蘭威士忌的酒款，80％為布希米爾自家麥芽威士忌，70％於雪莉桶陳年；它擁有層次更為深厚的果香，酒體比布希米爾原創稍厚。我在朋友婚宴的排演晚餐上第一次嘗到，然後，我差點就錯過了儀式。

十六年的布希米爾為百分之百麥芽，過了三種木桶，分別是波本、雪莉與波特桶，它的果香、堅果味與豐厚的深度十分迷人，因此成為我的隨身酒瓶選酒的常客之一。我也希望可以找到並負擔得起一瓶二十一年的布希米爾，但這款酒每年的產量只有一千兩百箱。這款二十一年又再經過馬德拉桶的陳年，喔，我的老天，它為酒款增加的重量與厚度難以言喻。

2005 年，布希米爾被保樂力加賣給了帝亞吉歐，這也是該年度複雜的收購案之一。當保樂力加持有布希米爾（隸屬於愛爾蘭蒸餾廠公司）期間，他們並不想與尊美淳競爭，其國際事業漸趨龐大（由於帝亞吉歐當時挖角了布希米爾愛爾蘭香甜酒〔Bushmills Irish Cream Liqueur〕的蒸餾師而間接摧毀了該品牌，因此這樣的作法比較合理；換句話說，實在沒有必要

與對手的最強火力貝禮詩愛爾蘭香甜酒〔Baileys Irish Cream〕競爭）。如今，布希米爾搖身成為真正的競爭者，帝亞吉歐也積極地增產。產線全滿，也推出了幾款全新酒款，如調味酒款布希米爾愛爾蘭蜂蜜香甜酒（Bushmills Irish Honey），以及四百年紀念酒款布希米爾 1608（Bushmills 1608），此酒款使用部分水晶麥芽（這是各式麥芽類型中的一種，啤酒廠經常採用，也是我十分希望蒸餾廠可以多加利用的一種麥芽）。所以，時不時也留意一下愛爾蘭北部威士忌的有趣發展吧。

庫利：讓我們試試看吧

庫利蒸餾廠的起點，是五十多年前某晚在波士頓酒吧的談天。約翰・帝霖（一位冒險家與真正的企業家）在那天開始談論有關創立一間蒸餾廠的可能性，是否有可能在愛爾蘭威士忌全被外國人壟斷的當下，成立一間真正由愛爾蘭人擁有的蒸餾廠。一旦抓住概念，他便動身集結資金，同時一面繼續原有的主要事業：商品開發與收購。秘密進行協商與尋求金主一陣子後，他終於籌措到足夠買下一間工業酒精製造廠的資金，蒸餾廠位於都柏林北方約 60 哩的庫利。廠裡已有柱式蒸餾器，他另外又從一家老威士忌蒸餾廠買下罐式蒸餾器。1989 年，他的庫利蒸餾廠終於啟幕。

帝霖與當時的潮流背道而馳（威士忌產業在 1989 年尚未起飛，而愛爾蘭威士忌市場更無一絲成長跡象），他的事業計畫最終證明有瑕疵，但是當我問他為什麼做出如此大膽的舉動時，他聳了聳肩，表示其中所冒的風險其實不比他主要的事業高，他說：「風險的確高，但是我們這行就是這樣，我們會尋找鑽石、黃金或石油，所以，威士忌其實不算太糟。」相較之下，發展威士忌事業就像在公園裡散步。

但是，帝霖必須一年賣出二十萬箱威士忌。大約在庫利蒸餾廠準備開幕之際，保樂力加買下了愛爾蘭蒸餾廠，計畫因此必須改變。因為愛爾蘭威士忌的情況轉變為由單獨一家公司近百分之百的擁有時，分銷的通路便會出現問題，沒有一家通路會願意因為販賣庫利威士忌而被尊美淳或布希米爾斷貨。帝霖轉而尋找其他能大量購買威士忌的人，那些與他擁有一樣願景的人：對抗愛爾蘭威士忌的壟斷勢力。

這是帝霖的願景。庫利其他的願景源自最初的蒸餾師蘇格蘭人高登・米榭爾（Gordon Mitchell），與常語帶嘲諷的幽默聰明繼承蒸餾師，尼爾・斯維尼（Noel Sweeney）。但他們都不願盲從愛爾蘭威士忌對三次蒸餾的信仰。帝霖告訴我：「愛爾蘭威士忌一路的歷史擁有眾多類型與特性，泥煤風格曾經很是普通，因為這裡沒有煤炭；布希米爾在 1960 年代就有泥煤酒款。二次蒸餾也很常見；早期的尊美淳也出產過二次蒸餾的酒款。另外，純粹的單一麥芽蒸餾廠曾經也很多間，如位於科克的奧曼（Allman's）。」

斯維尼一邊嘴角上揚直白地說道：「釀造泥煤威士忌就是朝蘇格蘭踢上一腳。你看，百分之七十的威士忌都來自蘇格蘭，他們一定做對了什麼。」

事實上，庫利對愛爾蘭威士忌產業造成了不容忽視的極大影響。即使銷量僅占總銷量的 1%，它依舊被視為愛爾蘭威士忌的主角之一。金賓集團在 2011 年買下庫利

（以九千五百萬美元成交，對金賓而言應是超級划算的交易），並開始注入資金與行銷資源。如今，日本威士忌巨擘三得利買下金賓，小小的庫利真的踏上了國際舞臺。

庫利威士忌的產品更是超越了它的量級。康尼馬拉是一款打破傳統的泥煤愛爾蘭威士忌，擁有大膽的煙燻氣息，並以堅實的麥芽根基平衡；奇爾貝肯為一款美味的調和威士忌，甜美且擁有鮮甜的果香；泰爾康奈則是一款二次蒸餾的單一麥芽威士忌（聽起來是不是很耳熟呀？）這款酒的確頗具蘇格蘭風格，並經過一系列的巧妙換桶後，再度強化了原有的特色。

這就是愛爾蘭威士忌的三大蒸餾廠：米爾頓、布希米爾與庫利。每一間背後都有全球最龐大的烈酒公司作為後盾，任何一間都不應被忽視。特拉莫爾蒸餾廠也是一個重要的角色，但目前我們還須等待它的新蒸餾廠將會如何形塑威士忌，當一旦它不再倚靠其他蒸餾廠供應威士忌，後續的發展將會十分有趣。

愛爾蘭威士忌革命重生，並重新定位了自身在全球市場的地位。未來，它的每個環節都將創造更令人期待的發展。

位於科克郡的米爾頓蒸餾廠之酒倉。照片中可見前方為較大的雪莉桶，後方較小的則是波本桶。

美國
波本、田納西、裸麥

「美國威士忌」一詞代表了三大著名且有點相似的類型（波本、田納西與裸麥威士忌），以及多種比較不知名的類型，如玉米威士忌、小麥威士忌、調和威士忌與烈酒威士忌（我們將在談論美國精釀威士忌的第十二章聊聊其他為數眾多的威士忌類型）。美國威士忌是歷史沿革誕生的產物，包含了數世紀的經驗、發展與商業的成功與失敗，為了創造出美國人喜愛的味道，煉磨出這些類型。

美國威士忌同樣也是細節相當明確的「身分標準」產物，此標準源自於美國聯邦法規，第二十七篇（酒精、菸草與槍砲彈藥）第五部分（蒸餾烈酒標示與廣告）第C次部分（蒸餾烈酒之身分標準）第二十二段（身分標準），其中的等級二都是有關「威士忌」（whisky）。沒錯，法規裡的拼法不帶「e」，雖然幾乎所有美國品牌上的威士忌都是「whiskey」。（就像我之前說的，怎麼拼完全不重要。）

邏輯上，如何詮釋標示與強制執行這些規範的工作，其實應該落在「酒精與菸草稅收暨貿易局」（Alcohol and Tobacco Tax and Trade Bureau, ATTTB/TTB）身上，該組織的前身也就是「酒精、菸草與槍砲彈藥局」（Bureau of Alcohol, Tobacco and Firearms, ATF），但在美國911恐怖攻擊之後，法令執行單位經過一次大洗牌。「酒精、菸草與槍砲彈藥局」的法令執行權責（主要是走私禁令，這裡則與酒精走私有關）轉移到美國司法部，並更名為「酒精與菸草稅收暨貿易局」，隸屬於美國財政部負責稅收與標示審核。因而，「酒精與菸草稅收暨貿易局」掌管執行身分標準的工作。

想要了解美國威士忌，就必須徹底撬開這個單位。你也許會以為這些就是一大堆的規範，然後政府規範讀起來一定相當無趣，你猜對了。老實說，閱讀這些法規就像閱讀所有法規一樣，乏味、沉悶。但它同時也告訴我們美國威士忌為何會是今日的樣貌、為何會有這種風味，甚至還有關於蘇格蘭威士忌、龍舌蘭與蘭姆酒風味的緣由。所以，讓我幫助各位了解這些法規吧，這是我的職責所在。

不過，此差事並不簡單。規範與標準之中又包含了規範與標準，分析法規也是線上威士忌討論網站常見的主題。威士忌作家查克・考德利在詮釋這些規範方面很有一套，偶爾還會糾正「酒精與菸草稅收暨貿易局」在修改標示犯的錯誤：例如，該單位曾核准一款以馬鈴薯製作的烈酒標示為「馬鈴薯威士忌」，這絕對不符合標準。就讓我們看看這些規範是什麼吧。

說清楚，講明白

首先，此法規標準包括三部分。第一部分為威士忌身分標準；第二部分則將威士忌分為兩大類，其一是玉米威士忌，另一類則包含波本、裸麥、小麥、麥芽與裸麥麥芽威士忌；第三部分則進一步指明「純」威士忌的身分標準。

第一部分：定義威士忌

第一部分所述相當基本：威士忌須以穀物蒸餾。具體而言，威士忌為一種「發酵穀物糖化」的蒸餾物。最終蒸餾的酒精濃度須低於95％（190 proof，相當高，酒精濃度比此更高的蒸餾物會視為「中性烈酒」、「酒精」或「燃料」）。「據此，擁有香氣、口感與特性的蒸餾物，一般而言即屬於威士忌。」

這聽起來有點古怪，因為它接著又說此蒸餾物須「存放於橡木製的容器」（除非是玉米威士忌）。但是，這些蒸餾物在從蒸餾器流出時，又必須擁有香氣、口感與特性，方可稱為威士忌？讓威士忌帶有香氣、口感與特性的其實是負責酒液陳放的橡木製容器，而非發酵與蒸餾過程。就

野火雞舊蒸餾廠，現在已遷到肯塔基羅倫斯堡（Lawrenceburg），並改建為更大型且更現代。

像我說過的，這些規範並不容易參透！最後，能標示為「威士忌」的酒款之裝瓶酒精濃度不可低於40%（80 proof）。

第二部分：定義威士忌類型

身分標準規範的下一部分則較為詳細。最終蒸餾的酒精濃度必須低於80%（160 proof）。如果威士忌將在橡木桶陳年，進桶的酒精濃度不得高於62.5%（125 proof），蒸餾廠又稱此為「進桶純度」。

此酒精濃度比最初定義的低，表示更多穀物與發酵香氣留在酒中。野火雞蒸餾大師吉米·羅素如此解釋：「你喜歡你的牛排幾分熟？」我說我喜歡一分熟，他點了點頭。他繼續說：「這樣的熟度能保有肉中較多的風味，同樣地，我們將酒蒸餾

到低酒精濃度，然後放進木桶陳年，因此可以保留更多香氣。」

酒精濃度的規範還有進一步的細則，如波本威士忌的糖化必須含有51%以上的玉米，裸麥威士忌的糖化則須至少含有51%的裸麥，以此類推小麥、麥芽與裸麥麥芽。以上類型的威士忌皆須以「經燒烤之新橡木容器」陳年。當然，也可以使用舊木桶，但是酒標上就比須標示「以波本（裸麥、小麥、麥芽或裸麥麥芽）酒汁蒸餾」。字體不需要很大，但不能不標示。

海瑞的醇味玉米（Mellow Corn）與喬治亞月亮（Georgia Moon）等玉米威士忌的定義範圍便比較狹小，與其他類型的威士忌相反，如果玉米威士忌選擇經過陳年（規範並未強制）就必須標明該酒款於「舊的或未經燒烤的橡木容器陳年，且內容物未經過任何燒烤木材處理」。玉米威士忌嘗起來應該像玉米，而不是橡木。

第三部分：定義純威士忌

身分標準規範的第三部分關乎純威士忌與陳年。如果一款威士忌合乎以上兩部分的標準，且置於橡木容器陳年至少兩年，便可稱為「純威士忌」，如波本純威士忌、裸麥純威士忌等等。

「酒精與菸草稅收暨貿易局」進一步規定，若是瓶中最年輕的酒液不到四年，則必須標示實際年數；一旦超過四年，便無須加註任何標示，但如果選擇標示酒齡（如九年的留名溪），酒齡必須為瓶中酒液的最年輕者。

注意了，任何未標示「單一木桶」（single barrel）的純威士忌，都經由至少兩個木桶調和（在大型蒸餾廠中，通常都

經由上千個木桶調和），雖然有些蒸餾廠傾向稱為「混合」或「融合」。他們不希望消費者混淆，美國「調和」威士忌並不像蘇格蘭調和威士忌指的是調和不同酒齡的威士忌，而是純威士忌與便宜且未陳年的中性穀物蒸餾烈酒的混合，瞄準的是低端市場。如今，這類酒款已所剩不多。

最後還剩下一項關於純度的定義，其他烈酒可添加的「對人體無害之色素、香料與調和物」，純威士忌特別明定禁止添加，任何物質都不被允許。波本與裸麥威士忌都不可加入任何色素、香料或任何物質，除非是為了將酒精濃度降至裝瓶濃度規範所須的純水。近幾年看到的調味威士忌都須標示成「以 XXX 調味的波本威士忌」，聊表一點對政府規範的誠實。

總結

以上是美國聯邦法規的規範。波本、裸麥等美國威士忌須符合：

· 以發酵穀物麥芽漿（糖化）蒸餾，其中須採用 51％以上的玉米（或裸麥、小麥等等，多數酒款的主要穀物皆占大部分的比例）。

· 蒸餾酒液之酒精濃度不得超過 79.5％（159 proof）。

· 進桶陳年之酒精濃度不得超過 62.5％（125 proof），須放入經燒烤的新橡木桶（也可以使用舊木桶，但標示方式不同）。

· 裝瓶之酒精濃度不得低於 40％（80 proof），且不可添加任何色素或香料。

接著，如果酒款在橡木桶中的陳年時間超過兩年，即歸屬於「純威士忌」；若是陳年時間少於四年，則須在酒標上註明確切酒齡。

另外，歸納一下法規標準未要求的部分也很有趣。也許大多數人都會說波本威士忌必須是：

· 在肯塔基州製造。
· 採用玉米，或再加入最多兩種其他穀物。
· 採用白橡木桶陳年。
· 採用美國橡木桶陳年。

雖然絕大多數波本威士忌都符合以上條件，但並非必須符合以上條件。

最後，讓我們比較一下波本純威士忌與蘇格蘭單一麥芽威士忌。單一麥芽威士忌是源自同一間蒸餾廠的陳年麥芽威士忌，陳年時間至少三年（通常都更老）。波本純威士忌是源自同一間蒸餾廠的陳年威士忌，陳年時間則是至少兩年（幾乎都至少四年）；無論是波本或單一麥芽都不會與中性或穀物蒸餾酒液調和。然而，雖然近日已經很難用低於四十美元的價格找到幾瓶優質單一麥芽威士忌（讓我想到波摩的傳奇〔Legend〕與格蘭傑原創〔Original〕），但還是能很輕易地買到一瓶優質且香氣飽滿的波本威士忌（如伊凡威廉、陳年老巴頓與老海瑞保稅威士忌〔Old Heaven Hill Bonded〕），而且價格不超過十五美元！

比單一麥芽威士忌更嚴謹

想要嘗試比單一麥芽威士忌的標準更嚴格的波本威士忌嗎？尋找一下保稅波本威士忌吧。它們其實也並非如此難尋，老爹保稅（Old Grand-Dad Bottled in Bond）便還滿容易找到，陳年老巴頓保稅（Very

Old Barton Bond）在肯塔基與周遭數州都還見得到蹤影，海瑞更是出產了兩款保稅波本：海瑞保稅（記得選白牌）與罕見的小麥保稅老菲茨傑拉德（Old Fitzgerald）。這些都是優質威士忌，酒精濃度 50 %（100 proof）的威力讓它在調酒界出眾，但是，保稅威士忌卻不受它們公司的行銷部門喜愛，也不受波本愛好者青睞，關於最後一點我始終感到困惑。

保稅威士忌究竟何處特別？即使難得碰到知道世上有保稅威士忌的人，多數也以為這只代表它的酒精濃度為 50 %。但保稅威士忌絕不僅僅如此，它能一路追溯至 1897 年保稅威士忌法令（Bottled in Bond Act）的頒布，當時的法令規定所有裝瓶的威士忌須符合以下條件：

・陳年時間至少四年。
・裝瓶之酒精濃度須為 50 %，不多不少。
・酒標須標示為製造蒸餾廠的產品，或是裝瓶蒸餾廠的產品。
・產品必須源自單一一間蒸餾廠，由單獨一位蒸餾師製作，並在單一年份的同一蒸餾期間完成。

看看最後一條，所有保稅威士忌都保證由同一人、同一間蒸餾廠、同一期間完成。這讓只須來自同一間蒸餾廠的單一麥芽威士忌，看起來遜色一些。

今日的保稅威士忌並沒有那麼獨

特，老實說，保稅威士忌的價格往往相當便宜；我前面提到的所有酒款絕大多數一瓶不會超過二十美元。海瑞的資深行銷公關賴瑞·考斯（Larry Kass）向我解釋：「許多品牌皆是老字號，都可能在某段時間中只能出產保稅威士忌。你可以找到的保稅威士忌都是小品牌，沒一間是大品牌。保稅威士忌從未得到行銷支持，所以它並不昂貴。」

「保稅」是個波本威士忌愛好者知之不詳的名詞，一個沒什麼特別意義的歷史小插曲。但對品飲者而言，品嘗加了一點水（或不加水）的保稅威士忌如同挖到寶藏一般。老爹保稅威士忌的重裸麥配方在

酒精濃度 50％ 時最能發揮潛力，這是一款充滿果香、辛香料與堅實酒體的波本威士忌；海瑞的六年酒款也相當傑出，它大膽、性感且散發濃厚的酒倉特色，是波本緩緩從橡木桶縫隙流淌，逐漸在肯塔基夏季時分的木條隙間焦糖化而散發的甜香。它們是價格值得翻倍的傑出威士忌。

保稅威士忌不僅止於波本。也有保稅裸麥威士忌，如黎頓郝斯的保稅裸麥威士忌就是一款驚人的東西，也許是現今最熱門的保稅威士忌，感謝酒評的盛讚以及喜愛經典酒款裡經典風味的調酒師。醇味玉米的玉米威士忌也是保稅威士忌並在波本桶中陳放了四年；如果你覺得波本聞來很

傑克丹尼位於田納西酒倉的橡木桶。

波本威士忌

- 至少 51% 的玉米，另外加上裸麥／小麥與大麥
- 經燒烤的新橡木桶
- 在美國當地製造與陳年

傳統波本威士忌

- 採用玉米、裸麥與大麥
- 富辛香料氣息（肉桂、胡椒、薄荷）、炙熱且力道十足的香氣

物超所值（30 美元以下，為傳統容量）

水牛足跡 Buffalo Trace
柏萊特 Bulleit
老鷹珍藏十年 Eagle Rare 10-Year-Old
錢櫃十二年 Elijah Craig 12-Year-Old
伊凡威廉單一木桶 Evan Williams Single Barrel
伊凡威廉黑牌 Evan Williams Black
四玫瑰黃牌 Four Roses Yellow
金賓黑牌 Jim Beam Black
金賓白牌 Jim Beam White
老福斯特 Old Forester
老爹 100 號 Old Grand-Dad 100
陳年老巴頓保稅 Very Old Barton Bottled in Bond
野火雞 101 號 Wild Turkey 101

特選酒款（30~100 美元）

天使妒 Angel's Envy
貝克 Baker's
黑楓丘 Black Maple Hill
巴頓 Blanton's
原品博士 Booker's
泰勒 E. H. Taylor, Jr.
錢櫃十八年 Elijah Craig 18-Year-Old
艾莫 T. 李 Elmer T. Lee

四玫瑰單一木桶 Four Roses Single Barrel
四玫瑰小批次 Four Roses Small Batch
喬治史戴克 George T. Stagg
約翰 J. 包曼 John J. Bowman
留名溪 Knob Creek
派克典藏二十七年系列 Parker's Heritage Collection
野火雞肯塔基經典 Wild Turkey Kentucky Spirit
野火雞珍稀品種 Wild Turkey Rare Breed
渥福 Woodford Reserve

超級特選酒款（100 美元以上）

哈里斯珍藏十六年 A. H. Hirsch Reserve 16-Year-Old
錢櫃二十一年老單一木桶 Elijah Craig 21-Year-Old Single Barrel
傑佛遜總統精選 Jefferson's Presidential Select
金賓大師之作 Jim Beam Distiller's Masterpiece
酩帝二十年 Michter's 20-Year-Old
野火雞傳統 Wild Turkey Tradition
威利特家族精選 Willett Family Reserve

波本小麥威士忌

- 採用玉米、裸麥與大麥
- 滑順、柔和、辛香料氣息較少；陳年得宜

物超所值（30 美元以下，為傳統容量）

雷克尼 Larceny
美格 Maker's Mark
老菲茨傑拉德保稅 Old Fitzgerald Bottled in Bond
老偉勒古董 Old Weller Antique

裸麥威士忌

- ·至少51%的裸麥（就像波本，但是玉米換成裸麥）
- ·辛香料、草本與青草香，搭配一道迎面直擊；年輕酒款顯得炙熱

特選酒款（30~100美元）

美格46號 Maker's 46
威廉羅倫威勒 William Larue Weller

物超所值（30美元以下，為傳統容量）

柏萊特裸麥 Bulleit Rye
金賓裸麥 Jim Beam Rye
老歐弗霍特裸麥 Old Overholt Rye
黎頓郝斯裸麥保稅 Rittenhouse Rye Bonded
野火雞裸麥81號 Wild Turkey Rye 81

超級特選酒款（100美元以上）

帕比凡溫客家族精選十五年 Pappy Van
　　Winkle's Family Reserve 15-Year-Old
帕比凡溫客家族精選二十年 Pappy Van
　　Winkle's Family Reserve 20-Year-Old
帕比凡溫客家族精選二十三年 Pappy Van
　　Winkle's Family Reserve 23-Year-Old
凡溫客特選 Van Winkle Special Reserve

特選酒款（30~100美元）

金賓的 (ri)1
老爹帽 Dad's Hat
菲爾裸麥 FEW Rye
傑佛遜裸麥 Jefferson's Rye
留名溪裸麥 Knob Creek Rye
麥肯基裸麥 McKenzie Rye
酩帝美國1號 Michter's US1
聚首裸麥 Rendezvous Rye
薩茲拉克六年 Sazerac 6-Year-Old
薩茲拉克十八年 Sazerac 18-Year-Old
坦伯頓 Templeton
湯瑪斯 H. 哈迪 Thomas H. Handy
野火雞裸麥101號 Wild Turkey Rye 101
威利特家族莊園裸麥 Willett Family Estate Rye

田納西威士忌

- ·採用玉米、裸麥與大麥，搭配林肯郡製程（陳年前的木炭過濾）
- ·香甜且柔滑，加上強烈的玉米香氣

物超所值（30美元以下，為傳統容量）

傑克丹尼紳士 Gentleman Jack
喬治迪克12號 George Dickel No. 12
喬治迪克8號 George Dickel No. 8
傑克丹尼老7號 Jack Daniel's Old No. 7

特選酒款（30~100美元）

喬治迪克精選木桶 George Dickel Barrel Select
傑克丹尼單一木桶 Jack Daniel's Single Barrel

超級特選酒款（100美元以上）

傑佛遜總統精選二十一年老裸麥 Jefferson's
　　Presidential Select 21-Year-Old Rye
凡溫客家族精選裸麥 Van Winkle Family
　　Reserve Rye

像玉米，那麼，醇味玉米的玉米威士忌聞起來就像香甜、飽滿、油亮的玉米——玉米的生命之水。

最後，我要為各位介紹的並非威士忌，而是萊爾德的純蘋果白蘭地（Laird's Straight Apple Brandy，一款擁有真正紐澤西風格的蘋果白蘭地，該公司的蒸餾根源早在 1780 年便種下），若以真正的保稅威士忌視角而言，這款酒值得一尋。它完全符合保稅威士忌的各種規範，在經燒烤的橡木桶陳放至少四年，擁有豐富的蘋果與香草香氣，以及柔滑且強勁的香氣；聞一聞乾掉的烈酒，那股蘋果尾韻相當振奮人心。我曾參訪過萊爾德在紐澤西的酒倉，與波本酒倉的極度相像令人吃驚。

即使保稅威士忌（與蘋果白蘭地）經常被忽視，但仍然是「好東西」。找找看，嘗一嘗歷史的滋味。

波本威士忌的創新

嚴謹精確的美國威士忌規範如同兩面刃。這些規範能向消費者確保產品的品質，確保酒款絕無添加廉價的中性酒精、色素或香料（這也是徹底禁用精餾器的原因），並在表面上保證波本與裸麥威士忌會維持如一的風格。

但是，事實並非如此。眾多前輩都認為波本在過去六十年來仍有所演變，而且變得更好。玉米的品質一致地提升、蒸餾器的化學運作與酒倉結構的深入了解，以及從森林科學到新的木桶熱處理技術，讓酒桶管理更為深入精進。

我與當時在渥福酒廠擔任蒸餾廠經理的戴夫‧樹里奇（Dave Scheurich）聊到這個話題時，他說：「你的年紀應該還有印象嘗過一些有黴臭的波本威士忌，但現在喝不到這種酒了。蒸餾廠的數量也不像以前那麼多了。原因其實都一樣：1970 與 1980 年代對威士忌產業而言很艱困，而那些做出差勁威士忌的人現在已經不存在這個領域了。」

這些規範造成的另一面影響，則是似乎將威士忌推向風格相似：所有酒款都採

53 加侖的木桶

在我們一面討論嚴謹的規範時，你有沒有想過為什麼所有美國威士忌木桶都是53 加侖？

原因其實也很雷同威士忌的製程，從多數人經常的作法變成標準作法，其中沒有什麼效果更好的考量，而且也並非法定規範。老一輩的人會說從前的 48 加侖木桶比較好移動，酒倉裡所有木製層架也都是據此大小而設計。然而，第二次世界大戰期間，為了節省橡木材，因此研究多大的木桶可同時節省木材又不用改變現有的酒倉層架設計，答案就是 53 加侖。因此，木桶變成 53 加侖，這個大小也進一步變成了不成文的標準。所有主要美國蒸餾廠都使用 53 加侖的木桶。

波本威士忌風味象限

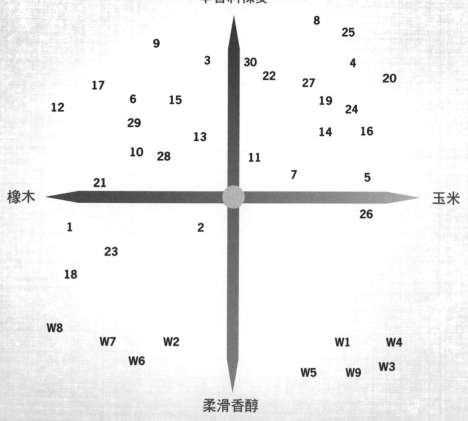

辛香料裸麥

橡木 ——————————— 玉米

柔滑香醇

8　25
9
3　30
22　4
17　27　20
6　15　19
12　24
29　14　16
13
10　28　11
21　7　5
26
1　2
23
18

W8
W7　W2　W1　W4
W6　W5　W9　W3

圖例

小麥波本	傳統波本	
W1 雷克尼	1 哈里斯珍藏十六年	15 四玫瑰小批次
W2 美格 46 號	2 天使妒	16 四玫瑰黃牌
W3 美格	3 貝克	17 喬治史戴克
W4 老菲茨傑拉德保稅	4 巴素海頓	18 傑佛遜總統
W5 老偉勒古董	5 巴頓	19 金賓黑牌
W6 帕比凡溫客家族精選十五年	6 原品博士	20 金賓白牌
W7 帕比凡溫客家族精選二十年	7 水牛足跡	21 約翰 J. 包曼
W8 帕比凡溫客家族精選二十三年	8 柏萊特	22 留名溪
W9 威廉羅倫威勒	9 泰勒	23 酩帝二十年
	10 老鷹珍藏十年	24 老福斯特
	11 錢櫃十二年	25 老爹 100 號
	12 錢櫃十八年	26 陳年老巴頓保稅
	13 艾莫 T. 李	27 野火雞 101 號
	14 伊凡威廉黑牌	28 野火雞肯塔基經典
		29 野火雞珍稀品種
		30 渥福

用同一種主要穀物、所有蒸餾酒液的酒精濃度都差不多、所有威士忌都放在經燒烤的新橡木桶中陳年、所有威士忌都分為一群群酒齡差不多的酒款、所有威士忌也都不會胡亂使用色素或香料。因此也產生一些拒絕波本威士忌的抱怨（通常來自蘇格蘭威士忌愛好者），例如波本嘗起來都一樣，有橡木味、香草甜、辣熱、粗獷之類的。

原料配方

讓我們從頭開始聊聊糖化槽裡裝著什麼不同的原料配方比例。若是增加基本穀物的比例，波本會變得比較甜，裸麥威士忌則會變得更具辛香料感。如果調整少量的穀物比例，例如柏萊特增加裸麥比例的酒款，這樣的波本威士忌會在盲飲中被認成裸麥威士忌（大概就是因為這樣，柏萊特裸麥威士忌〔Bulleit Rye〕為了做出差異，原料配方中裸麥占95％）。另外，像是美格、凡溫客、偉勒與老菲茨傑拉德都有將原料配方中的裸麥換成小麥的酒款，波本因此變得更柔滑圓熟，即使年輕的酒款也不例外。

一間蒸餾廠可能擁有不只一種波本威士忌的原料配方，還有一份裸麥威士忌，也許一份小麥波本威士忌的配方。例如，金賓使用高比例裸麥的原料配方（30％的裸麥，這個比例其實頗高），老爹與巴素海頓等其他威士忌的比例則比較傳統。

波本威士忌愛好者必須承認原料配方其實影響至深。蘇格蘭蒸餾廠擁有各式各樣幾何外型與結構的蒸餾器可以選擇，他們可以調整取酒心與再蒸餾的流程，也可以用泥煤讓麥芽的煙燻味從如說悄悄話到

圖解原料配方

 玉米

 裸麥

 麥芽

 紅冬小麥

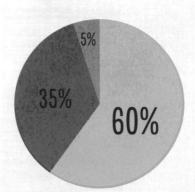

四玫瑰波本
（高比例裸麥）

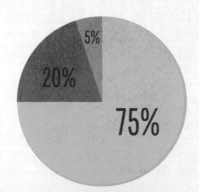

四玫瑰波本
（低比例裸麥）

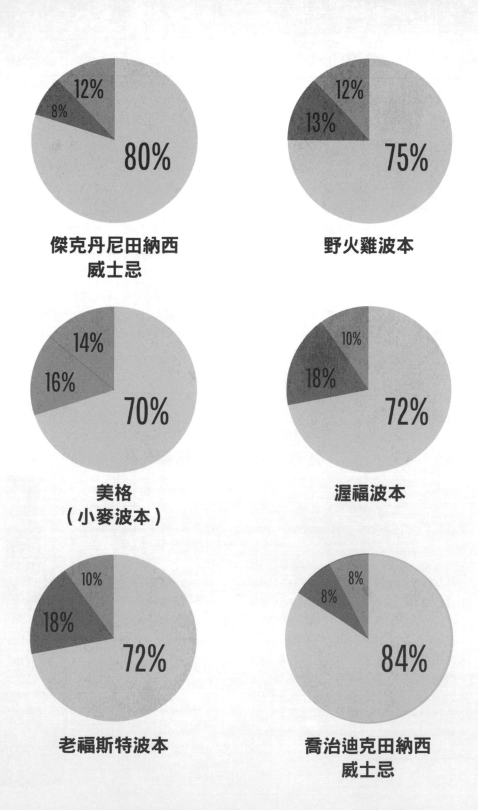

12%
8%
80%

傑克丹尼田納西
威士忌

12%
13%
75%

野火雞波本

14%
16%
70%

美格
（小麥波本）

10%
18%
72%

渥福波本

10%
18%
72%

老福斯特波本

8%
8%
84%

喬治迪克田納西
威士忌

似放聲咆哮般，靈活運用種類多元木桶的方式就像彈奏管風琴。愛爾蘭威士忌還另外擁有罐式與柱式蒸餾器的組合、二次或三次的蒸餾與生大麥的選項可供運用。加拿大威士忌能選擇任何他們想使用的蒸餾器、任何想採用的穀物、任何中意的調和組合。相較而言，美國蒸餾廠則像是穿上威士忌法規緊身衣，一邊還拉上了傳統慣例的綁帶。

不過，也別因此就可憐美國蒸餾廠。他們自有一套追尋創新的方式。

酵母菌

發酵期間，只要使用不同的酵母菌與發酵溫度，便可以產生各式各樣的酯類。

波本蒸餾廠的酵母菌選擇可能相當嚴謹，並且嚴加保護。另外，發酵中添加不同比例的酸麥芽漿，也會產生各式變化。

木桶

如前所述，柱式蒸餾器的規格可謂相當一致，但是在蒸餾之後（即威士忌進入木桶之後），所有製程幾乎都秉持與一致背道而馳的意圖。木桶並非全都一模一樣的木製容器。蒸餾廠對於木桶使用的木材要求精確：木材的來源、風乾的時間長度、燒烤的程度。當木材科學精進之後，木桶的製作過程又再進一步演變，例如蒸餾廠更常將木桶的兩端進行烘烤；烘烤並非燒烤，而會讓橡木產生一組不同的化學

四玫瑰的五種酵母菌

四玫瑰蒸餾廠以酵母菌與原料配方將波本的多元可能性發揮到淋漓盡致。他們使用五種特性不一的酵母菌，再搭配兩組原料配方，創造出十種相當不同的波本。這些威士忌隨後放置在酒倉的同一層，這是一間相對而言規模十分迷你的酒倉，為避免陳年條件可能造成的差異。畢竟，他們煞費苦心做出的十種波本可不是純粹為了創造多變。

一旦威士忌結束陳年階段，蒸餾大師吉姆‧羅托吉會開始將它們「混合」成四玫瑰的旗艦酒款黃牌波本，或是挑選一小群酒桶裝瓶成四玫瑰的小批次，抑或是揀選一小堆類型一致的酒桶裝瓶為四玫瑰的單一木桶。四玫瑰的單一木桶酒款相當獨特，甚至可謂奇異，這款酒是能在波本威士忌嘗到酵母菌施力點的罕見機會。

以下是五種特色各異的酵母菌，以及它們為四玫瑰酒款帶來什麼影響，以蒸餾廠內部的代號表示：

V 帶有微微果香，形成經典波本的圓潤特質

K 辛香料；需要較長的陳年發展時間

F 較多花香、草本香、柔和且飽滿

O 果味相當豐滿且複雜，尾韻綿長

Q 極強烈的花香，相當清新、精緻

位於肯塔基洛雷托的美格蒸餾廠，
1805 年此地曾是磨坊與蒸餾廠，
因此目前已列為美國國家歷史景點。

醛 -Y

我第一次參加肯塔基波本威士忌酒展
是 1998 年，那場酒展剛好有我最喜
歡的活動之一：波本寶藏論壇（Bourbon
Heritage Panel），此活動會邀請六位威士
忌產業的專家一同討論某些波本的謎團。那
次最重要的活動之一是他們品飲了一瓶禁酒
令之前釀造的波本，捐贈自活動舉行地點巴
茲鎮（Bardstown）的奧斯卡蓋茲威士忌歷
史博物館（Oscar Getz Museum of Whiskey
History）。這瓶波本的蒸餾年份為 1916 年，
裝瓶年份則是 1933 年，是一瓶經過十七年木
桶陳年的酒款。

專家開始轉杯、嗅聞，並開始猜想這瓶
波本與現今的威士忌有何不同。海瑞總裁麥克
斯·夏比拉（Max Shapira）指出其中嘗不到
混種玉米的特色，原料配方也許也與現代不

同。從巴頓（現在的湯姆摩爾）退休的蒸餾大
師比爾·佛芮認為最大的差異來自於威士忌蒸
餾完成的酒精濃度應該比現在低，裝桶酒精濃
度可能也較低。

可惜的是，這是一款讓人失望的威士忌。
野火雞的吉米·羅素與比爾·佛芮在交頭接耳
了一番之後，表示他們認為這可能是樹脂與
「醛 -Y」（aldehyde-y，醛類帶有花香與果香
的特質，但若不慎過多則會使酒款失去威士忌
的個性），也許是因為在木桶中放了太久，或
是可能有哪塊木條出了差錯。吉米說：「也許
是有個樹液胞。」

這也是超高齡高價波本威士忌的問題之
一：風險。老不見得就是好，還需要深知何時
裝瓶才能趕在陳年開始摧殘威士忌之前。

物質，這些物質對威士忌有不同的影響。

酒倉

接著，到了最吸引我的部分：酒倉，或是有時在肯塔基州會被稱為「酒架屋」（rickhouse，因為放置酒桶的木製層架稱為 ricks）。根據不同的建築設計，酒倉影響威士忌陳年的方式會因此不同。鐵皮酒倉通常建造成七層樓（有的是四或五層樓，最近也有九層樓的），堅固的木造框架外加裝金屬鐵皮的設計最為常見。這種建築的空氣流通性良好，薄薄的金屬鐵皮牆表示環境氣溫的升降變化能更有效率地影響威士忌（雖然沒這麼容易改變兩萬桶滿滿威士忌酒桶的溫度）。

吉米‧羅素說：「鐵皮就像只是擋住雨水的殼。若不是因為水會造成木桶損傷，完全沒有鐵皮可能更好。」

儲酒的高度也是影響因素之一，因上升的熱空氣會在頂層集中，放在那兒的威士忌被推入木頭的強度就會更大。在這些木桶中的威士忌將熟成得更迅速，蒸散速率更高，並更具木質特性、更干、更具辛香料感，如果此處酒液的入桶時間不慎過長，威士忌將會變得過澀且聞起來有尖銳的丙酮味。在陳年威士忌的世界裡，「High and dry」（譯註：原文意為擱淺，或形容被遺棄在某處孤立無援的狀態。此處則表示放置在高處層架的威士忌，擁有較干的特性）有了全然嶄新的意義。

堅實建材的石製或磚造酒倉裡的空氣流動性較差，建造的樓層也比較低，一般而言通常不會超過三、四層。百富門的老福斯特、老時光與渥福酒款就是在磚造與石製酒倉的「循環升溫」過程中陳年。這

位於肯塔基州巴茲鎮的湯姆摩爾蒸餾廠，也是陳年老巴頓誕生之地。

著了火的威士忌河

一間波本威士忌鐵皮酒倉其實就是一間裝了百萬加侖燃料酒精的木造房子，裝載威士忌的不是浸滿了酒精的橡木，就是乾燥的木架。酒倉就像是一枚等待點燃的巨型炸彈。

1996 年，它也的確爆炸了，海瑞位於巴茲鎮的酒倉經歷了一場災難性的烈火。七間裝滿波本威士忌的酒倉一夕之間全數消失，一條 18 吋深的波本威士忌河從山坡奔流而下，再沖毀了他們的蒸餾廠。

知道此事的海瑞員工們甚至不太願意談起那一天，但是金賓的發言人弗瑞德·諾（Fred Noe，備受敬重的金賓蒸餾師布克·諾之子）向我談了談那場火。他說：「我甚至無法靠近酒倉的四分之一哩內，溫度太高、聲響太大了。竄升的火焰在 30 哩外的路易威爾都看得到。」

大火在傾盆大雨中開始燃燒，因此威士忌燃燒的火勢再大也難以發覺。諾問我：「你沒見過酒倉失火吧？強烈的火勢把一切燒得一點不剩，威士忌、木架……。當大火終於停止，地上只見一堆堆的金屬箍圈。剩下的就只有這些。」

海瑞大火與兩場在野火雞與金賓發生的較小火災敲響了一記警鐘，酒倉紛紛添加新的規範。如酒倉四環須挖鑿壕溝，以控制威士忌的燃燒火勢，酒倉內則增設新的灑水系統與多條逃生路線。火仍是蒸餾廠的夢魘，但如今已多了一點點的控制。

些酒倉裝設了蒸氣加溫，冬天時會開啟蒸氣增溫器漸進地為酒倉升溫。蒸餾大師克里斯·莫里斯這樣解釋，他們會挑選散布酒倉中的某些酒桶加裝溫度探測針，假如室外溫度降到零下 7℃，而酒倉溫度因此降到 16℃（莫里斯小心地表示相較於實際處理方式，這只是相當籠統的說法），增溫器就會啟動，直到酒桶溫度回到大約 27℃，這個過程大約需要一星期；接著，酒桶溫度會慢慢回到 16℃。冬季過後，他們會關掉循環增溫系統，讓酒倉狀態再度交給大自然。

莫里斯對循環增溫系統的解釋，也能套用在一般的陳年狀態。他說：「烈酒與水的吸收作用頗為線性，不論炎熱或寒冷，酒液都會吸收木頭裡的物質。然而，木桶的『呼吸作用』只會在季節交替時產生，並將氧氣透過木頭帶進酒桶中，這將產生氧化作用且創造擁有果香與辛香料氣息的醛類。」

他繼續說道：「這個過程在鐵皮酒倉需要很長的時間，大自然的實行過程很緩慢。在 1870 年代，一般認為冬日的激進循環會讓威士忌帶有更多的果香與辛香料氣息。雖然吸收作用仍然耗時，但可以更善加利用這段時間。循環增溫與非循環增溫的陳年方式老福斯特都有使用，因此可以藉由調配不同香氣的木桶，創造想要的風味輪廓。」

為什麼會有不同類型的酒倉？海瑞的蒸餾大師派克·賓告訴我：「因為每間蒸餾廠都有自己的想法。有人說：『喔，

布克‧諾的青銅肖像悄悄地坐在肯塔基克勒蒙（Clermont）金賓蒸餾廠外，
布克在金賓服務四十年，為該蒸餾廠的蒸餾大師。

我才不要把酒倉蓋成這樣。』有的會說：
『見鬼了，蓋成這樣有什麼大不了的。』
這些小怪癖讓每間酒倉各有不同。」

　　酒倉的設置地點也各有不同。我稱之
為「肯塔基風水」。建在山丘上的酒倉能
因迎風有更好的空氣流通，但也將暴露在
暴風雨與龍捲風的威脅下。強風可能掀飛
酒倉的鐵皮與屋頂（事後只須更換），龍
捲風則可能徹底摧毀酒倉，或者有時酒倉
會捲曲得太嚴重而再也無法輕易將酒桶滾
出。在這些極端的狀態下，能做的唯有一

桶桶地把威士忌搬出再運進其他酒倉，最
後，拆除整間酒倉，重頭來過。

　　有些蒸餾廠堅持酒倉建造成坐北朝南
或坐南朝北，讓每天日照得以平均。有的
酒倉會選擇有樹蔭的地點（有的酒倉會刻
意把周遭遮日的樹木砍除），也可能會建
在河川或小溪旁。水牛足跡的前酒倉經理
羅尼‧艾丁斯（Ronnie Eddins）告訴我，
他們酒倉旁的肯塔基河經常起大霧，濕氣
會直接逼上酒倉窗戶，他很確定就是這樣
的霧讓他的威士忌有一股「更甜更香醇的

味道」。

他向我解釋：「我們需要研究一切的一切，找出我們能讓威士忌更好的作法。這是一股能持續感受到的魔力。我們會找到某個線索，試著深入研究，接著，就發現自己正著手投入一項大計畫。」

團隊

最後一個讓波本與眾不同的角色就是「人」。製作威士忌是一件長時間的工作。例如羅尼・艾丁斯在 1961 年開始進入水牛足跡，在 1981 年擔任酒倉經理，直到 2010 年過世。

我們今日品嘗的波本威士忌，是由合作時間長得驚人的團隊打造的，他們都在令人敬重的蒸餾廠工作數十年。有的人現在已經退休，有的人，很遺憾地，已經離開我們身邊，但在過去二十年來，他們每一位都在威士忌裡刻下了屬於自己的印記。這些人，就是以下幾位：

- 巴頓與湯姆摩爾（Tom Moore）的比爾・佛芮（Bill Friel）
- 金賓的布克・諾（Booker Noe）
- 水牛足跡的艾莫 T. 李（Elmer T. Lee）與羅尼・艾丁斯
- 四玫瑰的吉姆・羅托吉（Jim Rutledge）
- 野火雞的吉米・羅素
- 百富門的林肯・哈德森
- 海瑞的派克・賓

甚至，吉米與派克的兒子（分別是艾迪與克雷格）都已經進入野火雞與海瑞數十年了。

什麼樣的抉擇是由蒸餾師與酒倉經理決定，而非行銷與預算控制人員？製作多少的威士忌、酒桶在哪間酒倉陳年、建造

什麼類型的酒倉，以及新酒款的風味輪廓（或是讓舊酒款慢慢演化）等，都是蒸餾師與酒倉經理影響決策最多之處。他們也擔任威士忌酒款的記憶者，維持傳統、剔除不再重要的酒款，並且確定威士忌的品質不變。

例如，波本威士忌傳統使用的發酵桶木材為柏木（cypress），已不再能找到足夠製作大木桶的優質材料，各廠的蒸餾大師須測試以不銹鋼槽發酵的威士忌是否也能做出一樣的威士忌（幸運地，真的一樣）。部分蒸餾師仍然使用柏木桶，不過，這就是他們的傳統。

蒸餾師與酒倉經理真正的工作其實是關注。他們須關注氣候、成本、穀物與木材的品質、設備的狀態，以及員工作業的品質。他們也須時時刻刻注意威士忌的狀態，這正是為何桶邊試樣占據他們工作很大一部分。

這是羅尼・艾丁斯某次與我聊天的背後想法，就在他過世的僅僅三年前。他說：「你知道，人的一生，大約只有兩次機會可以認識一款十五年的波本威士忌。人隨著時間，一路慢慢向第一款學習，然後，將學到的一切投入第二款。在第二款終於完成之時，人也將一起走到盡頭。」詩一般的文字，來自一位成就大多不為人所知的重要角色，創造了部分水牛足跡至今最傑出的波本威士忌。

田納西威士忌

也許你正納悶為何我還未提到傑克丹尼（或者，你是另一群更少數的忠實愛好者，正納悶為何我還沒提到喬治迪克）。畢竟，傑克丹尼可是最暢銷的美國威士

正在燃燒的糖楓木堆架最後會成為用於林肯郡製程的過濾木炭。

忌，不僅在美國當地如此，全球亦然。

不過，傑克丹尼與喬治迪克都並非標示為波本威士忌。它們是田納西威士忌。美國身分標準規範未提到任何關於田納西威士忌的事項，也未說到有關「林肯郡製程」（Lincoln County process）的字眼，這是一種將未陳年酒液經過10呎高的硬木木炭（與白羊毛毯）過濾的過程，這個製程讓田納西威士忌如同……田納西威士忌。

以上所述根據釀產傑克丹尼的百富門表示，擁有喬治迪克的帝亞吉歐想法應該也相去不遠。但是，如果仔細閱讀身分標準，便會發現這兩個品牌的所有製程都符合「純波本威士忌」的規範，並且避免任何不符合規範的作為。

所以，它們是什麼威士忌呢？讓我們細細分析吧。傑克丹尼是一個真實存在的

人，他也真的曾在以他為名的蒸餾廠用洞泉（Cave Spring）湧出的純水蒸餾過威士忌。木炭過濾（蒸餾廠通常會稱之為「醇化」或「濾除」）則應可以回溯至十九世紀早期。至於，為何此過濾要稱為「林肯郡製程」呢？這是一道人們百思不得其解的威士忌謎團，不過這是個酷名稱，所以，就這樣吧。

林肯郡製程是值得一見的系統。傑克丹尼與喬治迪克的木炭都來自當地的楓糖木。他們取得已經風乾的木材，再裁切為長、寬各2吋，高5呎的木條。他們會將木條慢慢架成一堆，首先將六塊木條並排，每塊間距為6吋，接著以垂直方向疊上另一層，逐次堆疊，直到木條架的高度達6至8呎。木堆架會四堆一組地排成向中心傾斜的方形，因此在放火燃燒時，木

玉米系列

堆架會向中心坍塌而不致四散。

　　當燃燒的時刻來臨之際，他們會朝木堆架噴灑酒精再點火。燃燒木堆架的地點在空曠的通風處，好讓任何木材裡可能沾污木炭窯的不純物質逸散。木堆架將燃燒約二至三小時，其中大多時間會以水管澆水控制火勢。火勢燃燒旺盛，但處理者會控制不讓其轉變為熊熊烈火。燃燒結束後，木炭會留置原地直到冷卻，再切碎至大豌豆的大小。

　　最後，木炭會倒入直徑 5 呎、深度 10 呎的過濾桶，白色羊毛毯鋪在底部，以防止任何木炭屑掉出。傑克丹尼的蒸餾新酒會涓滴流經此過濾桶。喬治迪克則會讓過濾桶裝滿蒸餾酒液，再讓酒從底部的水龍頭流出，流乾後再次盛滿，他們稱為再次「淹沒」木炭。

　　喬治迪克的過濾桶還會進行降溫；據說是他們發現某次在冬季過濾之後，威士忌的味道更棒，因此現在所有酒款都是如此處理（眼尖的讀者可

能已經發現，這就是可以濾除威士忌低溫時會出現霧狀雜質的所謂「冷凝過濾」，許多蒸餾廠都會使用此技術，雖然大多沒有經過木炭過濾）。另外，喬治迪克使用雙層羊毛毯，過濾桶頂部與底部各一層。

　　木炭過濾（林肯郡製程）有什麼作用？我曾在喬治迪克品飲過三種樣本。第一種是直接品飲剛蒸餾出爐的樣本：混合了各式氣味與香氣的穀物香氣。第二種是先經過柱式蒸餾再從罐式蒸餾出爐的二次蒸餾樣本：不論外觀與口感都有令人印象深刻的純淨感，還有決不會錯認的香甜而純粹的玉米香。第三種是經過木炭過濾桶：玉米的油脂感與鄉間料理味全被拔除，留下更清淡且更純的玉米「生命之水」。這個過程未在威士忌添加任何香氣（這是身分標準規範明令禁止的），只有除去氣味，而留下溫和的穀物核心本質。

　　順帶一提，所有蒸餾廠也都並非位於林肯郡。唯一設置在林肯郡的只

裸麥風味範圍

高齡酒款／橡木味

傑佛遜總統精選二十一年
薩茲拉克十八年
凡溫客家族精選
留名溪
金賓 (RI)1
柏萊特
野火雞 101 號
黎頓郝斯保稅
湯瑪斯 H. 哈迪
薩茲拉克六年
老波特（Old Potrero）
老歐弗霍特
金賓
老爹帽
菲爾裸麥

年輕酒款／草本氣息

有一間精釀蒸餾廠皮查特（Prichard's），其釀製的菲爾皮查特（Phil Prichard）也並未經過木炭過濾。傑克丹尼是一間巨型蒸餾廠，而且還在擴建：2013 年，它宣布因應不斷增加的需求，將投注一億美元擴建蒸餾廠。另一方面，帝亞吉歐將投入六千萬美元建造位於蘇格蘭的新羅斯艾爾（Roseisle）蒸餾廠，這間蒸餾廠曾被形容是「大型」、「大規模」、「巨型」與「死星級」（Death Star）。傑克丹尼的威士忌受眾相當廣泛，如眾所熟悉的老七號（Old No. 7）、較不為人所知的綠牌、紳士與特選單一木桶（Single Barrel）。

喬治迪克（雖然隸屬於全球最大的飲品公司帝亞吉歐）則全然相反。它不像傑克丹尼背後擁有這麼多的故事；雖然喬治迪克也一樣真有其人，他是一名威士忌經紀人，而非蒸餾師；不過，他的姊夫則投注在蒸餾事業，但其產品當時經過了不小的調整，因適逢影響威士忌極大的美國全境禁酒令與第二次世界大戰。現今的蒸餾廠建造在 1959 年，為一間小型且幾乎完全未自動化的蒸餾廠，也沒有太多的推廣與注目，雖然它的酒款深受許多酒評喜愛。話說回來，它們到底是什麼類型的威士忌？是未經標示但骨子裡其實是波本威士忌嗎？還是木炭過濾除去了夠多物質而讓它變成不同類型的威士忌？

我把各種因素告訴你了，現在，我建議你自己判斷這道問題。我也建議你別輕易參與任何有關這個問題的爭論；我曾有幾次在跟酒保爭執傑克丹尼是否為波本威士忌後，被丟出酒吧。我再也沒有犯過這種錯誤了。傑可丹尼與喬治迪克的愛好者都非常忠誠。

重生的裸麥威士忌

相較於從前，今日我們所知道的裸麥威士忌（加拿大威士忌作家達文·德·科爾哥摩〔Davin de Kergommeaux〕堅持我應該稱之為美國裸麥威士忌），比較像是高裸麥比例的波本威士忌。根據美國法規身分標準規範，裸麥與波本威士忌的差異只在於裸麥威士忌的原料配方主要穀物為裸麥而非玉米。其他一切全都一致。

不過，兩者的差異仍舊相當驚人。裸麥威士忌無法帶來某些波本威士忌擁有波濤如江水般的玉米感，或是某些酒款會有如同 Red Hots 品牌肉桂糖的味道。但是裸麥威士忌能讓你的鼻腔經歷嗆熱的草本香，口腔則如同參加一場擁有苦味火焰與油滑裸麥草的嘉年華；唯一的甜感，只有

剛入口的零星感受，也許在較高齡的裸麥威士忌還能嘗到一點香草的味道。非常值得一嘗。

雖然裸麥威士忌曾是重要的美國威士忌，也是我的家鄉賓州與馬里蘭州的州威士忌，更滔滔不絕地流進州立法院（因為在冗長的質詢中，啤酒會變溫），但裸麥威士忌仍在數次的艱困中頹敗。不像波本威士忌，它其實從未從禁酒令後復原，它不似加拿大威士忌備受歡迎，也沒有 1960 年代白威士忌爆炸性起飛之勢（裸麥威士忌當時差點被其徹底殲滅）。

1990 年代中期，我正開始撰寫威士忌文章，當時的美國裸麥威士忌正站在崖邊，品牌數量一路跌落到僅剩不超過一打，仍經常生產的品牌倖存野火雞裸麥（Wild Turkey Rye）、金賓與老歐弗霍特

正在查看剛出爐的蒸餾新酒（俗稱〔white dog〕），照片拍攝於田納西林區堡（Lynchburg）的傑克丹尼蒸餾廠。

（賓州的知名威士品牌），以及海瑞的黎頓郝斯、派克斯維爾與史蒂芬福斯特（Stephen Foster）。他們說，當時海瑞一年中約有兩百天進行糖化（蒸煮穀物），進行裸麥糖化的時間大約占一天。

怎麼會這樣？所有我認識的威士忌忠誠愛好者都為裸麥威士忌傾倒。它是最早期的威士忌，它就是促成威士忌暴動的主角，也是許多經典威士忌調酒的基酒，更是眾多經典電影的鮮明橋段，而且，它與波本威士忌有相當美好的不同。裸麥威士忌的辛香料與薄荷香宛如能在口中爆炸，從年輕（充滿活力、明亮且有如陽光普照的新鮮牧草）、熟成（辛香料依然能在口中爆發，在調酒中也幾乎無法被掩蓋），一路到高齡酒款（深沉且與橡木特徵搭配得宜，甚至比波本威士忌更具陳年實力）的裸麥威士忌，熟成期間的特性演變亦相

當美味。

我人生中品飲威士忌最棒的經驗之一，就是第一次嘗到水牛足跡的薩茲拉克（Sazerac）。當時是在 WhiskyFest 威士忌酒展，嘗到了預先推出的樣本（這就是一群威士忌人聚在一起時，會有的「私下」分享時光），酒精濃度為 55％（110 proof），柔順到讓我感覺罪惡，口腔同時感受到溫和與爆炸般的重擊，讓我屏息而只顧得傻笑。我不禁再次困惑，這樣的威士忌怎麼會無法賣給更多人？

不久之後，我的疑惑就有了解答，並開始目睹裸麥小眾的運動。調酒作者大衛・汪德里奇經常以裸麥威士忌拿下調酒冠軍，因此建立了不少聲望，說服調酒師將其入酒，並要求蒸餾廠增加產量。我還記得某次活動中，他對海瑞的人激動地大聲說話，他想告訴他們黎頓郝斯裸麥是多

麼棒的東西，然後他們應該如何多花點心力推銷它（還有應該賣貴一點，那時的黎頓郝斯一瓶要價僅十二美元，低得可笑）。

當然，我們的願望實現了，而且也都很後悔應該許點更好的願望。今日的市場已有更多裸麥威士忌，包括產自位於印地安那州羅倫斯堡原隸屬於西格拉姆的蒸餾廠的傑出裸麥威士忌，現在此蒸餾廠威士忌在各式品牌中出現，如使用95%裸麥的大膽且明亮的柏萊特裸麥。有些公司還會買入大量的加拿大裸麥調味威士忌，並以自己的品牌販賣。現在，我們擁有與之前完全相反的問題：太多人知道且想要裸麥威士忌了，而我們沒有那麼多裸麥威士忌可以向外傳布。

這也是為什麼海瑞糖化裸麥的天數已經增加到二十天；水牛足跡也加入裸麥威士忌的戰局；金賓也添加了新的裸麥酒款，包括留名溪裸麥（這款酒的穀物特色極重）；即便是傑克丹尼與喬治迪克也有了裸麥酒款，喬治迪克的威士忌源自帝亞吉歐在印地安那州的穩定夥伴柏萊特（喬治迪克的裸麥酒款在陳年後才經過林肯郡製程），傑克丹尼則自行糖化裸麥，目前僅推出純淨、未經陳年的版本（因為未經

陳年，所以須標示為「穀物蒸餾酒」）。

美國威士忌不斷地隨時間成長。這須感謝堅持傳統技法、在可容許的範圍內嘗試創新，並在任何情勢下仍堅持生產好東西的人們。肯塔基夏福利（Shivley）的史迪策威勒（Stitzel-Weller）蒸餾廠，曾有一小張帕比·凡·溫客親自掛上的牌子，上面寫著威士忌產業何以歷劫生存、何以再度興盛：

我們釀產優質波本威士忌。
獲益也好，
損失也罷，
我們始終釀產優質波本威士忌。

這塊匾額如今掛在水牛足跡蒸餾廠，帕比的孫子朱利安·凡·溫客（Julian Van Winkle）在此與蒸餾大師哈林·惠特利（Harlen Wheatley）為其家族下一代製作威士忌。這是出自帕比·凡·溫客的話語，同時也精確地道出威士忌產業的一切，它行經荒野，蛻變得更加堅強。

加拿大
調和，無一例外

加拿大威士忌飽受聲譽困擾，這句話聽來其實有點不可思議，因為除了數年來的緩慢下滑，它也是最近剛從美國境內威士忌銷量最高的位置稍稍下滑了一位。你不知道加拿大威士忌銷量如此驚人嗎？這是真的，波本與田納西威士忌（美國地主隊）直到 2011 年才終於險勝加拿大威士忌，即便如此，加拿大威士忌在美國的銷量仍然遠遠超過愛爾蘭威士忌，單一麥芽與調和蘇格蘭威士忌加起來也無法戰勝它。再加上最近送至美國的出口量上升了 18％，顯示加拿大威士忌的頹勢已經結束。那麼，為何加拿大威士忌仍飽受聲譽困擾？其實我們也一頭霧水。

不過，這是真的，而且也不免讓人覺得若非這些觀感問題，加拿大威士忌的現況可能更好。加拿大威士忌是一種經過陳年的調和威士忌，並頗受單一麥芽威士忌與單一木桶波本的純粹感影響。加拿大威士忌愛好者（至少在美國市場）是定義模糊的群體（不包含崇尚流行的年輕人），他們想找的是一種可做成調酒的低價威士忌，而非一支需要細細品味的傑出酒款。這個類型的威士忌深受「調酒用威士忌」的形象困擾，甚至會被嘲笑成「棕色烈酒」。加拿大威士忌並不昂貴，至今也還無法形塑出擁有大量曝光量的頂級品牌。

不過，一切即將有了變化。隨著單一麥芽的價格不斷攀升，以及調和威士忌不斷創造出帶有更多風味的酒款，調和威士忌正穩穩地得到新的重視。加拿大威士忌可以輕易地加入這場潮流，只要調酒師一點點的輕推，或是只要一點點對現有的富香氣調和威士忌的注目（或出口量）。

美國當地的加拿大威士忌愛好者平均年齡還是較高，但已開始觸及一群新的年輕飲者。例如，我二十二歲的兒子與他的大學朋友，在絕大多數的烈酒中最喜歡的就是加拿大威士忌；我也看到更多年輕人會在酒吧點一杯加拿大威士忌，這是從前不常見的現象。某些酒吧酒單甚至可以看到加拿大威士忌調酒。

突然如此受歡迎的原因為何？可能很簡單地只是因為大眾口味變了，或者，也有可能是在美國蒸餾廠還無暇回應更多裸麥威士忌的疾呼需求時，加拿大威士忌成為一種聰明的替代品。另外，加拿大威士忌還被兩齣相當受歡迎的電視影集選中，即《廣告狂人》與《海濱帝國》，加拿大會所的酒瓶伴隨著《海濱帝國》每一集開頭的音樂聲中，隨著海水沖上灘頭。

至於風味、聲望與價格等問題，也都像正站在改變的起跑線上。最近，我到加拿大參觀了多間蒸餾廠，我看到的是一個力道強勁的威士忌類型，正準備以一系列的新酒款在美國（銷量大約是加拿大當地的五倍）強大的根基向上發展。加拿大威士忌也許即將發生些令人興奮的事。

兩種流程

加拿大威士忌實在是一頭千變萬化的生物。在那次五天的參觀旅程中，我拜訪了四間蒸餾廠，沒有任何一間的處理方式有任何相同。蒸餾器的種類各異，糖化的方式也都不同，採用的穀物也都相當不一。相較於以麥芽及罐式蒸餾器組成的單一麥芽蘇格蘭威士忌獨一文化，以及統一蒸餾器和高度相似糖化配方的波本威士忌，加拿大威士忌是一個相當有趣的對照角色。（在這裡，我不得不提到位於加拿大亞伯達省高河鎮〔High River〕的高樹〔Highwood〕蒸餾廠，這是我遇過的第一間沒有自家磨坊且不向外購買預先磨好穀物之蒸餾廠。相反且令人吃驚地，蒸餾廠的工作人員會把完整的穀物〔以亞伯達的冬小麥為基底〕倒進一口壓力 60 psi 的巨型壓力煮鍋。短短十五分鐘之後，穀物內絕大多數的澱粉細胞都因高溫與高壓爆裂。任何尚完整的穀物也將在下一階段爆裂開來，下一階段是搭配了 120 psi 蒸氣壓力的糖化煮鍋，蒸氣會將它們吹向厚厚的曲面鋼板而擊碎。相當驚人。）

絕大多數的加拿大威士忌都有一個共

通特色，那就是兩種威士忌流程。雖然每間蒸餾廠對這兩種流程的名稱也許不同，但概念一致。

流程之一是「基本威士忌」（也稱為「調酒威士忌」），此流程的酒款將蒸餾到超過94％的高酒精濃度，與蘇格蘭調和威士忌的穀物威士忌相似。另一種流程則是「風味威士忌」（也稱為「高度酒」），酒精濃度低了許多（平均落在55~70％）。一間蒸餾廠的一種流程可能會推出一款以上的威士忌，酒款間的差異源自不同的穀物與蒸餾製程，或是兩者的變異組合。

比較熟悉蘇格蘭或美國等傳統威士忌的人，想必很困惑這種兩種威士忌流程的作法。加拿大蒸餾廠將蒸餾廠浪漫與懷舊的部分直接拋諸腦後，這裡看不見一排排閃著微微金屬光的銅製罐式蒸餾器，而是一具猶如洲際彈道飛彈般龐大的柱式蒸餾器，每分鐘湧出240加侖的酒液。

麥芽擔任提供糖化所需酵素的角色也被純化酵素取代，不同的穀物還有各自適用的酵素，他們會直接把酵素倒進糖化槽

中，一旁很有可能就是下一階段即將進入的發酵槽。我曾與黑美人的布魯斯・羅拉格（Bruce Rollag）聊過，他大約在1973年該廠成立之初就在那兒工作了，而他還記得換成以酵素進行糖化的時刻。他說：「終於可以擺脫麥芽的那幾天真是一段美好時光。麥芽會弄得到處都是粉塵，而且難以掌控。再加上它對溫度與酸鹼值都很敏感，只要其中一項過高或過低，就會煮成一鍋麥片粥。酵素隨和多了。」這就是加拿大蒸餾廠的觀念之一：只要是更好或更容易的方式，就別害怕轉頭採用它。

每一間我拜訪的加拿大蒸餾廠，都會煞費苦心地帶我參觀「DDG」區，也就是「蒸餾師的暗穀物」（distiller's dark grains），是肯塔基當地稱為「乾燥間」（dryhouse）或蘇格蘭製造酒糟（pot ale 或 draff）的區域。不過，其他國家通常不會在參觀路線安排這個區域。加拿大人似乎相當在乎這塊區域，不斷驕傲地向大家介紹，但一直到我人在海侖渥克蒸餾廠時，才終於知道這是為什麼。

我們一行人走進一間如同巨大酒倉的

9.09%

如果你正好略懂加拿大威士忌，也許也已經知道威士忌出口至美國的9.09%規則。這條規則允許威士忌的9.09%可添加……任何東西。這些東西可能是酒齡較低的烈酒、美國製的烈酒或「調和葡萄酒」（blending wine）。黑美人蒸餾廠向我解釋，調和葡萄酒就是使用中性穀物烈酒（GNS）的極干葡萄酒。這些原料酒會盡可能的保持中性，以便讓調酒師可以輕易的調製為完全使用威士忌的版本。

加拿大威士忌經典酒款的風味

下表的四大核心特性以 1~5 表示程度的強弱，1 代表微弱到幾乎沒有，
5 則是強勁到幾乎完整表現。

酒款	裸麥／辛香料	木質	穀物／太妃糖	口感
亞伯達特選 ALBERTA PREMIUM	5	2	2	2
黑美人 BLACK VELVET	1	2	3	2
加拿大會所 CANADIAN CLUB RESERVE	3	1	3	3
柯林伍德 COLLINGWOOD	1	3	2	3
皇冠 CROWN ROYAL	3	2	4	3
四十溪木桶精選 FORTY CREEK BARREL SELECT	4	2	4	3
吉伯遜首選十二年 GIBSON'S FINEST 12-YEAR-OLD	2	3	5	3
洛特 40 號 Lot No. 40	4	4	2	4
西格拉姆 VO SEAGRAM'S VO	2	3	3	2
懷瑟斯十八年 WISER'S 18-YEAR-OLD	2	4	3	4

DDG 收集房，當我的雙眼終於緩緩適應裡面幽微的光線後，我才發現裡面放著一座由乾燥穀物建成的巨大金字塔，而且聞起來並不嚇人。我總是覺得波本蒸餾廠的乾燥間聞起來像是一隻廚師忘記拔雞毛的烤雞，但是這座金字塔有股烤穀片的香氣。

唐‧利福摩（Don Livermore）博士解釋：「加拿大的乾燥間相對而言重要得多，DDG 並非副產品，而是共產品，這是一種高蛋白質含量的牲畜飼料。3 噸的玉米約可產生 1 噸的 DDG，賣出的價錢大約等同於我們購買玉米的金額。」

這是一筆不小的收入，同時，這也能顯示設備的狀態，尤其是發酵的效率。唐‧利福摩說：「如果發酵過程不對，設備就無法正確運作。」太多未發酵的剩餘糖分就會毀了乾燥間。他說：「我一踏進這裡的大門就可以聞出不同，然後，某人那天就會過得很慘。」

利福摩必須有效率，因為海侖渥克是北美規模最大的酒精飲品廠。他們不只推出相當受歡迎的懷瑟斯（Wiser's）威士忌品牌，也與加拿大會所簽有合約；這樣的產量相當可觀。不過，事實上，其他蒸餾廠如加拿大之霧（Canadian Mist）、亞伯達蒸餾公司、黑美人、吉姆利（Gimli）、

借用加拿大的風味

精釀威士忌酒廠開業之初，一定都需要可以馬上開始販售的產品，因此，他們經常會向外購買威士忌原酒（bulk whiskey），再自行裝瓶販賣。部分威士忌來自像是 MGP原料公司（MGP Ingredients）位於印地安那州的老西格拉姆廠；有的威士忌源自不願具名的蒸餾廠。最近，有的威士忌則來自加拿大，精釀威士忌酒廠開始向加拿大蒸餾廠購買風味威士忌原酒。

風味威士忌對精釀威士忌酒廠裝瓶而言，簡直完美。美國威士忌飲者目前還不太熟悉純加拿大風味威士忌的特性（其實是全世界了解的人都相當稀少！）它的風味很像現在當紅的裸麥威士忌。而且加拿大威士忌原酒的存貨比美國當地豐沛，美國的威士忌原酒已接近乾涸。因此，人們的眼光望向加拿大。

部分源自加拿大威士忌原酒的品質相當優良，價格也很漂亮，並累積了眾多酒評盛讚，如美國品牌口哨豬（WhistlePig）。那麼，現成的嶄新市場就擺在那兒，為什麼加拿大酒廠不自己做這門生意？市場確實存在，但那是一個淨利不高的小眾市場。

在與加拿大威士忌產業的人們聊過之後，我自己歸結出的答案就是，他們僅僅是單純地對這個市場沒有興趣。他們製作威士忌的方式並非如此。位於卡加利（Calgary）亞伯達蒸餾公司的廠長兼蒸餾大師瑞克‧墨菲（Rick Murphy）告訴我，加拿大威士忌製造者都養成了調和師的靈魂。他說：「這是一種獨特的景象。」

而我又有什麼資格認為他們應該有所改變呢？

瓦利菲爾德（Valleyfield）甚至是規模較小的高樹，也都以效率為重要目標營運。它們的運作必須精練，絕大部分的流程都有這項特色。

「基本威士忌」流程也有近乎於狂熱地傾力追求純粹的蒸餾酒液。有些蒸餾廠會採用一種稱為萃取式蒸餾（extractive distillation）的方式，也就是我在第二章提過的「第三種蒸餾器」。這種純化酒精的方式看起來相當矛盾，因為第一步就是稀釋。酒汁蒸餾產出的酒液酒精濃度約為65％，接著便稀釋至 10~15％，並再導入萃取蒸餾柱。

目標是逼出雜醇油與酒類芳香物等酒液中不純的化學物質。這些不討喜的化合物大部分都不溶於水，當水分比例提高時，就會將它們逼出酒液。他們會在頂層取走這些物質，當作化學原料販賣或當成燃料加熱蒸餾器。現在，酒精濃度成為相當純的 94％，清潔溜溜。

風味威士忌的製作過程則通常比較像是波本威士忌：一次的酒汁蒸餾，接著是一次的罐式蒸餾。罐式蒸餾器會稍稍清整酒液，但不會太過頭，酒液接下來就準備進入木桶熟成。

威士忌將以一系列不同的方式進入木桶。例如，在黑美人蒸餾廠裡，風味威士忌會在木桶裡陳放兩年。以裸麥為基底

多倫多古釀酒廠區（Toronto's Distillery District），古德漢與麥汁蒸餾廠曾建於此。如今，此處已集結了各式店家、藝文與娛樂，如巴爾札克咖啡烘焙坊（Balzac's Coffee Roasters）就由從前的汲水幫浦間改造。

的風味威士忌會裝進首裝桶的波本桶，以玉米為基底的風味威士忌大多也會裝進首裝桶的波本桶，但部分則裝入再裝桶（refills，譯註：首裝桶清空後再度使用的木桶）。兩年後，它們將與基本威士忌調和，然後再度進入木桶陳放至少三年。

在高樹，所有威士忌都會放在舊波本桶中陳年，而且還會再次使用；我聽他們說過「當木桶開始滲漏時，才是丟棄它們的時候」。這種方式其實在加拿大威士忌產業中並不罕見。在蘇格蘭與愛爾蘭，木桶管理是極為重要的品質控管環節，他們會追蹤每一個木桶，並且僅使用兩次（最多三次），這在加拿大仍屬於正在開發的領域。我在海侖渥克曾看到木桶的條碼追

蹤系統，但這也仍是剛引進的方法。

我那趟加拿大的旅程正值唐·利福摩博士實驗新木桶與新木材，如紅橡木。它讓酒款變得相當強烈、富辛香料氣息且明亮，我問他，人們會想要這種酒款嗎？他說：「這些都只是調和大師百寶箱裡的一員。」

進入調和

我必須老實講，我真的是到了這幾年才終於了解加拿大威士忌的製作過程，就在我開始拜訪加拿大蒸餾廠，並且與《加拿大威士忌：專家指南》（Canadian Whisky: The Portable Expert）的作者達文·

德‧科爾哥摩討論之後。從外界的角度認識加拿大威士忌實在不是一件容易的事，此處蒸餾廠的作法與其他類型的威士忌不同。

徹底了解加拿大調和威士忌的釀製過程與目標後，讓我開始重新思考長久以來大眾對加拿大威士忌、蘇格蘭調和威士忌與穀物威士忌的偏見，更讓我驚訝的是，重新思考前後加拿大調和威士忌品飲經驗的差異。如今，讓我驚訝的反倒是遇見仍然懷有明顯成見且完全無法接受我的新啟發的威士忌飲者。

加拿大人的作風對扭轉這個情勢也沒有多少助益。就拿命名來說，釀產威士忌的人傾向誠實地平鋪直敘產品名稱，忽略了站在行銷人員的角度設想他們比較喜歡的名稱。另一方面，行銷人員則似乎還卡在 1980 年代，在全球對威士忌的興趣持續增長而讓聚光燈集中在威士忌本身的當下，他們仍舊將加拿大威士忌塑造成一種生活風格產品。

例如，在我拜訪位於亞伯達省列斯布里治（Lethbridge）的黑美人蒸餾廠時，就看見技術人員把他們的基本威士忌稱為單調乏味的「GNS」，即「中性穀物烈酒」（grain neutral spirits）的產業術語，這是一種盡可能讓酒液蒸餾成香味稀少的純酒精之商用酒精（喝下酒精濃度 96％ 的酒，人體的水分吸收會出現問題）。在美國，會把這種未經陳年的酒當成平價調酒的便宜強化劑（也就是美國版的「調和威士忌」）。黑美人的基本威士忌從蒸餾器出爐時，純淨得如同 GNS，但它絕對不是一種平價調酒的便宜強化劑；它會再經過木桶的陳年，發展自身的風味與特色，最後

用在真正的調和威士忌中。經過數年拜訪蒸餾廠以及與蒸餾師聊天，我覺得他們偶爾真該多增加點行銷口吻。

同樣地，數年前我為了《Whisky Advocate》雜誌部落格，與皇冠威士忌令人敬重的調和大師安德魯‧麥凱（Andrew MacKay）進行訪談，他語氣輕鬆地將基本威士忌定義成「從蒸餾器流出、帶有伏特加特性的威士忌」。接著，他繼續解釋基本威士忌還會在舊木桶中陳年：「如果你把這種伏特加放進波本桶，它會拉出木頭中的果香等香氣。這是我們彈藥庫的一部分。」他語中說的其實是基本威士忌在加拿大調和威士忌中扮演的角色，但是部落格的讀者緊抓著「伏特加」這個字眼不放，把加拿大威士忌往死裡打。

有趣的是，當我參觀黑美人與海侖渥克蒸餾廠（懷瑟斯與洛特 40 號〔Lot No. 40〕的誕生地，加拿大會所也出自於此）時，兩間蒸餾廠都提供了未經陳年的基本威士忌的品飲（當然，先在酒中加了一堆水！）兩間都是充滿活力且帶有銅版紙（bond-paper）香氣的純淨烈酒。我為其賦予高品質伏特加的評價，並嘗到了帶有一絲絲乾燥穀物的氣息。（你還記得優良銅版紙的味道嗎？乾燥、乾淨亞麻布與微微的酸味，對嗎？）同時，海侖渥克一邊附上他們的極地伏特加（Polar）酒款做為比較，兩者差異相當顯著；雖然兩款都有相當灼燒的酒精感，但伏特加少了活力。雖然伏特加圓潤且乾淨，但就像把基本威士忌活潑且有趣的部分掃除，尤其是比較之下差異更形鮮明。

這樣的差異足以區分其中之一為「伏特加」、另一為「威士忌」嗎？似乎尚不

規則中的例外

如同美國與歐洲，加拿大當地也開始出現小型的精釀威士忌酒廠，而他們一樣秉持著各自特立的行事方式。其中就有兩間優質加拿大蒸餾廠的釀製方式與當地所有蒸餾廠都不同。第一間是格諾拉（Glenora），這間麥芽威士忌蒸餾廠以銅製罐式蒸餾器生產威士忌；想來也的確合理，格諾拉就位於新斯科細亞省（Nova Scotia，也就是「新蘇格蘭」之意）。格諾拉花了整整十年的時間才站穩腳跟，這十年間它歷經了易手，以及一場與蘇格蘭威士忌協會進行的多年法律纏訟，咎因於格蘭布雷頓（Glen Breton）品牌酒款。蘇格蘭威士忌協會對所有非蘇格蘭的威士忌酒款出現任何有關蘇格蘭的字眼都很感冒，「Glen」尤其排在激怒名單的前三名。格諾拉位於格蘭維爾（Glenville）且擁有蘇格蘭遺址，最終終於勝訴。對他們而言，在酒標放上大大的紅色加拿大楓葉其實沒有任何損傷。

早期，格諾拉也因為欠缺蒸餾經驗而吃了不少苦頭，那時酒中有一絲暗沉的氣息，以及一股倒胃口的肥皂或生澀蔬菜感，源自不當

的取酒心。他們逐漸進步，也開始累積良好聲譽。

另一間非加拿大傳統的蒸餾廠是四十溪，位於安大略省格里姆斯比（Grimsby），一邊是安大略湖（Lake Ontario）一邊是綿長幽暗的尼加拉斷崖（Niagara Escarpment）；隸屬於險峻山脊酒莊（Kittling Ridge Winery）。莊主約翰・豪爾（John Hall）不僅重視化學工程，更以葡萄酒釀酒師的味蕾悉心釀產四十溪威士忌。他沿用了部分加拿大威士忌釀產傳統，即以不同類型的威士忌調和，不過，那是一套他自己獨有的特殊方式。

豪爾採用三種穀物，玉米、大麥麥芽與裸麥，三種穀物分開進行糖化、發酵、蒸餾與陳年，每種穀物使用的木桶類型也不相同。威士忌熟成後，再進行調和，「聯姻」完成的威士忌會放入另一個木桶（有的選用浸過一次首裝桶的波本桶，有的選用險峻山脊酒莊的雪莉桶）。最後製成相當傑出的威士忌，豪爾同時也是此酒款的稱職大使。

位於新斯科細亞省的格諾拉蒸餾廠，
看起來就像身在蘇格蘭。

喝不到！

那天，我正在黑美人繞著他們的桌子品飲著威士忌，一旁是加拿大蒸餾廠協會會長，我那趟加拿大旅行的旅伴（一個大好人，但完全沒有方向感）約翰·韋斯考特（Jan Westcott），而他開始變得有點緊張。我完全不知發生什麼事，所以只好繼續品飲，然後我喝到一款丹菲爾德十年（Danfield's 10-year-old），我開口詢問：「什麼？什麼是丹菲爾德？」他們說這款沒有出口。喔，好吧。但是這款散發了優質加拿大威士忌常有的木材專賣店、新切雪松或橡木的香氣，並以香甜的穀片香味包裹著，香氣怡人，但尾韻稍短。

好的，接下來嘗嘗丹菲爾德二十一年（Danfield's 21）。嘿，這真是好東西！強烈的新切橡木香、香草、薄荷、明亮的裸麥，以及滿口美味奢侈的香甜穀片，接著跳出木質與裸麥調性綿延於尾韻間。我隨即說出：「嘿，為什麼我們喝不到這個？」

約翰很快地回答：「酒不夠多呀！」他咧嘴笑著說：「你們一瓶也喝不到！」但是，加拿大生產很多這樣的威士忌！長久以來，我們都沒喝過這樣的好東西。吉伯遜特選我們喝不到，亞伯達蒸餾公司與懷瑟斯也喝不到，還有高樹、加拿大會所二十年、三十年與丹菲爾德等酒款，我們都喝不到，他們幾乎把所有好東西都留在加拿大了。

為什麼？嗯，他們不希望酒款的價格太高，因此沒什麼多餘的錢撥給行銷與宣傳（再加上還需要上繳強硬的加拿大賦稅），也讓他們難以再花資本讓其他國家認識何謂加拿大威士忌。加拿大本地已有相當良好的市場，喝光了所有釀出的好東西，因此，何須出口？他們也向外輸出許多一般酒款，這些標準酒款在美國的銷量也非常好。

但是，如果他們向外推出這些好東西，並幫助我們了解這些被誤解的威士忌，也許將會有更棒的發展。長久以來，加拿大都身為出口經濟體，他們也許該考慮一同向外輸出他們的頂級威士忌。

充足。但這其實是個失焦的問題,能認清這一點則相當重要。伏特加傾向就此登上市場販售;但基本威士忌則傾向經過陳年與調和。這算是「真正的」威士忌嗎?它以穀物釀製,經過發酵與蒸餾,再入桶陳年;所有定義與目的都與蘇格蘭的「穀物威士忌」一致,威士忌產業中也沒有任何人懷疑它是否為威士忌。

如果這還不足以說服你,讓我來告訴你是什麼說服我的。在我擔任《Wiskey Advocate》雜誌主編時,部分工作就是為雜誌購酒指南評選威士忌酒款,部分任務則是為我評選出的各類型威士忌,分別挑出雜誌年度酒款。在我評選加拿大威士忌一段時間後,2011 年的年度酒款為懷瑟斯十八年。那年其實還有其他更令人興奮的酒款,但是整體而言,懷瑟斯十八年更為優秀,它是一款純飲相當怡人的酒款,但我也能不加思索地將它用於調酒,因為它擁有相當圓融的特質。我當時是這麼形容它的:「鼻聞時,有熱穀片香,搭配可可粉與木桶的香草味,以及一絲無花果與芝麻油氣息。入口後,則有純淨的穀物味(裸麥特徵相當明顯),以及橡木、杏仁乾與無甜味甘草,綿長的尾韻則是濃郁溫暖的穀片香。」一款十分迷人的威士忌,真的,即使在我嘗過更多加拿大威士忌之後,它也仍是我最愛的加拿大酒款之一。

在我那次拜訪海侖渥克蒸餾廠並品飲了他們的基本威士忌,調和大師唐·利福摩博士端出為數龐大的酒款,以及兩種流程所有不同年數的未調和陳年威士忌。酒款陣容之一就是懷瑟斯十八年,這次我依然十分享受,並且問了問利福摩其中包含那些酒齡與流程的威士忌。

他告訴我這個酒款全都以基本威士忌組成,僅使用已熟成過一次的加拿大威士忌木桶。我十分驚愕(沒錯,「驚愕」),這裡面竟然沒有任何一滴比較複雜、低酒精濃度且「更好」的風味威士忌。

稍稍鎮定之後,我再嘗了一口,並繼續品飲其他威士忌,但我的看法已經全然改觀。就是這個,這就是加拿大威士忌的關鍵。我曾聽過、嘗過、讀過的東西,全都合理了。這讓我想起安德魯·麥凱描述皇冠威士忌的奶油、滑順且香甜的特質。

他說:「它的味道與感受是設計出來的。這與波本威士忌相當不同,也與蘇格蘭威士忌很不一樣。我們嘗試讓它非常容易辨識,我們知道必須讓蒸餾酒液做到最好,不能只倚靠木桶。所有威士忌都是獨立批次,並在獨立木桶各自陳年。」

他繼續道:「日曆是我的指引方向,我們不斷在時間軸上前後移動。我現在做的,是為了十年後的酒款:什麼是我該準備的威士忌?我該放進什麼木桶?同時,我也必須往回看,查看十年前為我留下了什麼?它的熟成狀態如何?還要來回考量蒸散的損失量、釀產的蒸餾廠、擁有的木桶與它們的成本。」

當時,我向他說這正是加拿大蒸餾廠應該告訴消費者的,向大眾解釋加拿大威士忌何以如此,以及加拿大調和威士忌費盡心思的真正製作過程。他放聲大笑,表示同意,並且問我剛剛他到底說了些什麼。最後,他又向我說了一遍:「加拿大威士忌的風味是我們設計創造出來的。」

行銷同仁,你們聽見了嗎?

日本

學徒搖身變大師

「我們選擇在山崎釀產威士忌，是因為那裡有非常、非常好的水源。如同想要泡一杯好茶需要好水。茶道大師千利休便在此處築起了他的第一間茶屋。這裡空氣濕度相當高，這是威士忌熟成重要的關鍵；如果空氣過於乾燥，將會蒸散過多酒液。即使到了冬季，空氣也不乾燥。山崎是三條河流的匯聚處，溫差進而創造了霧氣。空氣永遠滿是濕潤。」

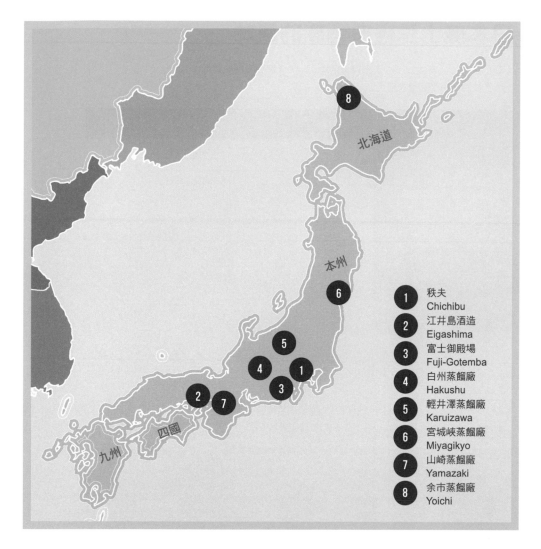

1	秩夫 Chichibu
2	江井島酒造 Eigashima
3	富士御殿場 Fuji-Gotemba
4	白州蒸餾廠 Hakushu
5	輕井澤蒸餾廠 Karuizawa
6	宮城峽蒸餾廠 Miyagikyo
7	山崎蒸餾廠 Yamazaki
8	余市蒸餾廠 Yoichi

　　三得利前蒸餾大師與現任國際品牌大使宮本博義，向我解釋為何鳥井信治郎選擇在1923年於日本本州山崎建造第一間威士忌蒸餾廠。山崎位於東京與大阪兩大主要市場之間，雖然蒸餾廠建在城鎮邊緣，後方拔升一座滿布密林的小山，但不遠處就是鐵道，以及東京與大阪間的舊有主要道路；今日，名神高速公路的隧道就穿梭在周遭的山中。商業運輸的便利性的確不容小覷，但是，找到一條運送優質威士忌的便利方式其實不難（問問艾雷島的蒸餾廠就知道），好的水源卻得來不易。

　　如同我們先前提到的，鳥井信治郎的第一位蒸餾師竹鶴政孝在第一款銷路不佳的威士忌推出後不久，便在1934年離開三得利與山崎蒸餾廠（Yamazaki）。之後，竹鶴政孝在幾間非威士忌相關的公司冒險過後，在幾位有興趣的投資者幫助之下，他在北海道北部的余市為Nikka蒸餾公司建造了一間頗具競爭力的余市蒸餾廠

日本威士忌經典酒款的風味

下表的四大核心特性以 1~5 表示程度的強弱，1 代表微弱到幾乎沒有，
5 則是強勁到幾乎完整表現。

酒款	泥煤味	果香	橡木／辛香料	口感
白州十二年 HAKUSHU 12-YEAR-OLD	2	2	2	3
白州重泥煤 HAKUSHU HEAVILY PEATED	5	3	1	4
響十二年 HIBIKI 12-YEAR-OLD	1	3	3	3
山崎十二年 YAMAZAKI 12-YEAR-OLD	1	3	3	3
山崎十八年 YAMAZAKI 18-YEAR-OLD	1	4	3	4
余市十五年 YOICHI 15-YEAR-OLD	3	1	3	4

（Yoichi）。余市為西岸一座擁有兩萬人口的漁村，以當地品質優良的蘋果著名。這樣的安排，似乎就像竹鶴政孝希望在一個孤立的地方創造屬於自己的威士忌。

這兩間就是日本兩大威士忌製造商。三得利與 Nikka 之後又各自建造了一間蒸餾廠；三得利在 1970 年代於東京西邊靠近北斗市的日本阿爾卑斯山（Japanese Alps），蓋了規模龐大的白州蒸餾廠（Hakushu）。竹鶴政孝則在 1960 年代於本州北端仙台西邊某座峽谷深處蓋了宮城峽蒸餾廠（Miyagikyo），該廠為竹鶴政孝個人選擇的地點（據傳是為了水源），蒸餾廠在他年值七十多歲時興建。

日本還有其他四間威士忌蒸餾廠，但都是小型且皆位於本州，包括微型的獨立蒸餾廠秩夫（Chichibu）；一年中只有兩個月釀產威士忌的江井島酒造（Eigashima），其他日子都在生產清酒與燒酎；以及富士御殿場（Fuji-Gotemba）與輕井澤蒸餾廠（Karuizawa，此蒸餾廠目前停產，部分原因來自三得利的白州蒸餾廠，算是 1990 年代的日本經濟危機的犧牲者），後兩間蒸餾廠都屬於麒麟啤酒（Kirin Brewery）。以上四間蒸餾廠的威士忌連在日本當地都很難尋獲。

幸運的是，三得利與 Nikka 的威士忌不只在日本很容易購得，在國際市場上也越來越容易買到。這也表示日本在威士忌世界的位置必須重新定義，越來越多人發現這裡的威士忌不僅品質優良而且頗具獨有的特色，即便其中明顯地包含根源自蘇格蘭的影子，以及與蘇格蘭相似或相關的酒標。

愛爾蘭威士忌的變形

日本威士忌直接源自竹鶴政孝在蘇格蘭坎貝爾鎮（Campbeltown）所學。但是鳥井信治郎很快地便將日本風格注入三得利威士忌，將竹鶴政孝首次嘗試酒款中的大膽性格轉變成更加低調與平衡的威士忌。

宮本博義解釋道：「鳥井信治郎想要創造符合日本細緻味蕾的威士忌。我們喜歡平衡、柔和且精緻的威士忌。一旦入口，就能在味蕾上嘗到許多不同的特性與風味。」

為了從蘇格蘭威士忌裡抓出符合日本味蕾的風味，三得利與 Nikka 都選擇透過相當愛爾蘭的製程。日本蒸餾廠需要一系列不同類型的威士忌以進行調和，但是，他們不像蘇格蘭能直接向其他釀產不同類型威士忌的蒸餾廠，尋求以交換方式取得他們想要的威士忌（由於鳥井信治郎與竹鶴政孝之間的過往歷史，兩人雖從未公開展現敵意但仍舊冷淡，也難怪兩方從未進行過任何威士忌交換）。因此，唯一能獲得其他類型威士忌的方式，就只能依循愛爾蘭的方式：自行釀產。

三得利與 Nikka 皆嘗試了所有發酵與蒸餾過程中能改變的方向，以獲得多樣化的威士忌。他們使用不同的酵母菌，並以不同發酵時間找出酵母菌能帶來哪些不同的香氣；發酵槽同時採用木桶與不銹鋼桶（藏有微生物的木桶會為酒汁增添香氣），另外，也採用煙燻程度不同的泥煤麥芽。

三得利的蒸餾間看不見具備大型蘇格蘭蒸餾廠（如格蘭菲迪與格蘭利威）特性的罐式蒸餾器，反而是一種不知為何看起來有點怪異的裝配設計，它們根據不同的回流量配成兩兩一組；某種程度上，它們甚至可以因應不同需求再度重新裝配，其效果會反應在酒體與口感上。酒頭、酒心

由於日本當地蒸餾廠為數稀少，
因此為創造範圍廣泛的威士忌，
日本威士忌釀造者從發酵到蒸餾過程不斷求變。

三得利的山崎蒸餾廠隨處可見閃爍微光的銅色。

與酒尾的取點亦多元。加熱蒸餾器的方式更分為蒸氣加熱與明火加熱；Nikka 在余市蒸餾廠則用煤加熱，效仿蘇格蘭威士忌早期作法。日本的穀物威士忌的變形模式也與此類似，但變化出的類型沒有這麼多。

木桶陳年方面一樣宛如發狂地百變。除了一般熟悉的以美國或歐洲橡木製作的雪莉桶或波本桶（首裝桶或再裝桶）。還有如同宮本博義所提到的，三得利會在自家的製桶廠做出超大木桶，他稱這些木桶為「大桶」（Puncheons）。他說：「我們向美國進口木材，然後彎曲成我們自己的木桶。波本威士忌或豬頭桶（蘇格蘭的常見尺寸）的一般容量為 180 與 230 公升，這些大桶的容量則是 480 公升。」

木桶的變化並未到此為止。宮本博義說：「我們還會用日本橡木製成水楢桶（mizunara casks）。水楢木的生長速度緩慢，樹齡成熟至可製作木桶的時間也相當

在日本都會區，威士忌的確扮演分量不輕的角色。

上圖為罐裝高球，包裝如同一般汽水，為一種混調威士忌與氣泡水的飲品，也是日本的獨特發想。三得利與 Nikka 皆有生產此飲品。

長。當時，我們正值戰爭，那是一場哀傷的悲劇。由於一切停止進口，我們沒有波本或雪莉桶可用，因此，開始尋找本國的木材來源。而我們選中的正是水楢木。波本與雪莉桶會在五年間賦予威士忌香氣，但水楢桶則否，所以我們一邊心想『這真是種糟糕的木頭』，一邊把這些酒桶堆到某個角落。二十年過去了，我們再度嘗了嘗。『哇，味道真不可思議！』所有水楢桶都未經燒烤，只有烘烤，我們以顏色區分木桶的烘烤程度，從狐狸色（輕度烘烤）到浣熊色（深度烘烤）。」

他又向我介紹了另一種木桶，美味的響（Hibiki）就是使用經過此木桶陳年的酒加上其他二十幾款威士忌調和而成。他說：「響經過了盛裝過梅子利口酒的木桶過桶。梅子利口酒木桶曾是一些要被淘汰的老木桶，但是我們以紅外線處理，然後倒入梅子利口酒。梅酒吸取了非常好的橡木特質，而且聞起來非常棒。接著，我們用這個木桶進行過桶。」

響是一款頂尖的調和威士忌，擁有精巧的複雜度與花香，並且裝在一只美麗的沉重酒瓶中。宮本博義說：「酒瓶上有二十四個切面，代表二十四節氣與一天的二十四小時。」他接著又說：「我們日本人很注重小細節。有時候其實有點過頭！」

調成高球

調和威士忌占了日本威士忌產業的最大份額，就像蘇格蘭威士忌與其他地方一樣。調和威士忌在日本經濟起飛時創造了極大的銷量，以水割（mizuwari/ mixed

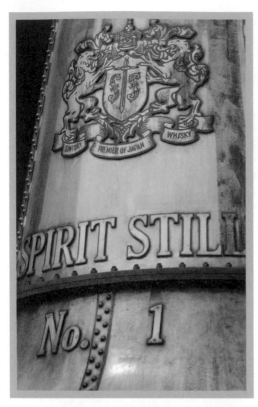
上圖就是三得利酒廠懷抱蘇格蘭靈魂的實證。

威士忌也一同墜落谷底，日本人開始轉而飲用一種低麥芽的便宜啤酒，即發泡酒（happoshu）。讓威士忌重返舞臺的是曾經紅極一時的水割改版，將水換成蘇打水的高球，有時也稱為「蘇打水割」（soda-wari）。此流行的成長速度快，三得利更推出了已混合完成的罐裝蘇打水割。

宮本博義說：「日本人享受威士忌的方式就是加水或是用蘇打水的高球風格。罐裝高球相當好喝，而且在火車上更顯方便！從東京到大阪的子彈列車需時兩個到兩個半小時。大多數以火車通勤的商業人士，會選擇買一兩罐的罐裝高球，而不是啤酒。」日本啤酒廠進而開始感到逼人的壓力，而啤酒銷量開始迅速下滑。

儘管如此，在日本喝威士忌的方式所經歷的變化不僅是從加水換成加蘇打水。從前的日本威士忌有階層之分，隨著職業升遷，飲用的威士忌類型也有一個幾乎穩固不變的等級進程，起步點則是調和威士忌。現今，年輕日本人喝的則是三得利高球（入門基礎酒款）或山崎單一麥芽威士忌（威士忌知識累積較高）。階層已然消融。只要他們負擔得起，什麼酒款都很願意嘗試。

即使是單一麥芽威士忌，也在日本人手中因創新而轉變。在蘇格蘭蒸餾廠，他們會將數種不同特色的威士忌調和成一款麥芽威士忌，酒款的主要差異為酒齡；另一方面，日本蒸餾廠則會把自家釀產的不同威士忌，調和或創作出各式單一麥芽威士忌酒款，藉此方式變化出更多酒款。

宮本博義說：「我們發展出調和概念的單一麥芽威士忌，山崎酒款裡的所有威士忌都來自山崎蒸餾廠，所以這仍然可以

with water，摻水混合）的方式品嘗。就像波本愛好者會在天氣炎熱時喝的「肯塔基茶」（Kentucky tea），水割的作法為一份的調和威士忌與冰塊，加上兩份或兩份半的水。

易飲且清爽的水割對威士忌的銷量有推波助瀾的效果，在 1970 與 1980 年代大行其道。戴夫·布魯姆在《國家地理：世界威士忌地圖》寫道，1980 年代光是三得利我的（Suntory Old）酒款就締造了暢銷1240 萬箱的佳績，幾乎等同於約翰走路系列所有酒款今日的全球銷量。真是驚人的銷量。

可惜好景不常，當日本經濟崩盤時，

算是單一麥芽威士忌。這種方式能創造出相當平衡的單一麥芽。也讓三得利威士忌與眾不同，也與 Nikka 不同。」

試飲過一些當地酒款，就能嘗出其中的差異：

· 白州十二年：清新、青生，以及一股令人著迷的瓊漿玉液般的香甜；入口有股青草的香甜，邊緣裹著一點萊姆木髓（lime-pith）氣息，尾韻帶有絲微的柔和煙燻味。

· 山崎十八年：飽滿、豐厚，鼻嗅時帶有晚摘熟果的氣息；入口後感受亦然，但再加上沉甸甸的木質特性，並一路綿延至收尾，是一款有重量的威士忌。

· 響十二年調和威士忌：柔和的花香、果香與線香（我僅能聞到一絲細微如塵的氣息），糖粉檸檬塔；入口後味蕾的感受更為明確，搭配了明亮的帶核果味，滿盈的果香摻了些微乾燥的辛香料尾韻，一款優雅的調和威士忌。

我們是否可以說日本威士忌就如同蘇格蘭威士忌？或是它們兩者有顯著的差異？其間確實有類似的元素，若是一字排開同時品飲十款單一麥芽威士忌，我也不確定是否真能挑出哪一款才是日本酒款。但時勢所逼的大膽實驗作品水楢木，以及日本調和威士忌所擁有的驚豔纖細，都是世界威士忌所增添的傑出新成員。

宮本博義說：「日本的氣候釀出日本的風格。」不過，日本氣候範圍廣闊，從南部島嶼的亞熱帶到天寒地凍的北海道，我想，宮本先生可能要幫我在地圖上指一指。

東京的知名威士忌酒吧糖化槽（Mash Tun），酒吧擁有明顯的蘇格蘭氛圍，以及令人印象深刻、足跡遍布全球的威士忌酒款收藏。

精釀威士忌

近幾年,威士忌產業的某一面向引起了各界關注,即是全球四處紛紛開始成立蒸餾廠的熱潮。目前,這些蒸餾廠還未擁有一個公認的名稱,有的人稱他們為工藝蒸餾廠(artisanal distillers)、微型蒸餾廠(microdistillers)或精釀蒸餾廠(craft distillers)。我目前比較喜歡「精釀蒸餾廠」,因為在旁觀精釀啤酒產業三十年的發展後,我能嗅到類似的氣息。「工藝」的英文字母數太多,而且有點自命不凡;萬一蒸餾廠開始成功地擴大發展,「微型」兩字也會有點問題。「精釀」兩字也許最適得其所。

不過，目前他們都還只是小型蒸餾廠。小型蒸餾廠並不是新的概念或有何特殊之處，畢竟，從超過六百年前一路到工業革命，所有蒸餾廠都是如此起步。不同地區總是能找到幾間小型蒸餾廠，因為就是有些頑固倔強的老兄想要按照自己的方式釀產威士忌。

　　在我們開始興奮地期待精釀蒸餾廠就要拔地起飛前，我曾在 1980 年代拜訪過一間小型蒸餾廠：位在賓州謝弗爾斯鎮（Schaefferstown）外山丘的酩帝。此地早在十八世紀中期便開始有蒸餾產業活動，因為放眼盡是豐饒的農地，然而四周的環脊使得來往交通不易。這間蒸餾廠就建在褶皺的山丘間，不僅避開強風，還有天賜的乾淨清澈石灰岩盤溪水。

　　酩帝證明小型蒸餾廠也能創造絕佳的威士忌。此處釀產出我嘗過最棒的波本威士忌之一：哈里斯珍藏十六年，一款悉心陳年的傳奇威士忌，眾人會以崇敬語氣討論其深沉且複雜的香氣，以及木桶特性不會過頭的豐厚口感。這麼一瓶絕佳的美國威士忌來自一間賓州東部的小型蒸餾廠，讓我相信這樣的例子不會只發生一次。

　　接下來我將介紹的幾乎全是美國精釀蒸餾廠，因為我比較了解這些蒸餾廠，親自拜訪過，也實際品飲過較多他們的威士忌。當然，我也嘗過許多其他地區精釀蒸餾廠的優秀威士忌，如位於威爾斯的潘迪恩（Penderyn）、法國的阿荷莫瑞克（Armorik）、瑞典的麥克米拉（Mackmyra）、荷蘭的贊德（Zuidam）與澳洲的萊姆伯尼（Limeburners）及拉克（Lark），我也非常享受來自臺灣

巴爾柯尼斯是倔強地獨立且奇特的德州蒸餾廠。

的噶瑪蘭（Kavalan）與印度的雅沐特（Amrut），但他們絕不是小型精釀蒸餾廠，而皆可稱為大型且正迅速地成長。精釀威士忌運動本身也正在成長，並且開始逐漸改變威士忌市場的樣貌；事實上，某種角度而言，威士忌市場已經因此變得不同。

小小的第一步

現代精釀威士忌在美國於 1993 年起步。那年，兩位老兄各自以小型蒸餾器與奇特的方式開始釀產威士忌，兩人不約而同地都位在美國西岸。史帝夫・麥卡錫（Steve McCarthy）在奧勒岡（Oregon）波特蘭（Portland）創建的清溪蒸餾廠（Clear Creek Distillery）可能早了幾個月，另一間

則是弗利茲・梅泰於舊金山成立的海錨蒸餾廠，但兩間幾乎同時成立。

隨著數量少但持續增加的威士忌愛好者出現，1993 年令人充滿期待。之前數年則不斷有小型啤酒廠冒出，釀出一款款與大型國際啤酒廠全然不同的啤酒；而弗利茲・梅泰的海錨啤酒也是其中一員。到了 1993 年，美國當地正在營運的小型啤酒廠已約有四百五十間，達到第二次世界大戰之後便不曾見過的數字。更驚人的是，這個數字會在接下來的五年內翻倍。

我與美國全境的精釀啤酒愛好者（大多年輕、專業且機動性高）都目睹了這股強勁的發展，暗自覺得這是小型、酷且有趣的嶄新製造者領域誕生的預兆。當人們崇敬的精釀啤酒之父之一的弗利茲・梅泰成立了一間微型蒸餾廠時，我們相信精釀

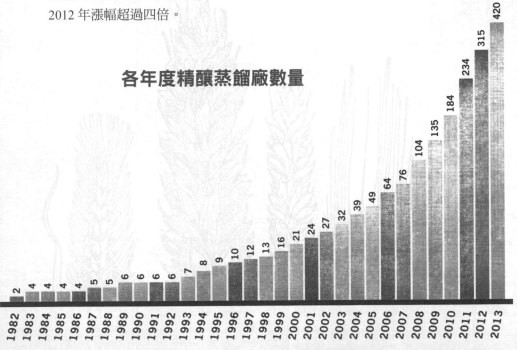

精釀蒸餾廠產業

精釀蒸餾產業在過去幾年有爆炸性的成長,從2008至2012年漲幅超過四倍。

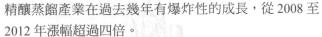

各年度精釀蒸餾廠數量

1982	1983	1984	1985	1986	1987	1988	1989	1990	1991	1992	1993	1994	1995	1996	1997	1998	1999	2000	2001	2002	2003	2004	2005	2006	2007	2008	2009	2010	2011	2012	2013
2	4	4	4	4	5	5	6	6	6	6	7	8	9	10	12	13	16	21	24	27	32	39	49	64	76	104	135	184	234	315	420

蒸餾廠就是下一件即將發生的大事。

然而它不是。精釀蒸餾廠的產量微小(我想海錨的第一款老波翠洛〔Old Potrero〕總產量應該大約只有1,400瓶,並且主要賣給餐廳)、昂貴,而且完全一反人們習慣的味道。

但這是一款充滿期待潛力的威士忌。我喝過一小口這支首款威士忌,至今仍能回想起傳遞酒杯時,房裡所有人都沉默下來專心嗅聞的情景(酒精濃度約為60%,所以大家都慢慢地品飲)。這款裸麥麥芽威士忌只熟成一年,擁有明亮的新鮮青草香、一波接一波的薄荷氣息,並搭配淺淺繚繞的木質調性。它年輕、強勁且爽快。與一般美國蒸餾廠推出的酒款相當不同,而且當時的裸麥威士忌也還未浮出檯面。

史帝夫‧麥卡錫的麥芽威士忌也很獨特。某次蘇格蘭的旅程中,他遇見拉加維林十六年,心中想著回到家鄉後,要在1985年成立的白蘭地蒸餾廠做出類似的威

到底是誰做的威士忌？

相較於精釀蒸餾廠與精釀啤酒廠，精釀威士忌製造者有個明顯的劣勢，即是威士忌完成的時間長了許多。除非蒸餾廠決定投入白威士忌的戰局（參見第 187 頁），否則背後就必須擁有強大的資金後盾，才能在第一個酒桶終於能裝瓶販售前，持續生產威士忌。就算是熟成速度最快的小型木桶，通常也需要花上六個月。

不過，精釀啤酒也有自身的資金問題，釀出邁向成功所必需的大量啤酒，精釀啤酒廠需要先準備大量的不鏽鋼，如水壺、鋼槽、管子、攪拌機與更多更多的鋼槽，還有數以百計的生啤酒（部分小桶一旦出了啤酒廠大門就沒再回來過）。接著，還有裝瓶產線、玻璃、酒標與包裝。

某些啤酒製造者想到一個解決資金問題的辦法，也就是契約釀酒。他們會付錢給資金雄厚的知名啤酒廠，如吉尼斯（Genesee）、F. X. 麥特（F. X. Matt）或奧古斯都希爾（August Schell），代為釀產啤酒，然而，省下的資金卻並非拿去建造啤酒廠，反而花在行銷與宣傳。

這些啤酒可能是知名啤酒廠的一般酒款，也可能是為此特別訂製的，或是實際由簽約者每個月租借啤酒廠一兩天自行釀造。這個情況長期以來引起精釀啤酒產業的不悅；擁有自家廠房的啤酒製造者覺得契約釀酒人作弊、根本沒資格加入這場競賽。

精釀威士忌產業方面也有類似的模式，某些精釀威士忌製造者會購買蒸餾廠或威士忌經紀公司多餘的陳年威士忌存貨，再以自家品牌販售。雜誌《Whisky Advocate》名之為「他源威士忌」（sourced whiskey），威士忌部落客查克‧考德利則稱他們是「波坦金蒸餾廠」（Potemkin distilleries，譯註：出自英文片語 Potemkin Village，意指矯飾的門面），精釀蒸餾廠圈內則稱之為一些我不願在此寫下的名稱（最溫和的是「偽精釀威士忌」）。

不只是精釀蒸餾廠會發生這樣的情況，例如帝亞吉歐擁有的大型品牌柏萊特目前並沒有蒸餾廠。柏萊特因此向四玫瑰購買波本威士忌，並向位於印地安那州羅倫斯堡的西格拉姆（目前由 MGP 原料公司營運）買進裸麥威士忌。

就像精釀啤酒的例子，販賣者對產品的投入程度差異不小。有的可能只會突然現身，拿出一份他所需酒款的風味輪廓資訊，剩下的就讓酒倉經理取出預定的酒桶並完成裝瓶；有的可能會前往酒倉自己慢慢尋找中意的酒桶；有的也許像西高山蒸餾廠（High West）的大衛・柏金斯（David Perkins），不只自己挑出酒桶，還依照自己的設計調和酒款，如一款年輕與較老年數的裸麥調和威士忌、一款波本與裸麥的調和威士忌，還有一款以波本、裸麥與煙燻蘇格蘭威士忌調和的酒款，名為營火（Campfire）；或者，他們會選擇購買一些優質的老威士忌，再與自家蒸餾的年輕威士忌調和，或為這些老威士忌用曾裝過其他烈酒或葡萄酒的木桶進行「過桶」。

將其他人釀製的威士忌裝瓶自賣，真的是件壞事嗎？我認為這單看背後的動機，他們是否意圖讓消費者誤認為瓶中的威士忌是自行釀產？例如，柏金斯總是確實地告知消費者此酒款的威士忌為「他源威士忌」。許多蒸餾廠則未表示任何有關陳年威士忌出處的字眼，除非消費者仔細推敲酒標上的資訊，否則不會得

知酒款並非該廠牌自己製造的產品。你可以看看酒標是否只有載明裝瓶地，或是製造地鎮名是否與蒸餾廠所在城鎮不同，再快速看一下酒齡，如果這是一款四年威士忌，但蒸餾廠其實剛開幕不久，那這款威士忌就是他源！另外，請記得，這幾年已經很難以酒色判斷的小木桶陳年威士忌的酒齡了。

如果一家精釀蒸餾廠販售一款並非自行釀製的威士忌，但酒標卻沒有清楚表示（或至少在網站或臉書網頁說明），那麼，又如何能自稱為「精釀」？也許他們釀製威士忌的技術優秀，熟成威士忌的方式也有各式各樣獨創的想法，但是，等待威士忌熟成的同時，其實有許多賺錢的方式；例如，琴酒與伏特加都是穀物烈酒或未陳年威士忌，而且目前現有酒款的進步空間也還很大。如果他們買進威士忌，在未告知或清楚標示來源的狀況下包裝成自己的品牌販售，我會選擇購買其他品牌的酒款。

因此，身為消費者的我們必須謹慎。支持在地蒸餾廠是件很棒的好事，但這並非表示應該多付二十美元購買一瓶僅是品牌不同，但瓶中物完全一致的威士忌！

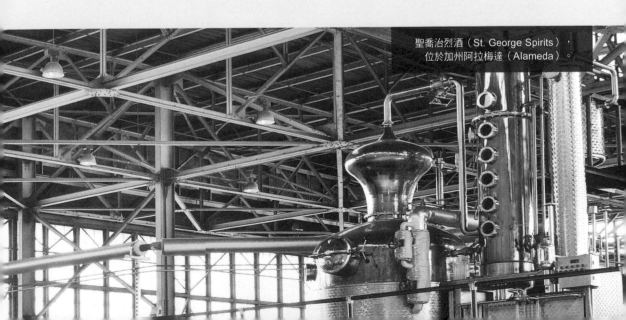

聖喬治烈酒（St. George Spirits），位於加州阿拉梅達（Alameda）。

田納西州的春收裸麥。

士忌。最近，他向我說到那趟二十年前的旅程時仍滿是興奮：「我當時在想到底能不能用我們廠裡的白蘭地蒸餾器做出威士忌，結果真的可以！我們從蘇格蘭買來泥煤麥芽，現在則完全使用奧勒岡橡木，它對葡萄酒而言應該毫無益處，但是對威士忌來說太棒了。這是奧勒岡單一麥芽威士忌，而我一直維持著這個風格。」

就像我之前說的，精釀威士忌看起來就像是隨時準備好踏上精釀啤酒走過的道路。儘管極度失望的發現它並不像微型啤酒廠一般爆炸性地竄紅，但其實我們預見且嘗到了未來，只是當時還不知道。海錨與清溪的威士忌為美國精釀蒸餾廠指出了一個方向：獨特、小型，一種用熱情做出來的威士忌。

放眼望向今日美國威士忌產業的景象，其實很有 1993 年精釀啤酒場景的味道。不僅有知名的大型蒸餾廠（美國當地

與進口威士忌）、幾間知名且成立時間五年以上的小型蒸餾廠，還有超過三百間生氣蓬勃、微小且正值起步的蒸餾廠。新聞媒體界十分喜愛他們（他們都有非常棒的故事！），他們擁有熱情的在地支持者（以及反對這種邪惡果汁的聲浪），以及數之不盡的創新想法，更不斷設法重現被遺忘的古老威士忌。

精釀威士忌與精釀啤酒之間卻有個不容忽視的差異，精釀威士忌製造商的路途其實比較平坦，因為前面走著一位十分重要的前輩。精釀威士忌所面對的批發商、零售商、酒吧與餐廳都曾見識過精釀啤酒的大舉成功。

不過，1993 年的精釀啤酒面前還有一條漫漫長路。當時的人們還不知道這是什麼，或者為什麼到處都能看到精釀啤酒。批發與零售商也都不知道如何販賣，多數酒吧只會推出最多六款的精釀啤酒。通路

內心所想的則是更多啤酒表示需要花更多錢，而且到底有誰會買精釀啤酒？

二十年後，答案變得再明顯不過。因此，感謝精釀啤酒的成功，精釀威士忌的批發與零售商都認為一定會迎向成功。他們很願意嘗試新的未知產品，如果威士忌的包裝與行銷夠好，它就一定能賣。這對精釀威士忌製造商而言是極大的幫助。

但是，精釀蒸餾廠碰到比精釀啤酒廠更困難的問題：如何將酒款賣給消費者。對精釀啤酒來說，行銷方式反而很簡單，因為美國主要啤酒廠推出的產品都是相同、乏味的清淡拉格（lagers）。大品牌等於爛啤酒。威士忌就全然不是這一回事。波本、蘇格蘭與愛爾蘭威士忌完全不乏味（覺得二十年前的加拿大威士忌很乏味的美國人，我必須向你們說並非如此，這是由於出口的行銷策略，其實有很多傑出的加拿大威士忌等著我們品嘗！）但由於精釀啤酒與精釀威士忌的太多相似之處，很容易直接套入一樣的思考模式，因此，不免產生「大型蒸餾廠的威士忌就是乏味」的輕視想法。這是錯誤的觀念，任何喝過一杯拉加維林，或聞過原品博士波本威士忌的人都會這麼說。

精釀威士忌的發展故事（那些將威士忌狂熱者與入門者的差異拉近的細節）必須與精釀啤酒截然不同。以下便是精釀蒸餾廠前進的方向。

精釀威士忌真正的故事

就讓我們談談精釀威士忌真正該說的故事，那是關於精釀蒸餾廠如何將自己與大型蒸餾廠區隔的故事，以及為何人們應該考慮多花點錢買下一瓶精釀酒款的理由（稍後我會告訴你為什麼精釀酒款的成本較高）。

在地人、在地原料、在地製造

當精釀啤酒以強烈的「在地」形象起步（最近也漸漸回歸這樣的概念），當在地社區支持的農場吸引愈來愈多想了解食物來源的參與者加入，當發起「從農地到餐桌」的餐廳拉近了食材生產者與廚師的距離，這些在地生產者讓精釀蒸餾廠變得更有趣且更具說服力。

就像我家附近釀產老爹帽裸麥威士忌的在地蒸餾廠山月桂烈酒（Mountain Laurel Spirits），位於賓州德拉瓦河（Delaware River）旁、費城北方的小鎮布里斯托（Bristol）。荷馬·米哈里齊（Herman Mihalich）與約翰·庫伯（John Cooper）兩人使用賓州當地穀物。他們深知就在自家蒸餾廠僅僅 5 哩遠，曾有一間因禁酒令而倒閉的知名費城純裸麥蒸餾廠（Philadelphia Pure Rye），因此他們釀產

的是賓州風格的裸麥威士忌（原料為裸麥、裸麥麥芽與大麥麥芽，但不添加玉米），就像賓州西部人（米哈里齊的家鄉）在老蒙納哥拉山谷（Monongahela Valley）建立的蒸餾廠。這間蒸餾廠把當地特色注入了行銷策略，然而傳播效力甚至超過當地區域；在

地尋根說服力道強烈，就算那個在地並非你的家鄉。

位於紐約安克拉姆（Ancram）的山岩莊園蒸餾廠（Hillrock Estate Distillery）將此概念發揮得更為極致。此處位在奧巴尼（Albany）南部哈德遜谷內的老穀物農區，蒸餾廠擁有者傑弗瑞·貝克（Jeffrey Baker）在自家農地種植裸麥與大麥，其中還包含兩塊緊鄰蒸餾廠的農地。玉米則購自當地農人。穀物的發芽與磨粉都在現地完成，部分麥芽還會進行泥煤處理（貝克甚至使用老地圖找到當地泥煤源頭）。

山岩莊園蒸餾廠的發芽間由克里斯汀·史丹利（Christian Stanley）建造，他與太太安潔拉（Andrea）一同在麻州哈德利（Hadley）經營一間客製發芽廠山谷麥芽（Valley Malt）。史丹利熟知每一位提供穀物農人的名字，農人則供應他任何蒸餾廠想得到的特別穀物；某次我前去拜訪，還看到安潔拉正在打包一批以櫻桃木燻製的黑小麥麥芽。山谷麥芽服務的蒸餾廠範圍從格洛斯特（Gloucester）、麻州的萊恩與伍德蒸餾廠（Ryan & Wood），甚至到紐約中心的指湖蒸餾廠（Finger Lakes Distilling，該廠會將當地農場採收的大麥送至這裡發芽）。

當然，某些大型蒸餾廠也有在地化的傾向，更有不少蒸餾廠的水來自泉或井等經維護的水源。某些蘇格蘭蒸餾廠會自行製作部分麥芽，如波摩與高原騎士；高原騎士更在奧克尼群島找到獨具特色的泥煤。海瑞的部分玉米取自酒倉旁的農地。不過，精釀蒸餾廠會親自帶著你見見泉水與農田，更讓你親手握住綠色的麥芽，或把手掌放在裝滿陳年威士忌的木桶上。這

位於紐約州的指湖蒸餾廠，
圖中為他們引以為傲的直徑 12 吋柱式蒸餾器。

就是故事，這就是那條連結。

使用山谷麥芽產品的萊恩與伍德蒸餾廠、格洛斯特蒸餾廠，都與當地的餐廳及零售商建立穩固的貿易連結，如位於麻州林市（Lynn）的藍牛旅館（Blue Ox Inn）。旅館酒吧經理告訴我，某天萊恩與伍德蒸餾廠的擁有者鮑伯·萊恩（Bob Ryan）運來幾大塊從威士忌酒桶拆下的木塊，廚師便把它拿來製作冷燻（cold-smoked）牛排。他說：「萊恩很愛這道牛排，風味絕佳；現在，這道料理是我們的每日特餐。你可以想像點一杯曼哈頓裸麥，再配上一道用這杯威士忌木桶燻製的牛排嗎？」這是唯有在精釀蒸餾廠才得見的情景。人們喜歡這種帶點人味的威士忌。

月光威士忌的魅力

我們都喜歡一群法外狂徒行俠的故事，例如羅賓漢。當我們聽到非法蒸餾的故事時，沒有人會站在稅務官或查稅員這一方，我們反而會為走私月光威士忌的歹徒、佃農與他的小型蒸餾器，還有生產烈酒的狡猾製造商等人喝采。精釀蒸餾廠幾乎直接自動套入這股神秘魅力，因為我們總覺得精釀蒸餾廠真不像是合法生意，他們真的很像狡詐地逃過了些什麼！

在這些蒸餾廠開始販賣未陳年威士忌（人稱新酒或 white dog）時，我們終於發現精釀威士忌這股神秘氛圍的來源。你我都知道剛起步的蒸餾廠有時必須販售新酒，以創造快速的現金流，然而。這也是大型蒸餾廠隨時可以加入戰局的產品。今日，大型蒸餾廠的確開始販售新酒，這招可是精釀蒸餾廠教他們的！

他們真應該早點推出這樣的產品，因

為人們對威士忌充滿無窮的好奇心。我們也很想知道威士忌在進入木桶之前會是什麼？嘗起來如何？這是威士忌體驗裡極為有趣的部分。新酒的教育性質高、好玩、有趣，還能一揭威士忌神秘的面紗。近幾年來，我們甚至可以購買小型木桶自行陳年。

新酒能展現蒸餾師的技巧，還可以一窺蒸餾師的目標與意圖。更有趣的是，某些蒸餾廠調整蒸餾流程，分成直接販售新酒與進桶陳年兩種。他們希望直接販售新酒的蒸餾酒液可以更乾淨些，而須再進桶陳年的蒸餾酒液則還要多下點工夫。就像我剛剛說的，這很具教育意義。

有些蒸餾品牌會宣稱繼承了月光威士忌風格，或至少與非法蒸餾有所聯結，如坦伯頓裸麥（Templeton Rye）、帕普柯·薩頓田納西白威士忌（Popcorn Sutton Tennessee White Whiskey）或強森二世午夜月光（Junior Johnson's Midnight Moon）。其中真的至少有一間蒸餾廠僱用了三名前月光威士忌走私者（他們自稱為「投機分子」）。如今，吉米·辛普森（Jimmy Simpson）、瑞奇·埃斯特斯（Ricky Estes）與羅納德·羅森（Ronald Lawson）都在位於納什維爾（Nashville）的矮山蒸餾廠（Short Mountain Distillery）工作，一同以各自曾經使用過的原料配方合法釀產矮山月光（Short Mountain Shine）。

矮山蒸餾廠的共同創辦人大衛·考夫曼（David Kaufman）說：「這就是坎農郡（Cannon County）釀製威士忌的方式。」原料配方相當簡單：70％的蔗糖、30％的玉米與「碎小麥」（wheat shorts，約略是麥麩、胚芽與麥粉的混合物）。混合物先

這樣真的犯法

當我們討論月光威士忌時，記住，真正的月光威士忌的確非法。換句話說，未持有蒸餾執照在家自行釀產威士忌（或伏特加、渣釀白蘭地、白蘭地或生命之水）都是非法行為。絕無例外。其中沒有任何灰色地帶，或是「我只是做給自己喝」等推辭。

市面上有業餘蒸餾器，也找得到蒸餾技術的書籍（我個人推薦麥特·羅雷〔Matt Rowley〕所著的《月光威士忌！》〔Moonshine!〕），網路上更有許許多多相關技術的討論，但是，除非你住在紐西蘭（目前世上唯一一個可以在家合法蒸餾的國家），就不能不知道自家蒸餾將面對什麼風險。

例如，美國法規明定不僅不能在家蒸餾酒精，甚至不得持有容量大於1加侖的蒸餾器（小於1加侖的可合法用於蒸餾水或植物精油，但須經過審查）。如果你買了一具業餘蒸餾器，請當心：若經詢問，蒸餾器製造公司便必須提供酒精與菸草稅收暨貿易局所有訂購者的姓名與地址，聯邦調查員甚至不須備好搜索令就能找上門。一旦被逮捕並起訴，面對的便是一萬美元的罰款與聯邦監獄的五年服刑。

海盜船蒸餾廠的德瑞克·貝爾向我解釋，這也是精釀蒸餾廠相較於精釀啤酒廠的劣勢。蒸餾廠並未擁有像啤酒廠建立起下一代繼承的「農場系統」。

貝爾說：「精釀啤酒擁有來自自家釀酒雄厚的後備人才支持。成千上萬的人都至少有一點點釀造啤酒的知識。反觀蒸餾，自家蒸餾面對的是足以毀掉人生的五年牢獄與一萬罰金。我想，大麻合法化可能還會比自家蒸餾合法化更早發生。」（貝爾不僅有自家釀酒的經驗，也以一種頗不尋常的方式經歷過實際的合法蒸餾：他與朋友曾製造生質柴油，其中一人靈機一動，覺得釀製蒸餾烈酒也許會比較好玩，而且，聞起來味道也比較好。）

美國已經有一些正在進行的自家蒸餾，我也品試過一些樣本。但是我選擇敬而遠之，大多數精釀蒸餾廠的態度比我更為嚴謹。他們不願與任何可能有丟掉蒸餾執照風險的事物有所牽扯。所以，別像自家釀酒一樣帶著啤酒樣本跑到在地精釀啤酒廠，你不會在當地蒸餾廠看到好臉色的。更好是，別在自家蒸餾任何樣本。這樣真的犯法。

經過發酵，漿狀物將從底部流出再送到蒸餾器，糖化槽頂則是較為固態的穀物「酒帽」；酒帽與漿狀物會在下一批次的發酵擔任酸麥芽漿。這三位前法外狂徒會在戶外以手工搥打製成的蒸餾器蒸餾，忠實呈現工作實況。主要製作過程則在廠內由一位全職蒸餾師與一具較大型的蒸餾器完成，但是室內與室外的蒸餾酒液最後都會裝進酒瓶。這就是真正的與過去連結。

不過，並非所有白威士忌的品質都優良，而且碰到糟糕酒款的機率不低。我曾收過帶點綠色的試飲樣本（並非形容詞，是真的綠色！）而且嘗起來真的感覺有點綠綠的。但我也曾試飲過相當不錯的未陳年威士忌，如查貝（Charbay）的R5威士忌以及卡夫特蒸餾廠（Craft Distillers）的低峽（Low Gap）。白威士忌在調酒領域的表現也很好，畢竟我們也會喝白蘭姆酒（white rum）、白龍舌蘭（blanco tequila）與渣釀白蘭地（grappa/marc）。威士忌為

正在聖喬治烈酒品試實驗樣本。

何不能如此呢？但是，這些酒款尚需要一個好一點的名稱或修改規範。「新酒」並不精確，因為新的程度或未陳年定義的範圍模糊，酒液放在木桶裡「陳年」一天、一小時或一分鐘，都可以合法地稱為未陳年。金賓的新酒款雅各的鬼魂（Jacob's Ghost）為白威士忌，此酒款經過一年的木桶陳放，再濾除酒色，留下擁有有趣香氣的酒液，但它絕對不是新酒。加拿大的高樹也推出一款相似且廣受歡迎的威士忌白貓頭鷹（White Owl），此酒款比較接近白蘭姆酒：經過「稍微」陳年，但已足以柔化尖角，另外也經過雜質濾除。

一直以來，都有希望修改美國法規的威士忌身分標準規範的討論，希望能增加一類專為未陳年或稍微陳年、但非伏特加、非純威士忌或調和威士忌的穀物烈酒。另外，也希望身分標準規範能對使用舊木桶開放更多彈性，舊木桶讓麥芽威士忌能以傳統蘇格蘭風格製作，而不是只能以一些創新的方式試圖貼近傳統蘇格蘭釀製方式。關於這一點，就是精釀蒸餾廠故事的最後一道轉折。

多元與創新

多元與創新是精釀蒸餾廠的謀生之道，或理應是他們的謀生之道。這兩個概念與精釀啤酒步向成功的途徑相似：成為主要啤酒品牌的替代品。早在 1980 年代初期，當時的微型啤酒運動箭在弦上，我拜訪的第一間啤酒屋（brewpub）就已備有三款啤酒，每款風格不盡相同且與占領主要市場的清淡拉格相當不同。

部分精釀蒸餾廠曾經暫時嘗試過創新策略。例如，鄰近丹佛的史特納韓（Stranahan's）基本上僅釀產一款威士忌，這是一款全麥芽酒款（只採用當地大麥；又是一個在地特徵），依據身分標準規範以全新且經過燒烤的白橡木桶陳年。它與眾不同，因為沒有任何一間大型美國

蒸餾廠釀產全麥芽威士忌，但這就是美國麥芽威士忌受規範拘束的模式。史特納韓又用混合式罐式（這種作法在小型蒸餾廠相當常見）與偶爾的換桶，稍稍增添多樣性，釀製出這款雪花（Snowflake），但是真正的賣點是「科羅拉多威士忌」：以經燒烤之新木桶於高海拔酒倉陳年的麥芽威士忌。

位於加州蒙特里（Monterey）的失落靈魂蒸餾廠（Lost Spirits Distillery）推出了泥煤麥芽威士忌，相當類似史帝夫・麥卡錫在清溪蒸餾廠的酒款，但再添加了些許手工精釀的概念。失落靈魂使用加州當地麥芽，自行於蒸餾廠浸濕後，在自建的煙燻器中，用來自曼尼托巴（Manitoba）的加拿大泥煤將麥芽煙燻至相當厚重的程度。發酵後，蒸餾師布萊恩・戴維斯（Bryan Davis）將酒汁倒入木製的蒸氣加溫蒸餾器。這並非古老、裝滿光滑石塊的木製柱式蒸餾器「岩盒」，而是一種看起來像是巨大木桶的木製罐式蒸餾器，頂端裝有笨重的銅蓋。這是一款煙燻味強烈的威士忌，以加州卡本內木桶陳年，十分具備精釀風格。

更進一步就會是德州威果巴爾柯尼斯蒸餾廠奇普・塔特（Chip Tate）的酒款。塔特希望釀造一款充滿德州穀物、木材與氣候的純正德州威士忌。因此，他與夥伴自行設計與建造蒸餾器（採用的是更為傳統的金屬銅）。他們的威士忌選用烘烤過的藍玉米，還有以德州矮櫟（scrub oak）煙燻藍玉米的酒款（煙燻程度也是足以令人跌破眼鏡），兩款威士忌都在蒸散速度極高的炎熱德州氣候陳年。但說到瘋狂的多樣化，想必很難有人勝過位於納什維爾的海盜船蒸餾廠。蒸餾廠團隊選用各式各

海盜船蒸餾廠試驗的啤酒花威士忌。

樣的穀物，如玉米、藍玉米、黍、蕎麥、黑小麥、斯卑爾脫小麥、燕麥、高粱、野藜、麥芽、大麥與裸麥等等，這些穀物全都加進了同一款威士忌：瘋狂穀物波本威士忌（Insane in the Grain）。共同創辦人德瑞克・貝爾（Darek Bell）說：「有些穀物真的很難纏，它們每種都有獨特的個性。」他們也有以帝國司陶特（imperial stout）、燕麥司陶特與皮爾森（pilsner）啤酒蒸餾製成的威士忌，還會讓酒精蒸氣穿過一堆啤酒花或接骨木花，為威士忌添加風味。

　　海盜船蒸餾廠還有另一個煙燻小系列，以不同的泥煤與木材煙燻穀物，他們的三重煙燻（Triple Smoke）使用泥煤、櫻桃木與山毛櫸（beech），嘗起來就像蘇格蘭威士忌加德國的煙燻啤酒，再加上煙斗菸草。貝爾說他正在測試如何把煙燻直接逼入改良過的柱式蒸餾器裡，他說：「讓煙燻風味進入威士忌的方法很多。」

　　接著，他繼續用相當自豪的語氣說出他們蒸餾廠的座右銘：「模仿即是自殺」，並且再添上一句強調：「我們不想重複以前用過的作法。你知道，我活在傑克丹尼的陰影之下，不論行銷與設備，我都無法與他們相比。但是，創造力是自由的。精釀啤酒廠深知這一點，他們盡力嘗試任何想得到的方式。啤酒的多元性無與倫比，而我會慢慢等待蒸餾又將為我們帶來什麼！」

　　雖然貝爾已經為此寫了一本書，《不一樣的威士忌》（Alt Whiskeys），他在書中塞滿了靈感（毫不藏私地分送他的創意），但這股興奮活力需要一點時間方能向外傳播。精釀啤酒也花了一段時間才真

的展開各式實驗，在那之前，他們需要做足練習，也需要好好回頭審視那些經典啤酒是否被高估或小覷了。這也是我們很快就能在精釀威士忌領域更常看到的情況。所有我們談論過的威士忌傳統，都在這幾年產生許多改變，例如柱式蒸餾器轉為大宗、美國蒸餾廠只能使用經燒烤的新橡木桶、蘇格蘭與愛爾蘭蒸餾廠大量使用舊波本桶、銅製蒸餾器使用明火直接加熱的狀態大量減少、加拿大蒸餾廠的調酒／調味威士忌的形象，以及使用新的混種穀物。

　　這些都是精釀蒸餾廠可以回頭尋根的方向，釀製罐式蒸餾的美國裸麥威士忌、用更多不同木桶陳年或使用舊有穀物等。某些精釀蒸餾廠已經走在此方向的路上，但我認為潛力仍然無窮。其中一間精釀蒸餾廠似乎頗為獨特，那便是位於俄亥俄州新卡萊爾（New Carlisle）的印地安溪蒸餾廠（Indian Creek Distillery）。喬與蜜西・杜爾（Joe and Missy Duer）從一間在 1820 至 1920 年間釀產裸麥威士忌的家族農場蒸餾廠買下了一組小型蒸餾器，他們的蒸餾廠也建在相同地點。當時，該家族在禁酒令推行之初便拆解了這些蒸餾器，一直到 1997 年都靜靜躺倉庫深處。2011 年，它們才再度登上產線，而倒入蒸餾器的仍舊是從前的原料配方與水源。

新的威士忌類型

　　當我們眼前聚集了一群依靠創新與差異而各據山頭的蒸餾廠，不免想詢問他們彼此究竟何處相似？總不會只有規模吧。精釀啤酒廠一開始也認為這就是他們與大型啤酒廠的差別，但是他們的規模很快也

變大了，例如首批精釀啤酒廠之一的波士頓啤酒公司（Boston Beer Company），如今已是美國規模前五大的啤酒廠之一。

我其實並不認為被歸類為非知名蒸餾廠有什麼不好。精釀蒸餾廠沒有大筆的投資金額，也沒有一直以來都如此製作的威士忌酒款。他們的酒倉也沒有裝滿上噸或數以千計的陳年酒桶，讓威士忌製造商活像一艘艘巨型油輪，而威士忌路線的重大改變也因此需要非常、非常長的時間。他們也無法經由悉心的調和讓老威士忌在一定範圍內做出改變。很明顯地，他們也無法在彈指之間就推出調味威士忌。但是，使用全新的蒸餾器、改用從未嘗試過的穀物，或是重啟一條完整的系列酒款，這就是小巧敏捷的精釀蒸餾廠的領域了，而且繼續占領的時間應該不短。

精釀威士忌仍然相當年輕。但是，某種程度而言，他們也已遇到了與大型蒸餾廠相同的難題。當威士忌做得愈棒，就能賣出愈多。然而，為了準備未來預期成長所需要的威士忌，例如為了五年後的所需，現在釀產的威士忌數量便必須比現在賣出的更多；一方面還須用三年前產少了許多的銷售淨利，付出今日需要的穀物與木桶費用。哪裡還找得到做出創新改變的時間？又怎麼才能把威士忌放在一旁靜靜陳上多年？

解決這項問題的方法之一其實你已經見識過，那就是高價。精釀威士忌幾乎無一例外都比傳統蒸餾廠的酒款昂貴得多。一瓶三年的精釀威士忌要價五十美元稀鬆平常；一瓶四年的金賓則可能不到二十美元，而一瓶十二年的單一麥芽大約四十美元。這到底是怎麼回事？

其實就是簡單的比例關係。當產量微小時，每單位的成本就會變得相當大。任何在市場買過牛肉的人都知道這個道理。去一趟雜貨店採買，也能清楚感受得到品質好一點的食物需要花多一點錢購買，有機食物則須花相當多的錢，如果買的是特別罕見的食物（像是鴕鳥肉、木瓜與農場起司），就得掏出非常多的錢。同樣的道理也可以套用在精釀威士忌身上。精釀蒸餾廠必須付錢建制新的蒸餾廠（即便是小型蒸餾廠，花費仍然不低）、設備、勞力密集的製造過程、所有法規規範與常規成本，還有能源，這一切的花費都不會有折扣。

但是，高價酒款讓蒸餾廠能抑制需求量，也給他們更多喘息的空間好慢慢填滿酒倉。如果能將需求、供應與售價維持平衡，他們便能開始使用更大的木桶讓威士忌陳放更久。

不過，這是他們想要的方式嗎？精釀威士忌正採用不同的蒸餾方式、不同的酒倉存放與不同的穀物，試著找到讓年輕酒款更棒的方法。更重要的是，口味喜愛還有可能隨時間轉變。我們與老威士忌的戀愛長跑了十五年，供應量已經快被我們喝得見底。而精釀蒸餾廠將會在未來的不遠處用不一樣的東西引誘我們，這些東西將挑戰我們，拓展我們對威士忌的定義。並非所有人都會喜歡它（享受它的方式也會不同，會有新的調酒與新的老規矩喝法）。最終，一切仍取決於你是否喜歡它的味道，這是永遠最重要的問題，也是形塑未來威士忌的關鍵之一。

ST. GEORGE

Handcrafted in California

SINGLE MALT

WHISKEY

An American original

DISTILLED FROM
BARLEY
MALT MASH

43 PERCENT ALC. BY VOL.

43% ALC. BY VOL.

Lot Nº SM013

稀釋
水、冰、調酒

就讓我們一次解決這項威士忌只適合純飲的古老傳說。也許你也曾被威士忌狂熱者慫恿僅純飲威士忌，不加水，當然也不能加冰塊。很多書裡也這麼強調（偵探小說簡直就像威士忌爛建言的聚寶盆），電影與影集裡似乎總有一些自以為是的老男人或自認無所不知的雅痞對著螢幕說：純飲是品嘗好威士忌的唯一方式，直接送上吧！

貝瑞・菲茨傑拉德（Barry Fitzgerald）在電影《蓬門今始為君開》（The Quiet Man）裡說：「我喝威士忌時，喝的是威士忌。我想喝水的時候，我喝的就是水。」接著，把手中的威士忌瓶塞隨意丟開。

　　但就像我們在第五章提到的，把水加進威士忌其實是品飲專家的舉動！所以，難道不能為了放大嗅覺加進幾滴水？或為了和緩灼燒感而倒入一點點水？甚至也不能在一旁準備一杯水？難道，「威士忌，附上一杯水」（Whiskey, water back）的酒吧傳統術語也消失了？當然可以加水。若是為了學習或精進，加水的方式可能就要緩慢、謹慎、規律地一次一點點；但如果只想好好享受，便隨意添加吧。只要記得，一旦水進入威士忌就很難回頭。這比想把牙膏塞回去還要困難非常多。

　　千萬別讓威士忌行家的個人喜好綁住你的手腳，除非瓶中放的是他們自釀的威士忌。若是這樣，也許可以基於禮貌地將加水的分量降低至稍稍幾滴。另外，還有一些威士忌專業酒吧嚴厲看待加水的習慣，若是隨意加水到威士忌，很有可能會被趕出店門，或至少會拒絕你的點單。

　　有些地方流行的文化卻是加水。像是日本便熱愛高球，這是一種以冰蘇打水稀釋蘇格蘭調和威士忌的清爽歡暢調酒，酒精濃度直接滑到低於20％。我也養成了來杯「肯塔基茶」的習慣，這則是在高杯裡混合二比一的水與波本威士忌，這款調酒同時讓水帶有香氣（也同時殺死藏在水裡的壞東西），讓波本變得能暢快痛飲；它很適合搭餐，或是任何想要把波本當作啤酒暢飲的時刻。南美國家（尤其是委內瑞拉與巴西）的威士忌愛好者，相當喜歡用高杯裝著蘇格蘭威士忌、蘇打水與鏗鏘作響的冰塊，當成清涼解渴的飲品。

　　在威士忌裡加冰塊可能更具爭議，因為這個動作不僅加了水，還降低了威士忌的溫度，這個舉動可能會讓某些人嚇到說不出話來。我的朋友跟我說曾有蘇格蘭人用驚恐的語氣向他說：「這樣會凍壞你的內臟。」我想，大概是因為蘇格蘭通常不會有這麼熱的天氣（蘇格蘭的緯度與朱諾〔Juneau〕及阿拉斯加相同，難怪他們不想要冰塊！）但是美國有時實在炎熱。

　　生活在美國，就是會遇到想放點冰塊的時候。當烈日罩頂，坐在後陽臺看顧小孩在游泳池裡玩水，或是正在烤肉架旁翻烤時，我們需要的是一杯冰涼的威士忌。拿一只矮杯，更正確的名稱是古典威士忌酒杯（原因我們等等會說到），丟進幾顆冰塊，再從上方淋入威士忌。

　　喔，這種感受就像美國上校大衛・克羅（Colonel Davy Crockett）說的：「它讓冬日溫暖，夏日涼爽。」再加一點點的冰塊當然更顯清涼。

　　如果打算在熱暑來點優質威士忌（我會，為什麼要僅只因為炎熱，就把某些飲品列為不適合？）別用很快就會融化的碎冰，建議使用大塊、堅硬且溫度很低的冰塊，它會讓冰鎮效果遠比稀釋程度高。除了可以買大型塊冰，並開始練習使用鑿子或冰鎚（令人欽佩的技巧，但將塊冰邊緣鑿得圓順實在累人）；也可以買特大型的圓形或立方體冰塊模（Tovolo的製冰模很好用且價格相當可親）。我沒有買任何威士忌冰石或金屬冰球，不僅可能不慎把牙齒咬斷，它還可能沾上冰箱裡食物的味道。我的建議是，就用冰塊吧。

純飲

加水

加冰塊

再來說到純飲威士忌，嗯，我經常純飲威士忌。例如，為了在冬季暖暖身子，或是品飲一款還未喝過的威士忌，或單純因為我喜歡此酒款純飲的感受。不論純飲或加水，你都應該無所拘束。畢竟，只要想想究竟什麼是「純飲」，就會發現它的定義其實是未經任何添加或稀釋。但是早在威士忌裝進酒瓶時，就已經免不了稀釋的命運，除非眼前放的是已經過混合與稀釋的桶裝強度或單一木桶威士忌。所以，別再瞻前顧後，用任何你喜歡的方式喝一杯吧。畢竟，這可是你的威士忌。

威士忌調酒

威士忌進入調酒世界的歷史已經超過兩百年，原因很簡單：嘗起來很棒。愛爾蘭人很愛他們的熱威士忌（hot whiskey），曼哈頓（Manhattans）是許多波本愛好者的標準調酒（雖然我個人比較喜歡以裸麥威士忌當基酒），加拿大人簡直是肆無忌憚的混調高手，而一杯剛硬的蘇格蘭威士忌加蘇打水則會讓你的一天改頭換面。

讓我再次強調，請由你自身的喜好擔任嚮導。就像你現在開始了解的威士忌，儘管所有威士忌都以穀物製造且在橡木桶陳年，但是，穀物不同、木桶不同，製造者也不同。威士忌之間擁有極大差異，它們將帶著這樣的差異再與不同的材料，以各種方式進入調酒世界。

我為各位列出十三款調酒，大多都是經典調酒，只有一兩種新酒款（你甚至會懷疑它們算不算是調酒）。我們會一款款地介紹它們的組成、為什麼那些食材能與

不要用那瓶威士忌！

你也許也遇過朋友說別把「好」威士忌加到調酒裡，調酒師也許也會這樣說，或甚至用更強烈的語氣。這些威士忌行家總是瞬間澆熄樂趣，真惱人。不過，這次我幾乎完全同意他們所言。我自己曾這樣試過幾次，想看看會做出什麼，你應該也要無拘無束地嘗試看看。畢竟，這是你的威士忌。但是，當你要選擇用麥卡倫十八年做一杯羅伯洛伊、以凡溫客調出一杯曼哈頓，或是用尊美淳金標精選（我的老天）製作愛爾蘭咖啡，我勸你三思。

為什麼？就像用葡萄酒入菜一般。雖然有句葡萄酒料理的老建議：「別用你不想喝的葡萄酒做菜」，但這句其實針對的是有瑕疵或軟木塞污染的葡萄酒，或是加了太多鹽而難以入口的所謂料理用葡萄酒。當你開始喝威士忌後，會有道你不願再往下品飲的品質界線，而且那條線其實真的很低；就像我在前面某處提到的，大多數真的很糟糕的威士忌已然消失。

使用真正高品質的威士忌對調酒的加分，並不足以彌補失去品嘗威士忌本身風味的代價，或是調酒因此而實際陡生的價格。

這讓我回頭一提曾說過的「日常威士忌」。我會在每個主要威士忌類型常備一瓶日常威士忌：一瓶蘇格蘭調和、一瓶標準波本、一瓶裸麥、一瓶愛爾蘭與一瓶加拿大威士忌。這些都是每當到了高球時刻、撲克牌夜或我想來一杯悠閒的調酒時，就會拿出的酒款。

一般而言，將第一瓶罕見、古老且美妙的威士忌以並非隨性的方式與其他材料一起混合，這個作法的確有待商榷。但若是說到供應穩定的日常威士忌，不論酒款品質多「精良」或「手工精釀」，我都秉持著野火雞蒸餾大師吉米·羅素告訴我的哲學概念，他在見到我不久後就說道：「我們其實並不在意人們會如何喝我們的酒，」咧嘴微笑後繼續道：「只在意你們會喝多久。」為此敬一杯吧！

調酒師特別挑選的威士忌類型一拍即合。偶爾，我也會順道說些有關該調酒的故事。準備好了嗎？挑一張酒吧裡你中意的位子，然後把小費都掏出來吧。

熱威士忌
HOT WHISKEY

再簡單不過了

一如其名，這款調酒單純又簡單。如果使用的不是沸騰的水，挑選六年威士忌即可。把水壺放到爐上，在等待水滾時切一片檸檬並將幾朵完整的丁香戳入檸檬表皮；丁香並非必備，但是能讓這款調酒更好喝。準備一只玻璃杯（須是耐熱玻璃或馬克杯，有手把的話也不錯）。準備好愛爾蘭威士忌與糖，白砂糖即可，蜂蜜更

好，如果手邊有德梅拉拉糖（demerara）更完美。水滾了之後，用熱水燙一下玻璃杯，把玻璃杯的寒氣逼走。接著。在杯裡倒一茶匙的砂糖與 1 盎司的滾水，攪拌直到糖完全溶解。加入 2 盎司的威士忌（權力、尊美淳、黑色布希或奇爾貝肯），再丟進插上丁香的檸檬，最後再倒進 1 盎司滾水。攪和一圈。輕輕鬆鬆。請享用。

糖、熱水、威士忌、一點點檸檬。沒有比這更簡單的調酒了。但是老天呀，這與單純一杯威士忌真的差太多了。在威士忌還沒好到可以純飲的從前，人們就是這麼喝的。這是「派對酒」（punch）最早的原型，據傳 punch 源自印度語的「五」（panch），代表包含的五種材料（水、威士忌、糖、檸檬與辛香料）。不過，我覺得它比較接近一種木桶的名稱 puncheon。

糖與檸檬強化了威士忌的麥芽香甜感與果香特性，而丁香的明亮與迷人的麝香氣息則挑起感官注意力，且與橙橘類相當合拍。熱水融合了一切，協助所有氣味與香氣結合，並將它們逼入我們的感官，讓鼻竇與鼻咽大開。想像一下當你感冒時，一口熱茶常能讓鼻子打開一會兒、吸進一點空氣，熱威士忌也是用同樣的方式把香氣帶進我們的嗅覺器官。

熱威士忌並非專屬於冬季的調酒，夏日午後涼風吹來的時刻一樣適合。為什麼？因為它就是這麼好喝。而且，我剛剛已經說過它的作法很簡單了吧。

想嘗試使用蘇格蘭威士忌調製熱威士忌，作法大致相同，但它有另一個稱號：威士忌皮（Whisky Skin），替換成一小片不加丁香的檸檬皮與你喜愛的蘇格蘭威士忌；可以選用一瓶優質調和威士忌，或是堅實的斯貝塞地區酒款，如格蘭菲迪或格蘭花格，也可以用大力斯可讓空氣中充滿泥煤煙燻香。

老時髦
OLD-FASHIONED

調酒的曙光

老時髦是個好名字。所有材料即是威士忌、糖、苦精（bitters）與一點點的水。這是來自飲酒歷史曙光時分的調酒，也是進入十九世紀之際，紐奧良人喝下肚的東西。這是調酒最初的概念：烈酒、一點磨去銳角且讓味蕾愉悅的糖、些許讓爆炸般的口感延續而緩緩平息的苦精，最後添加一點讓烈酒強度落到怡人程度的水。

老時髦是知名調酒，也是我時不時必點的調酒。就像在某些調酒狂熱圈子裡很受歡迎的內格羅尼（Negroni），兩者的作法都極其簡單，一比一比一的琴酒、Campari 苦精、甜威末苦艾酒（sweet vermouth），甚至連經驗最薄弱的稚嫩調酒師都可以輕易駕馭老時髦。酒譜很簡單，但是在我們正式決定要採用哪一種簡單酒譜前，讓我們先釐清幾個小問題。

老時髦真的是美國路易威爾潘登尼斯俱樂部（Pendennis Club）發明的嗎？這裡的確調製過不計其數的老時髦（據傳如此，但這是一間私人俱樂部），他們也聲稱此處便是老時髦誕生之地，但是老時髦的相關紀錄其實可追溯至此俱樂部成立之前。由於早期調酒大約就是這類組合，且波本與裸麥威士忌的現身比俱樂部 1881 年成立時還早了約一百年，在此期間沒有任何人組合出老時髦似乎不太合理。

老時髦該用裸麥還是波本威士忌？若是在肯塔基，答案鐵定是波本威士忌：如果人在紐約或舊金山的新潮酒吧，大概就是裸麥威士忌；現今，加拿大威士忌開始再度流行，也許答案已經變為重裸麥的加拿大威士忌。裸麥威士忌能添加辛香的強度，另一方面，波本可能對某些人來說有點過甜。重要的是你喜歡什麼風格？面對這類提問，我都把它們當作又可以嘗嘗不同調酒的機會，我會相當滿意地說：「這是研究。嘿，我還需要多做點研究。」

老時髦裡面一定要有水果嗎？啊，好的，這個小星星獎勵貼紙給你。這是所有讓調酒師意見分歧的問題中，堪稱重量級的提問之一。1980 年代一段調酒的暗黑時期裡（那是一段還有熬煮酸甜汁〔sour mix〕的日子），我曾學過一點基礎調酒。當時我的老闆調製老時髦的方式，即是在玻璃杯中倒進糖，再用酒吧的酒槍噴進一點蘇打水，隨意加入兩小匙苦精、一片柳橙與一顆醃漬櫻桃（maraschino cherry），然後瘋狂地把所有東西攪在一起；櫻桃泛著螢光紅，柳橙會去皮且通常會用兩、三片。接著，再加入冰塊與威士忌，快速地攪動一圈，最後插進一根調酒吸管與一顆帶柄的櫻桃。現在我已經不會再以這種方式製作老時髦了，我想，應該也已經沒有任何人會這樣做了；現在即使有用到柳橙（我也看過鳳梨、桃子或檸檬），也只是輕輕地與糖混攪以帶出些許果汁，有時，它甚至只是掛在杯緣的裝飾。

接下來介紹我調製的老時髦，歡迎隨意調整成自己喜愛的味道。首先，將一茶匙糖（一般的白砂糖即可，一切保持簡單）倒進玻璃杯中，再倒入一點點的水與兩小匙的 Angostura 苦精。略微攪拌讓糖溶解之後，把玻璃杯中裝滿冰塊，再淋上 2 盎司的波本威士忌，攪拌一或兩圈。相當簡單、樸實且美味，一款像我這樣手拙的老兄也可以輕鬆駕馭的調酒。

威士忌沙瓦
WHISKEY SOUR
不是蒂莉姑媽調的那種

我在念研究所時開始常進酒吧，浪費了許多時間，我的意思是研究所浪費了我

許多時間。我根本不記得什麼時候用過所學，但是酒吧時光讓我踏進這個行業。真希望我當時能在酒吧裡更專心一點！

那是 1980 年代早期，我工作的酒吧裡有三種酒款最受歡迎：桶裝啤酒（draft beer，店裡唯一提供的桶裝啤酒為美樂啤酒〔Miller High Life〕）、用加拿大溫莎（Windsor Canadian）與葡萄柚蘇打水（當地特有喝法）調成的高球，以及威士忌沙瓦。其實任何類型的沙瓦都很受歡迎；我當時也用杏桃「白蘭地」與蘭姆酒調製沙瓦，甚至還有一位老兄點過卡魯瓦咖啡酒（Kahlua）沙瓦。

我不覺得特別麻煩，因為調製沙瓦很簡單。拿一只玻璃搖杯，倒進三杯調酒量杯的烈酒（卡魯瓦咖啡酒流動的速度比較慢，需要借助量杯）、一調酒匙的特細砂糖、兩大口沙瓦混汁（sour mix），最後加滿冰塊。扣上蓋子，搖盪，倒出酒汁，再丟進一顆櫻桃；若以高角度快速傾倒，就能創造嘶嘶作響的微泡與隨即擺上桌的小費，年紀稍長的女性很愛。

唯一的缺點是，我覺得它們很難喝。當時，「威士忌沙瓦」變成我心中廉價人的廉價酒的代名詞。我寧願喝一杯七喜做的高球，也不願點杯窮酸的威士忌沙瓦。

直到某一天，我順道拜訪一位朋友新開的餐廳。那是我第一次踏進一間真正的調酒吧，每位調酒師都是白色背心、黑色領結，店裡有光滑的木製吧檯，吧檯後方排列著眼花撩亂的滿滿各式烈酒，旁邊還有一些突出吧檯檯面的奇怪裝置。我點了一杯啤酒便開始與朋友聊天，但整個情景讓我入迷，而且有個裝置一直吸引我的目光……。

然後，有位客人點了威士忌沙瓦，調酒師抓了一顆檸檬切成一半，把其中一半放進那個裝置的底部下巴裡開始轉動把手。原來這是一部榨汁機！調酒師把新鮮檸檬汁倒進玻璃杯，接著注入威士忌、糖與冰塊，搖盪，然後倒出酒汁，我的老天，我一定得點一杯。他老兄用的竟然是新鮮果汁！

一瞬間我頓悟了。原來，一直以來調酒師口中說的沙瓦混汁很可怕其實過於委婉。濃稠且甜膩的神秘橙橘沙瓦混汁簡直閹割了這款調酒。當新鮮檸檬汁猛然強碰威士忌的甜香時（且糖分直接對準檸檬的酸度，讓它稍微降到剛剛好），這杯調酒瞬間喚醒了我的口腔，下巴後方也突然一陣刺麻的緊縮。就像我的田納西朋友所說：「威士忌沙瓦正招緊我的唾腺！」

所以，重點有二：首先，一定要用新鮮果汁；再者，找到你覺得適合的威士忌，波本威士忌很可靠，裸麥威士忌則如同在爆炸般的口感上加裝了擴大器，加拿大威士忌也很適合。我應該不會選用愛爾蘭威士忌，因為味道可能會變得過於強烈；我應該也不會挑選蘇格蘭威士忌，但是也許挑對酒款，你可能會很喜歡。

這是我調製威士忌沙瓦的方式：在搖杯中裝滿冰塊，再加入 2 盎司的波本或加拿大威士忌，以及半顆檸檬汁與一茶匙的糖（如果選用特細砂糖，還可以做出很棒的微泡；這表示更厚實的小費，我有告訴你喔）。充滿熱情地搖盪一會兒，將酒汁倒進一只冰鎮過的玻璃杯，擺上一顆帶梗的醃漬櫻桃做為裝飾。說到這裡，如果你還想使用沙瓦混汁，我就真的想不透了。

喔，你還想知道卡魯瓦咖啡酒沙瓦？

苦精

許多酒譜裡都有苦精。你也許曾見過用紙包了瓶身一圈的 Angostura 苦精，或是知道許多酒吧調酒師會自己製作苦精。

苦精是什麼？本質上就是酊劑（Tinctures），而且製作不難。首先，選擇你的香氣分子（香草植物、種子、辛香料、樹皮、花、根、草、水果或果皮），視需要清洗乾淨，將它們放進一瓶未添加香氣的酒精，一瓶酒精濃度 40% 的純淨伏特加即可，但酒精濃度 50% 更好（萃取量愈高，濃縮量愈多）。如果找得到的話，也可以使用穀物酒精（一瓶 Everclear 便可以做出相當大量的苦精）。蓋上瓶蓋，放進陰暗的小櫥櫃，靜置一個月。

我剛剛有說苦精不難製作嗎？抱歉，我忘了說想要做出品質優良的苦精很難。平衡所有香氣並不容易，更別說要選出對的材料，但是嘗試一下很有趣。我都選擇直接購買，通常會買一瓶 Angostura 苦精（丁香、肉桂，以一股很像 Moxie 汽水的龍膽根味）與一瓶 Peychaud's 苦精（大茴香與紅色水果），有時還會再買一瓶雷根橙橘苦精（Regan's Orange Bitters，銳利的橙橘與清新的苦味）。

我並不擅長調酒，因此相當尊敬優秀的調酒師。但是，只要幾小匙苦精，我就可以輕鬆做出一杯老時髦，並好好炫耀一番。當苦精與酒混合之後，其實並不會帶來什麼風味，但會連結兩者相反的面向，並在頂層添加一小撮的香氣。一種低調但至關重要的成分。

對威士忌愛好者而言，苦精也許還有其他相當有幫助的用途。當我在賓州鄉下長大時，我的阿曼派（Amish）鄰居總是會備有一瓶舒緩肚子痛的 Angostura 苦精，他會倒出一湯匙的苦精與一湯匙的水混合（著名的德國餐後消化酒 Underberg 也有相同效果，包裝成方便的一口瓶裝）。每當我是指定駕駛時，我就會請調酒師幫我調一杯薑汁汽水或蘇打水加一小匙的苦精。苦精是很美味的添加物，讓這杯飲料就像是調酒，而且仍然頗具男子漢的味道。

最後，如果你突遭打嗝不休的襲擊，我慎重推薦一帖老調酒師的療方：一片檸檬與一點點苦精，咬進嘴裡含住後，吸進苦精與檸檬汁。每次嘗試必定奏效。

它很可怕，就像機油般油油亮亮。不過，既然我剛剛提到它了，這就多給你一份卡魯瓦咖啡酒的沙瓦酒譜，這是我在墨西哥學到的正宗作法，並且練習過許多次：在古典威士忌酒杯中裝滿冰塊，注入 2 盎司的卡魯瓦咖啡酒，從上方使勁擠入半顆萊姆。丟入萊姆皮後攪和兩圈。新鮮的萊姆汁能使口感清爽，帶走咖啡香甜酒的濃重甜膩，並點亮香草與焦糖味。美味！

薩茲拉克
SAZERAC

趁機拿出裸麥威士忌吧

我喝過最令人失望的調酒之一就是薩茲拉克。當時我人在加拿大蒙特婁（Montreal）一間旅館酒吧，調酒師的穿著對了，烈酒也對了，他的禮數也很周到。但是，隨著他的動作一步步接近完成，我的眉頭也跟著皺了起來。他把糖、加拿大威士忌（雖不是美國裸麥威士忌，但因為現在人在加拿大，這是可以接受的替代品）、苦精與檸檬汁混合，接著搖盪

並將酒汁倒入雞尾酒杯，再加上一條裝飾用的檸檬皮。這是一杯威士忌沙瓦，而且調製品質相當不錯，但這不是薩茲拉克。

我持續向不同酒吧點薩茲拉克，幾年下來，得到許多版本不同但都令人失望的薩茲拉克（有的類似剛剛提到的威士忌沙瓦，有的是令人傻眼的回應：「好的，我們有薩茲拉克裸麥威士忌，請問你要純飲還是加冰塊？」）我想我們終於走到了這一步，想要在多數調酒酒吧與好餐廳喝到一杯好的薩茲拉克調酒，可能需要向調酒師提出多一點建議。不過，去年我在舊金山的經典牛肋排館（House of Prime Rib）聽到調酒師對我說：「好的，先生，請問您希望我用哪一款裸麥為你調製？」當下我的心臟似乎漏了一拍。

因為，你知道……薩茲拉克其實不難！這很像裸麥版本的老時髦加上一點艾碧斯苦艾酒（absinthe）。以下是如何調製：用一點足以浸濕古典威士忌酒杯的水混合糖，倒入兩小匙的苦精（Peychaud's 苦精最正統且合適，但 Angostura 苦精也可以，或各加一點）與 2 盎司的優質裸麥威士忌（薩茲拉克十八年或年紀輕一點的「幼兒薩茲拉克」也很棒，黎頓郝斯也很不錯），接著，加入冰塊並攪和。

以上材料都逐步疊上後，淋上約半茶匙的艾碧斯苦艾酒（或茴香酒藥草之聖〔Herbsaint〕），迅速取出冰鎮過的玻璃杯，倒入一點艾碧斯苦艾酒並旋轉玻璃杯，讓杯壁裏上一層酒液，再把多餘的酒倒掉。把剛剛疊好的酒汁倒入裏好酒液的玻璃杯中，最後灑上一點檸檬果皮。請享用。最困難的部分就是為酒杯裏上一層艾碧斯苦艾酒，因為我會很執著地想要讓玻

璃杯的每個角落都覆上一層酒液。

　　形容它有多好喝反而很簡單，因為它真的很美味。老時髦的部分已經很好喝（Peychaud's 苦精的大茴香額外添加了一股令人振奮的明亮感），艾碧斯苦艾酒則以它本身的草本特性強化了裸麥威士忌的個性。大茴香、茴香與苦艾的混合和裸麥的青草、薄荷及草本感搭配得宜，所有特性都一起增強了。這就是一種我們希望在優質調酒嘗到的合作關係。

　　薩茲拉克很少遇到無法打動人心的情況。這是展開美好夜晚的絕佳調酒，讓一切隨著香氣流動，以酒液裹住酒杯的儀式也能讓你很快地進入「今晚不在家」的心情。但它又簡單地能讓你在返家途中點一杯（請搭乘大眾交通工具或計程車，薩茲拉克裝著不少扎實的烈酒）且不帶壓力。

　　最棒的是，就像一款不加水果的老時髦，它不帶華而不實的裝飾。這是一款扎扎實實的調酒，一杯讓調酒師會在內心默默認可你的專家級調酒。會點薩茲拉克的人可不是鬧著玩的。

曼哈頓
MANHATTAN

變色龍

　　我們接著要進入的可是不開半點玩笑的調酒。曼哈頓是一款決不廢話、成熟男人的調酒，需要你也付出一點敬意。曼哈頓裡面全是烈酒，不僅包含量如馬丁尼的威士忌，還有大量的威末苦艾酒，再淋上足夠的苦精讓威士忌與葡萄酒攜手合作。攪和後倒出酒汁（或不另外倒出；這是可以與冰塊一同享用的調酒之一），最後以傳統的櫻桃或更精緻的柳橙皮裝飾。它端上來了，你看著它，它也盯著你，翻攪著，顫動著，蘊勁深厚。最危險的部分就是，它嘗起來真是該死地美味。

　　不論你聽過哪一則曼哈頓的源起故事，真正故事其實在於它的轉變，它如何不斷變身，如同調酒界的千面演員朗·錢尼（Lon Chaney）。基本且「真正」的曼哈頓通常就是這份經典且簡單的酒譜：2 盎司裸麥威士忌、1 盎司甜／義大利威末苦艾酒、幾小匙 Angostura 苦精，裝滿冰塊後攪和，倒出酒汁，最後裝飾。威末苦艾酒的辛香氣息與香甜（別與馬丁尼相比，曼哈頓的威末苦艾酒要滿滿 1 盎司）使裸麥的辛香和干型特色完整，再加上苦精滲透、包圍且交融一切。夫復何求。

　　但是，調酒師喜歡在每個材料上都想點變化，然後創造出全新酒款（真的全新，不只是換換名稱）。如果將威末苦艾酒的一半換成不甜白威末苦艾酒，這就是完美曼哈頓（Perfect Manhattan）；將苦精換成苦皮康（Amer Picon），就成了蒙納

漢（Monahan）；把裸麥換成蘇格蘭威士忌，就是羅伯洛伊（Rob Roy）。變化幾乎永無止盡；就好像酒保突然被曼哈頓咬了一口後，就變身成為調酒師。

部分版本如同曼哈頓革變。我常去一間位於波士頓外的酒吧，叫做深榆樹（Deep Ellum），大多時候，我都是去那兒喝啤酒（他們的低酒精濃度精釀啤酒酒單很棒，這類型啤酒剛好是我的最愛），但他們的調酒酒單擁有幾乎一打的各式版本曼哈頓。老闆之一麥克斯‧托斯特（Max Toste）曾告訴我這份酒單的故事。

他說：「1994 年，有個叫做比利‧羅斯（Billy Rose）的老兄教我怎麼做曼哈頓。他用美格威士忌、甜威末苦艾酒、一顆大櫻桃、Angostura 苦精與一調酒匙的櫻桃汁。這讓我一頭栽了進去。」（我還記得他們的眾多曼哈頓。我在 1990 年代中期喝遍了，香甜且鮮甜，與我現在喜歡喝的辛香裸麥曼哈頓一百八十度地不同）。

他繼續說：「然後我找到一本書《知名紐奧良調酒與如何製作》（*Famous New Orleans Drinks and How to Mix 'Em*, Stanley Clisby Arthur, 1937），其中的曼哈頓是裸麥曼哈頓，Peychaud's 苦精與威末苦艾酒二比一。就是這個時刻，我對曼哈頓眼界大開，也開始思考不同調酒時代的差異。」

這個時代差異的概念引起我的注意。深榆樹有一款 1950 年代曼哈頓，托斯特形容它是當時的當紅歌手：「經典迪恩馬汀（Classic Dean Martin）用波本威士忌、大量苦精與一顆 Luxardo 的櫻桃。」我最近一次在那兒喝的是 1970 年代曼哈頓，托斯特說：「這是我爺爺的曼哈頓，二比一的加拿大會所與威末苦艾酒，再加一小匙的

自製苦精，裝進冰塊後再用果皮裝飾。」

當裸麥威士忌開始在美國酒吧銷聲匿跡，曼哈頓隨著人們的口味轉變與可變性的提高而不斷變化。當人們想要在其他調酒找不到的風味，或單純為了換換口味時，曼哈頓便為了各種需求不斷變身。它也為了調酒師而變形，感謝這些調酒師發明了不少極佳酒譜。

曼哈頓以各式樣貌屹立不搖（感謝古典調酒復興者與裸麥威士忌的復活，我們今日仍能喝到原始版本的曼哈頓）。用與你味蕾契合的獨特曼哈頓為此敬一杯吧。

威士忌高球
THE HIGHBALL

威士忌與……

我生平第一次看到「高球」兩字是兒時的一本童書《特威格先生犯的錯》（*Mr. Twigg's Mistake*），由知名插畫家兼作家羅伯特‧羅森（Robert Lawson）所著。羅森擁有寫書天賦，他並非用向孩子說話的語氣，卻仍受到小朋友的喜愛（而且圖畫也

絕對堪稱天才），他的書裡常有大人的角色出現，說著大人會談論的話題。書裡主角的父親為了鎮上官員的拜訪而事先調製高球，官員想向主角的父親抱怨他兒子養的巨大鼴鼠。書裡的高球讓每個人都變得很友善，我邊看邊想什麼飲料可以這麼好喝又這麼有效！

這一想就是好幾年。《特威格先生犯的錯》寫於 1947 年，那是這種高高一杯且風格清新的調酒在美國流行的黃金年代。三十年後，到了我開始喝酒的年紀，同齡朋友沒有一人知道我說的高球是什麼。終於，我在又一個十年後的一本調酒書上搞懂了什麼是高球：一種簡單的酒類飲品，將酒、果汁、水、蘇打水或軟性飲料與冰塊混合，置於瘦長的杯中。這種從容悠閒的調酒可以慢慢啜飲，也能大口暢飲，只要單純多喝一點就能延長歡樂時光。

許多高球都是不含威士忌的版本，如自由古巴（Cuba Libre）與莫斯科騾子（Moscow Mule）則是用琴酒與通寧水（tonic），威斯康辛人喜歡的白蘭地甜老時髦（Brandy Old-Fashioned Sweet）也是一種加了櫻桃果汁與苦精的高球。這款調酒最棒的優點就是，所有角色都可以嘗試加入。這就回到威士忌高球的正題吧！

蘇格蘭威士忌！讓我們來一杯裝滿蘇格蘭威士忌與蘇打水的高球，這是炎熱天氣的經典冠軍蘇格蘭調酒。先在高杯倒入幾盎司的蘇格蘭調和威士忌，再填滿冰塊，最後倒滿蘇打水。（我最近喜歡喝威海指南針的大國王街蘇格蘭威士忌，這是該調和威士忌公司的計畫酒款，希望帶回調和威士忌的尊嚴，它與蘇打水加在一起非常美味。）

這款所謂的調酒其實相當有趣，因為口裡嘗到的遠比放進去的材料多更多，杯裡其實只有威士忌與水。這款調酒很適合漫步或提振精神。乍聽之下只是稀釋威士忌，但其中蘊藏著更多。當然還有蘇打水氣泡帶來的實際口感，舌上會有氣泡破裂的拉扯感，然而，原來其實會有一部分二氧化碳在口腔轉化成細微的碳酸，像我們的老朋友乙醇一般牽動舌頭相同的神經。這讓蘇格蘭威士忌加蘇打水產生蘇格蘭威士忌單純加水無法創造的效果。氣泡會帶來額外的香氣，一旦嘗過就會明白為什麼它如此受歡迎。趕緊試試看吧。

愛爾蘭威士忌！愛爾蘭威士忌其實頗為抗拒高球的概念，因為光是純飲，被解決的數量便相當驚人了，而且一旁通常還會擺上一杯啤酒。我最近才開始訓練自己別每次點一杯健力士，都要再大聲喊著「再來一杯一口杯的權力」；這已經有點像是反射動作，因為這個組合太美味了。

但是，尊美淳狡黠又有趣的員工，準確擊中了人們喜愛高球的靶心：愛爾蘭威士忌與薑汁汽水（ginger ale）。它誕生自明尼亞波利斯（Minneapolis）名為當地（The Local）的一間酒吧，他們的高球就是用薑汁汽水與尊美淳的威士忌調製，名稱是大薑汁（Big Ginger）。這款調酒受歡迎的程度，高到該酒吧擁有尊美淳北美地區的最高銷量，甚至酒吧決定跳過經銷商直接向愛爾蘭總公司聯繫，並發展出他們自己的愛爾蘭威士忌品牌雙薑汁（2 Gingers）。去年獲得合法許可販售此酒類後（販售高球竟然要經過許可？），尊美

淳將這款酒推向全球市場。而且，你也知道，它相當美味。薑汁汽水其實與相當多不同種類的威士忌都很搭！

波本威士忌！如果你聽過「波本與支溪」（bourbon and branch），而且納悶「支溪」代表什麼，它指的其實就是水。「branch」是肯塔基當地專門代稱匯流至較大溪流的小支溪，支溪的水清涼且純淨（如果幸運的話！）也是加入威士忌的好材料。我喜歡在波本威士忌裡加水（甚至會冰鎮波本威士忌），並以二比一的比例做成肯塔基茶，這個比例水量充足且仍能有清晰的威士忌風味。它相當適合搭餐，還可以隨著你一同在炎日漫步。如果還沒試過，你真該現在就來一杯。

雖然，現今最大宗的波本威士忌高球是與可樂調製，但是這樣的配法其實有另一個威士忌類型更為出名，所以接下來就該介紹……

田納西威士忌！這款調酒的名稱便是傑克與可口可樂（Jack and Coke）。據說70％的傑克丹尼都是與可口可樂或薑汁汽水一起喝下肚的，我也十分相信此說法。走進美國任何一間酒吧，大約有五成機率

會看見某人正喝著一杯傑克與可口可樂。

不過正確名稱應該是傑克與可樂（Jack and cola），因為我第一次喝老7號的經驗就是傑克配百事可樂（Jack and Pepsi），它嘶嘶作響、甜美（這可是百事可樂！）且帶有威士忌的香草與玉米香甜，遠比跟我一起工作的女孩們喝的糖漿般櫻桃可樂（Cherry Cokes）好喝許多。

這個組合來自遙遠的從前，甚至可以追溯至禁酒令前。美國知名記者亨利·路易斯·曼肯（H. L. Mencken）在1925年於猴子審判（Scopes trial，譯註，美國田納西州知名審判，一名高中教師因講授演化論而違反田納西州巴特爾法案〔Tennessee's Butler Act〕遭起訴，審判過程受美國全國矚目）中，便描述了一段有關月光威士忌的情景：「在我到達那座村莊剛好十二分鐘後，就被一位基督教徒拉著走，他帶我介紹他最喜愛的昆布蘭山（Cumberland Range）烈酒：一半玉米蒸餾酒與一半可口可樂。雖然我覺得這很像是種可怕的毒藥，但我發現達頓（Dayton）睿智的鄉親都歡欣地飲盡，一面摸著他們的肚皮，眼睛一面咕溜地轉著。」達頓的人們今日依舊，只是蒸餾酒陳年的日子變長了。

裸麥威士忌！當我位於賓州遙遠東南部的家鄉變得炎熱潮濕（老天呀，這裡的夏天真的很潮濕），而我必須化身烤肉大廚（或是懶懶地躺在吊床上）時，啤酒不會是我的首選；當氣溫露點（dewpoint）到了80，啤酒的美妙會開始從我眼中消失，我會看著一瓶冰涼的啤酒，然後腦子想起了死亡，想起了死亡的毒鉤。

這時，我往往會拿起一只大玻璃杯，

裝進一大杓冰塊，倒入好喝的薑汁汽水與便宜的裸麥威士忌。所以，每當我越過邊境往馬里蘭州去，我都會順道買一大瓶派克斯維爾裸麥威士忌，我的炎熱夏季好夥伴。我聽過有人把這種調酒稱為裸麥長老會（Rye Presbyterian，原始版本使用蘇格蘭威士忌），但我直接叫它裸麥與薑汁（Rye and Ginger）。裸麥的辛香感與薑汁的活力讓人不禁讚嘆：老天呀，裸麥威士忌真是不可思議。真不知沒有這種飲品的從前，人們是如何活下來的？

我還有另一款裸麥威士忌調酒想與大家分享，其實只因為它的酷暱稱。這款黑水雞尾酒（The Black Water Cocktail）又是深榆樹酒吧（我在曼哈頓調酒時有提過這間酒吧）某顆創意不斷的腦袋想出的調酒。將一比一的老歐弗霍特與 Moxie 汽水倒在滿是冰塊的杯中，最後再擠上大量的檸檬。麥克斯・托斯特開心地說：「這是龍膽根（gentian）汽水。根本不需要加苦精！」托斯特的調酒師戴夫・卡格爾（Dave Cagle）則把它叫做「有見識的傑克與可樂」。

我一定得嘗嘗這款調酒，結果它的風味實在強烈。事實上，我那杯的 Moxie 汽水比例還更高了些，比較接近高球的風格。這樣一想，這也許是我喝過最棒的威士忌開胃酒。Moxie 汽水的怪異龍膽根味，如同突然箍住裸麥的頸背（那個四處橫行無阻的裸麥威士忌！），就像拉著狗兒的項圈繩一般拖進嘴裡，然後在口中叫它表演坐下、握手等把戲；最棒的是，它讓 Moxie 汽水變好喝了。不過，檸檬也是不可或缺的角色，柑橘捲起了 Moxie 汽水的甜味，若是少了它，我想這杯酒會一塌糊塗。

加拿大威士忌！如同身處美國威士忌市場一名高大沉靜的老兄，我們在美國喝下數量驚人的加拿大威士忌，但是因為調酒師尚未發覺加拿大威士忌，所以絕大多數酒款卻仍相當低調（主要都是父執輩那一代喝下肚的）。

有趣的是，這也是我二十幾歲兒子與他的朋友們最喜愛的酒類。當他們發現我有個櫥子放滿了加拿大威士忌樣品時，我們變成一夥非常要好的朋友，我也開始多了解一點「這些上大學的孩子」都在喝什麼。其實，他們喝得有點太多了；他們會把加拿大威士忌與任何 2 公升裝的東西混合。我為了幫助他們而買了一些優質的薑汁汽水與一瓶皇冠威士忌。

因為，除了我在 1980 年代於賓州伊瓦（Iva）林線酒吧（Timberline）工作時遇到的詭異喝酒習慣的人們，我真不知還有誰會想把加拿大汽水與葡萄柚汽水混調（還有一名女子堅持要用葡萄柚果汁，因為它比較「健康」），而我會選擇讓加拿大威士忌與薑汁汽水混調。遵照加拿大威士忌大師達文・德・科爾哥摩堅持的，加拿大威士忌通常塞滿了裸麥，所以，把它想成裸麥威士忌調酒吧！我的確會傾向再擠上一些檸檬汁，以抗衡加拿大威士忌通常帶有的較甜特性。但不同的是，接下來我會冰鎮它，然後再倒進大壺，派對準備開場了！

日本威士忌！我們其實已經在日本威士忌章節討論過這類調酒了。日本威士忌的高球就是與蘇打水調製而成的「蘇打水

割」。日本人會混合它們，再做成罐裝，他們甚至會在酒吧做成桶裝，因為它的銷量極大，客人會大杯大杯喝下。他們全然擁抱高球把酒精濃度調成啤酒強度的概念。用大杯裝的威士忌調酒，我很愛這個概念。

精釀威士忌！這不是開玩笑吧？這些精釀蒸餾廠賣上老命、付出真心，只為做出最棒的手工精釀威士忌，然後你要把它們混調成高球？沒錯，因為精釀蒸餾廠最棒的產品之一就是創造現金流的白威士忌（未經陳年或短暫陳年的蒸餾酒），這玩意就像曼肯口中田納西人暢飲的烈酒，懇求著有沒有什麼東西可以讓它變成一種飲品。

就像指湖蒸餾廠的格蘭雷霆（Glen Thunder）玉米威士忌，能調成一種擁有謙和美味與平宜價格的調酒，首先將幾盎司的威士忌倒進裝著冰塊的杯中，再以百事可樂、胡椒博士（Dr Pepper）或冰淇淋汽

水裝滿。這些威士忌就像是空白的畫布，所以用想像力把它塗成夢想中的烈酒飲品吧。

薄荷朱利普
MINT JULEP

整杯倒掉吧

倒一大杯美味的波本威士忌（真的是一大杯，約3~4盎司），再淋進裝了碎冰與薄荷的銀杯中。如果這還不能算是肯塔基冰筒，我真不知什麼夠格。

薄荷朱利普曾惹出許多爭議，如原始版本是否混有薄荷？最初用的是什麼烈酒？哪一款是最棒的酒譜？我最喜愛的酒譜來自路易威爾的記者兼編輯亨利・華特森（Henry Watterson）。

他說：「在傍晚時分葉片正要形成露珠時，從底部小心地拔下薄荷。選出長有小枝葉的部分，但別清洗。準備簡單的糖漿並倒出半杯威士忌。將威士忌倒進妥善冰鎮過的銀杯，然後，把其他東西都扔到

垃圾桶後，細細品嘗這杯威士忌。」

如此直接，實在令人尊敬，但是當你喝過調製得宜的朱利普後，你也會了解為什麼人們曾經為之瘋狂。我也會在冰鎮過的朱利普銀杯（玻璃杯也可以，但是銀杯真是太棒了）中加入薄荷，再輕柔地稍微與砂糖混合。

然後，我會用 Hamilton Beach 的雪人冰刀碎冰器作弊（只需要花二十美元，就能用這部電動碎冰裝置快速產出大量的碎冰，還能保冰！）我會按下開關，直到裝成滿滿的一杯白雪般的碎冰，接著倒進美味的波本威士忌。雖然杯中已有 3~4 盎司（隨你喜好決定酒量）的威士忌，我們仍然希望杯中的烈酒能承受碎冰融化的稀釋，所以也許可以大膽地挑出重量級酒款，如留名溪、野火雞 101 號或老福斯特大師精選（Old Forester Signature）酒款。接下來，持續攪和直到杯子開始結霜（如果杯子事先經過妥善冰鎮，便不須攪動很久），再裝滿冰塊，最後在頂端插進薄荷小枝葉（插進前快速拍打一下，讓它們釋放香氣）。

如果想為這杯調酒插進吸管，準備一雙吸管且剪短到只比杯緣高出約 1 吋；飲者因此必定會讓鼻子貼近薄荷，這是此款調酒相當重要的部分。糖能帶走任何源自薄荷過多的苦味，薄荷則能強化波本的特性。我常在波本威士忌裡感受到薄荷的氣息，薄荷本身的草本特性也與威士忌的香草與玉米搭配得宜。

這是一款很是有趣的調酒，但是千萬當心，因為一杯朱利普的酒量相當於兩杯曼哈頓。

這款調酒能讓我放聲大笑，而且不只是因為它很美味。當然，可能會有一些威士忌假行家說威士忌應該要純飲，不加水，當然更不能加冰塊。不過，這款最傳統的調酒之一就是裝滿了冰塊，而且刻意要讓波本威士忌冰凍到與冰塊一起冒出微微的冰煙。這就是一款要讓你盡情歡笑的調酒。

讓我再說一個值得當心的故事，請千萬小心你的薄荷來源。我因為太喜歡這款酒，甚至在後院種了一大堆薄荷，多到可以在上面打滾。我會把它們加在薄荷朱利普、薄荷茶與波本高球裡。然後，某天我正站在廚房水槽前，準備調製薄荷朱利普，用我特別彎曲過的冰凍茶匙攪和著，並抬頭望向窗外。我看見我家的獵獾巴利（Barley）偷偷地在我的薄荷園上抬起了牠的後腿。

我從此戒了薄荷朱利普將近一年。

夫里斯科
FRISCO

感謝大衛·汪德里奇

大衛·汪德里奇之於調酒作家，就像格特蘭·萊斯（Grantland Rice，美國傳奇

體育記者）之於體育記者。汪德里奇是不可多得的天才，他蒐羅出的歷史細節讓他的調酒文章引人入勝（即便你是禁酒主義者，但可能需要帶點幽默感）。

他為《Whisky Advocate》雜誌撰寫專欄，每期都寫下不同的威士忌調酒。編輯他的文章讓我學到不少調酒知識與美國歷史。這款精巧美麗的夫里斯科我之前從未聽過，但就此成為我最愛的調酒之一。

它的作法很簡單：在搖杯中倒入2.25盎司的波本威士忌、0.75盎司的廊酒（Benedictine）與大量冰塊，然後使出渾身解數地搖。將酒汁倒在冰鎮過的玻璃杯中，再裝飾一片檸檬果皮。完成。

由於你可能還會再多喝一兩杯，讓我提醒你裡頭擁有與曼哈頓相同含量的波本威士忌，而且，廊酒的殺傷力比威末苦艾酒高很多。但是，夫里斯科神秘地讓人一口接著一口，因此消失的速度通常會比曼哈頓快。閃爍著金黃光澤的廊酒之草本特性神奇地環繞著波本威士忌，撫順它粗獷的銳角，更強化它的橡木與香草調性。

我把這份酒譜存進手機，每當我在酒吧裡看到廊酒（不幸的是並不常見），我就會問問調酒師想不想學一款很簡單的新酒譜。我想，如果我繼續這麼做，也許有一天就可以把這個好東西讓全美國都知道。一起幫幫我吧。

愛爾蘭咖啡
IRISH COFFEE

從愛爾蘭香農到美國舊金山

如果你碰巧到舊金山漁人碼頭（Fisherman's Wharf）的美景咖啡館，你一定要點一杯他們以此著名的愛爾蘭咖啡。店內牆上掛滿了裱上相框的報紙與雜誌報導，應該很難錯過這款美酒。調酒師（應該就是賴瑞·諾蘭〔Larry Nolan〕，他製作愛爾蘭咖啡的時間已經超過四十年，每天幾百杯，也可能是在這裡工作三十年的兄弟保羅〔Paul〕）會在吧檯列上一排酒杯，裡頭放了兩顆方糖，等著下一輪點單。架上則是一排一排又一排的特拉莫爾，準備被倒入酒杯。美景咖啡館因愛爾蘭咖啡而知名，不論何時（早上、下午或深夜），只要我在那兒，點的一定都是愛爾蘭咖啡。他們讓這款酒臻至完美，這般專致定能讓人們看見。

當然，愛爾蘭咖啡不是他們創造出

來的。愛爾蘭咖啡的發明有明確的歷史記載，時間發生在第二次世界大戰的暗黑年代。一架四引擎的水上飛機離開愛爾蘭福因斯（Foynes）的船塢，前往紐芬蘭（Newfoundland）。飛機在寒冷暗灰的香農河（River Shannon）上升空。但他們很快就遇上暴風雨及逆風，飛行員不久就決定返航。經過了十小時的飛航，筋疲力盡的乘客拖著疲憊的身軀回到航廈。

酒保喬・謝里登（Joe Sheridan）看到了大家的狀態，覺得他們可能需要一點比咖啡更強的東西。他在黑咖啡裡丟了一些添加養分的糖，再搭配一些大量且營養的生命之水，最後在頂端鋪上一層滿滿的鮮奶油（更多營養）。愛爾蘭咖啡就此誕生，謝里登更讓這款酒聲名大噪。

愛爾蘭咖啡如何登上美國的美景咖啡館一樣也有紀錄。得過普立茲獎的《舊金山記事報》（San Francisco Chronicle）專欄記者史坦頓・德拉普蘭（Stanton Delaplane）在香農機場（在只有水上飛機的時代之後）喝過一杯愛爾蘭咖啡，返鄉後，他便向美景咖啡館的老闆傑克・克普勒（Jack Koeppler）說起。他們決定重新創造這款調酒。

說完這個故事後，他們經過幾小時的實驗便掌握了這款調酒。以下是調製方法。首先是酒杯，今日已有專門的愛爾蘭咖啡酒杯，這是一種擁有杯頸與把手的玻璃酒杯，能清楚看到上層漂浮的鮮奶油，但陶製的杯子也適宜。先在杯中倒入熱水溫杯，將水倒掉之後丟進兩顆方糖（或 1.5 茶匙的砂糖），接著加入 2.5 盎司的愛爾蘭威士忌（或 2 盎司，單看今天寒冷的程度），以及 5 盎司的咖啡，直到離杯緣還

有約 1 吋之處，然後攪和。

謹慎地將打到厚挺的鮮奶油倒在頂部，形成一層漂浮。這次你該好好地親手打出厚實的鮮奶油，別使用可以直接從罐裝噴出的鮮奶油。據信，謝里登曾說過這款調酒的成功秘訣就是選用放了幾天的鮮奶油；也許可以加點鹽代替。如果你真的不是很想打發鮮奶油，可以拿一支湯匙，背面朝上地平放在杯口，小心地慢慢將鮮奶油順著湯匙流進杯裡，重點就是別直接讓鮮奶油攪進酒中，讓它漂浮在頂層。

愛爾蘭咖啡一定要用愛爾蘭威士忌調製嗎？也許可以用柔和的蘇格蘭威士忌代替，如歐肯特軒或都明多（Tomintoul）。但為什麼要用其他威士忌替代呢？畢竟，僅是在咖啡裡倒入一個一口杯的任何威士忌，就完全少了那份儀式感。教我調酒的老兄便深信不疑，好幾次他在那杯熱熱的黑咖啡倒入老爹波本威士忌時，都會這樣跟我說：「抓住微醺的感覺，保持清醒地享受它。」

愛爾蘭咖啡決不僅止如此。它是一種獨具原創的調酒，也是愛爾蘭的象徵。而且，當傍晚近夜與一群朋友坐在一塊兒，聊聊彼此遇到的故事時，沒有什麼比得上一杯熱熱的愛爾蘭咖啡。

鏽釘
RUSTY NAIL

香甜實在

經典的調酒就是烈酒、糖、苦精與一點點水的混合。鏽釘甚至還覺得這樣有點太複雜！鏽釘就只是倒在冰塊上的烈酒（蘇格蘭調和威士忌）與烈酒（金盃蘇格蘭香甜酒〔Drambuie Scotch liqueur〕）。其中比例則需要各自找到個人的喜好。剛開始，可以從側重於蘇格蘭威士忌著手，如三比一的威士忌與香甜酒，然後逐步朝香甜酒靠近。

鏽釘之所以如此簡單，是因為所有複雜的過程已經都幫你完成了。沒錯，威士忌已經做好（而且這部分也別便宜行事，選用品質較好的調和威士忌讓潛力徹底發揮），但是這杯調酒裡真正的主角其實是金盃。

金盃（有「讓您滿意的烈酒」〔The Dram That Satisfies〕之意）宣稱曾是人稱英俊王子查理的查爾斯・愛德華・斯圖亞特（Charles Edward Stuart）之私人酒譜。1746 年，王子在克羅登（Culloden）慘敗給蘇格蘭反抗軍後，便在英國軍隊追趕中開始逃亡。約翰・麥金農（John MacKinnon，克蘭・麥金農家族一員）協助王子搭船逃至斯開島。故事中，王子為了答謝，便將他珍藏的威士忌與香料調和配方送給麥金農。希望當時麥金農至少有喝到幾口這款酒，因為後來他由於協助王子逃亡而入監一年。

不論故事如何，金盃真的是相當美味的好東西。金盃早在 1909 年便開始生產，

所以一定相當美味，而且，可以歷經如此長的時間而穩固不衰的香甜酒相當少見，尤其是在威士忌的世界。調味威士忌雖然現在相當暢行，但這只是最近的流行趨勢。在金賓紅牡鹿（Red Stag）爆炸般地流行之前，威士忌香甜酒的生命週期通常很短且不會如此受歡迎，不過，金盃與愛爾蘭之霧（Irish Mist）則是例外，它們都建立了一小群忠誠的愛好者。

金盃的組成成分頗為神秘。金盃香甜酒公司（Drambuie Liqueur Company Ltd.）只會對外說他們的酒裡包含香草植物、辛香料、石南花蜂蜜與調和威士忌。威士忌為金盃自產的調和威士忌；該公司會從麥芽與穀物威士忌蒸餾廠購買新酒，自行以波本桶於自家酒倉陳年（目前擁有超過五萬桶正在陳年的威士忌酒桶）。這是獨立酒廠才能做到的規模，金盃於 1914 年便完全由麥金農（並非當初協助王子逃亡的麥金農家族）持有。

不久前，我才為《Whisky Advocate》雜誌品評金盃的酒款：「有趣的草本或藥草香氣，帶點胡椒、青草、乾燥牧草、乾燥花、橙橘果皮與甘草氣息；入口後則有香甜但活潑且明亮的口感，當橙橘香氣散發且威士忌特性明顯地現身後，更由蜂蜜與草本植物香氣包裹著。隨著威士忌調性漫步退向遠方，尾韻則主要是草本與香甜感。整體而言，相當複雜且豐富。」

多年來，這是我第一次品嚐金盃，而我感受到對它的一股新的敬意。一旦為鏽釘加入蘇格蘭威士忌，杯中就又擁有更多威士忌風味；如果選擇的是帶有怡人煙燻的酒款，如約翰走路的黑牌，還會發現酒中不僅多了煙燻風味，還增加了深度，多

了一點個性與滿足感。

此外，我還試了新的金盃十五年（Drambuie 15），該酒款以斯貝塞十五年麥芽威士忌（此酒款首度與金盃一起成為重點行銷）製成，我對此酒款印象相當深刻。它讓威士忌走到了幕前，酒款變得較輕，甚至草本感更重且更美味。因此，鏽釘的威士忌比例便可調低，我做了一比一的鏽釘，這杯調酒相當傑出。可以稱它為15便士鏽釘嗎？不，我情願將酒款命名的任務留給其他人。

血與砂
BLOOD AND SAND

有點黏

血與砂是經典蘇格蘭調酒之一。蘇格蘭威士忌的調酒其實並不多。老實說，羅伯洛伊也是一種曼哈頓的變形（我覺得鮑比伯恩斯〔Bobby Burns〕亦是曼哈頓的版本之一，但裡面還加了一小匙的廊酒；很酷）。不過，每當人們討論起蘇格蘭威士忌無法拿來調酒時，就會有人提到這款調酒，他們會說：「可是，不是還有血與砂嗎？」此話一出，眾人也只好點頭。

你也這麼認為嗎？對我來說，血與砂是一款無法在真正的競賽有戰勝機會的調酒。我想，它至今仍能存活的主要原因，可能只是因為我們需要一款蘇格蘭威士忌的調酒，而且製作方式簡單。為什麼我會這麼說？來看看酒譜吧，所有材料的比例都一樣：0.75盎司的蘇格蘭調和威士忌、新鮮現榨橙橘果汁、喜靈櫻桃香甜酒（Cherry Heering）與甜／義大利威末苦艾酒。搖盪，倒出酒汁，再用一顆櫻桃裝飾。簡單。接下來該做的就只有把它硬吞下肚了。我會說「硬吞」是因為這個經典比例的血與砂讓人噁心，它極度甜膩，櫻桃與橙橘果汁如同掐住喉嚨，甚至嘗不到一絲威士忌的味道。這還有什麼意義呢？

我對血與砂深深地失望，直到我在費城的艾曼紐酒吧（Emmanuelle）喝到風乾血與砂（Dried-Up Blood and Sand）。酒吧經理菲比·艾斯莫（Phoebe Esmon）聽到我的失望之後，用一個難以抗拒的提議誘惑我。她說：「我會為你做一杯你不會喜歡的血與砂，然後，我會再做一杯我們酒吧的血與砂，這個版本比較好。」艾斯莫與她的搭檔克莉斯汀·加爾（Christian Gaal）倒出1.5盎司的蘇格蘭威士忌（他們用的是威雀），然後將果汁與喜靈櫻桃香甜酒降低到0.5盎司（菲比說「櫻桃也要降低0.5盎司，因為它霸占了整杯酒」），最後他們用大大的橙橘果皮捲裝飾，而非櫻桃。

兩杯差異十分明顯。第一杯黏稠，而「風乾」版本的第二杯則是讓腦袋能持續轉動的香氣調和，十分美味。在新的比例

裡，蘇格蘭威士忌與威末苦艾酒變成了結實的部分，與曼哈頓的調法一致，果汁及櫻桃不再是主角，且多了與烈酒的互動。

血與砂調酒最初誕生在遙遠的 1922 年，一部由魯道夫・瓦倫帝諾（Rudolph Valentino）主演的鬥牛黑白默劇。電影都從黑白轉為彩色了，為什麼調酒酒譜不能變呢？試試新版本吧。就像菲比說的：「血還新鮮時，其實不太好喝，等它風乾一些，再來好好喝一杯。」

盤尼西林
PENICILLIN

萬靈丹

這是一款人稱「新經典」的調酒。但也有人認為如果看得夠仔細，就會看出它其實大約就是用調和威士忌做的威士忌沙瓦，再把砂糖換成蜂蜜糖漿（與一點薑），上面再浮著一層艾雷島麥芽威士忌。不能算是威士忌沙瓦，但也相去不遠。

入口之後，老天呀，它真的不是威士忌沙瓦，這就是為何會被稱為新經典，而非變異版本的緣由。因為其中某些東西搭配得如此合拍，讓我感受到這樣的差異：「就像哈雷機車，其實就是腳踏車上裝了馬達。」聽來沒錯，但是……實則不然。其中有如同量子躍遷般的變化。

「新經典」調酒的好處就是我們通常無須抽絲剝繭才能找出它們的源頭。盤尼西林擁有出生證明：2005 年由山姆・羅斯（Sam Ross）在他於紐約工作的酒吧牛奶與蜂蜜（Milk & Honey）所創。甚至原始酒譜都有記載，因為山姆大方地分享給大家，以下就是此酒譜：

在搖杯中混合三片新鮮薑片。加入 2 盎司的蘇格蘭調和威士忌、0.75 盎司的新鮮檸檬汁與 0.75 盎司的蜂蜜糖漿（一比一的蜂蜜與熱水，攪拌均勻後冰鎮），再與冰塊一起搖盪。在古典威士忌酒杯中裝進滿滿的冰塊，再從上方倒入酒汁，並在頂端浮上一層 0.25 盎司的艾雷島單一麥芽威士忌（似乎通常都會選擇採用拉弗格十年，但別因此受限，也應該考慮一下卡爾里拉）。某些酒吧因為太常有客人點盤尼西林，會事先做好蜂蜜薑糖漿，如此做出的調酒依舊相當美味。

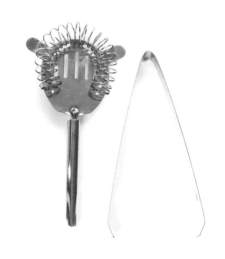

當你吸到第一口盤尼西林的香氣時，就能明瞭為何沒有裝飾了，因為完全沒有必要。拿起酒杯的瞬間，就像站在艾雷島波特艾倫發芽間的下方處：撲鼻的泥煤味！橙橘皮？檸檬皮？它們也都可能會被杯中之物團團包圍，聞不到一絲氣息，沒有任何氣味能穿過那薄薄一層的 0.25 盎司。

至少在你開始讓盤尼西林入口之前，當杯裡的各角色開始混合後，就能嘗到檸檬與薑，然後慢慢了解為什麼這杯調酒能如此受歡迎。它不只是以煙燻味耍耍把戲，其中包含了太多，各材料調和出的香氣也經過審慎的考量且彼此協調。這真是一款治療乏味調酒的萬靈丹。

鍋爐工
BOILERMAKER

同志仍須努力

最近，有關「啤酒調酒」的討論聲響不小。本質上，我並不反對這個概念；如果有人可以把我最愛的飲品與其他東西一起做出更美味的調酒，這有什麼好反對的？我一直保持著開放的心態，也試過許多啤酒調酒，甚至發明了幾款已經出版的酒譜。這款乾季（Dry Season）則是我的出版遺珠之憾，酒譜如下：在一只冰鎮過的紅酒杯中倒入 0.5 盎司的干型琴酒，旋轉酒杯直到琴酒裹住杯壁，接著倒入 8 盎司經冰鎮的季節精釀啤酒 Saison Dupont。我個人覺得很值得出版，可惜我的編輯不同意。唉。

不過，我通常不太能忍受啤酒調酒。就像剛剛所說，我其實不討厭這個概念，但執行上則有待加強。在眾多嘗試之後，極少遇見一款啤酒調酒會讓我拋開寧願直接喝一杯單純啤酒的念頭。但有兩款調酒例外，其中之一就是紅眼（Red Eye），即是將番茄汁（或不錯的血腥瑪莉〔Bloody Mary〕混汁）與淡啤酒混合。紅眼比單純的淡啤酒好喝得多。

另一款就是鍋爐工。這是一款非常簡單的啤酒調酒：將啤酒倒進玻璃杯，威士忌倒入另一只玻璃杯。啜飲一點威士忌（或灌下一口杯，畢竟那是你的肝），再啜飲一點啤酒，重複輪流啜飲。完成！這真是一款美味的啤酒調酒！

當然，我是在開玩笑，但是當啤酒品質越來越好，並且贏得越來越多人的尊重之後，工人們的鍋爐工也受到了更多關注。費城的復興運動從運動團隊 Citywide Special 在鮑伯與芭芭拉（Bob & Barbara's）酒吧開始，他們推出了三美元的一罐藍帶啤酒（Pabst Blue Ribbon）與一杯一口杯金賓的組合。這款調酒真的就

此開始在費城散布開來。其他酒吧也開始效仿並添加點變化。在費城可以嘗到 Narragansett 拉格加老克勞（Old Crow）、當地裝瓶的 Sly Fox 啤酒加海瑞，或是 Miller High Life 與金賓加起來的高賓（High Beam）。另外，也並非所有酒吧都選用波本威士忌，如藍帶啤酒加奇爾貝肯，以及 Molson 啤酒與加拿大會所組成的喔加拿大（O'Canada）。當然還有我最愛的健力士與權力。

這樣的搭配其來有自。威士忌很美味，啤酒很美味，加起來……相當美味。啤酒柔和了威士忌的炙熱，威士忌則讓清淡的啤酒顯得強勁。我喜歡每四口啜飲威士忌後，再拿起啤酒杯啜飲多口。記得，你一次喝的是兩杯酒。

啤酒加威士忌會如此美味其實並不那麼令人吃驚。威士忌本來就源自啤酒，它們都是穀物製成的酒類，就像父與子、生死之交、蝙蝠俠與羅賓，或是鍋爐工與他的助手（此調酒的老名字）。這就是讓這款調酒成功的關鍵。

還有一件事：
調味威士忌的流行

調味伏特加簡直可謂失控。三十年前，市面上能看得到的調味伏特加只有恐怖的霓虹色混合物（櫻桃與萊姆口味分別都有過於飽滿的酒色），與傳統的野牛草（bison grass）或東歐以外便很少見到的胡椒味伏特加。今日，酒架上擠滿了各式口味，如櫻桃、梨、橙橘、蘋果、草莓、番茄、打發鮮奶油、杯子蛋糕、楓糖、小熊軟糖（gummy bear）、茶、咖啡、鹽味焦

糖等等。我剛剛才看到媒體放出消息即將推出新款的菸草口味伏特加（還分原味菸草與薄荷菸草口味！）

看到調味伏特加、思美洛冰酒（Smirnoff Ice）與水果口味啤酒等麥芽酒類的調味產品如此成功，想必威士忌領域有人能想出如何在威士忌中添加香精，且越過美國身分標準規範，只是遲早的事。果然，不得添加香精與其他物質的合法水壩潰堤，調味威士忌的洪水奔流而下，這般景象我們從未聞見。

從蜂蜜開始下手（野火雞美國蜂蜜〔Wild Turkey American Honey〕為第一款調味威士忌，其後還有伊凡威廉與傑克丹尼），接著便是櫻桃口味的金賓紅牡鹿與伊凡威廉櫻桃精選。現在還有茶與肉桂口味的紅牡鹿，以及加拿大之霧推出的水蜜桃、肉桂與楓糖口味。

帝王下了一步極為大膽的險棋，在總是堅決反對調味威士忌的蘇格蘭威士忌協會的眼皮底下（調味威士忌在他們眼中簡直如同反基督般大逆不道），推出了帝王高地人蜂蜜威士忌（Dewar's Highlander Honey）。酒瓶上的官方標誌註記為「蒸餾酒」，但這是放在瓶身後方的酒標。瓶身的前標則寫著「帝王蘇格蘭調和威士忌融合天然香料」（Dewar's Blended Scotch Whisky Infused with Natural Flavors）。蘇格蘭威士忌協會反對的理由在於官方標示

稀釋了蘇格蘭威士忌的定義，但他們認為前標反倒較為精確。

這款調味威士忌的成功開啟了這類添加香料的大門。因此，只要銷量持續成長（人們的確不斷購買），蒸餾廠便會持續製造，甚至加入更多香料。我曾試過一些麥根沙士與「南方辛香」口味的調味威士忌，它們現在排在我的試樣隊伍，裝在鋁瓶中。

那麼，調味威士忌真的這糟糕嗎？它並不讓我驚豔。就像調味伏特加一樣，沒有人拿刀架著脖子逼人們購買，而且，對我來說找到未調味的伏特加也並不困難。在商店架上與酒倉中，仍舊放著比調味威士忌多了許多的未調味威士忌等著我們購買，而且它們永遠不會消失。

當我近距離認識調味威士忌時，我試著讓自己腦中記得金盃香甜酒與愛爾蘭之霧，試著藉此提醒自己調味威士忌也可以很不錯。我希望找到一款真誠的調味威士忌，以天然香料與威士忌做出良好搭配。在這樣的基礎下，我認為最初金賓紅牡鹿的櫻桃調味威士忌是成功的；櫻桃的香氣嘗起來真實，就像我在家鄉賓州荷蘭酒吧喝到的自製櫻桃調味威士忌。同樣地，傑克丹尼的蜂蜜威士忌嘗起來的確就像加了蜂蜜的傑克丹尼，而不是摻進什麼人工合成的蜂蜜香精。

威士忌狂熱圈經常表達對調味威士忌的沮喪與噁心，還會把金賓果汁稱為「紅嘔吐」（Red Gag），因此，這番言論可能為損害我在圈中的聲譽。不過，若真如此也就這樣吧。老實說，當我把某些試樣倒進玻璃杯的冰塊上，再與幾小匙苦精和一點威末苦艾酒一起攪和，結果竟然比多

數我嘗試調製的曼哈頓都好喝（我告訴過你，我真的很不會調酒）。當然，我寧願喝一杯真正的曼哈頓，但這些酒款並非一無是處。

關於調味威士忌，更重要的則如蘇格蘭威士忌協會所懼怕的，它是否會毀壞威士忌的整體形象與名譽。我的直覺是絕大多數會購買調味威士忌的消費者，並非威士忌愛好者，這樣的消費者絕大多數也不會轉變成為未調味威士忌的愛好者。

不過，還是有人們會開始嘗試，不論是直接純飲未調味威士忌或是從調酒開始下手，這讓我想到了另一個問題：如果我們不與調味威士忌握手言和，那麼，我們是否也不該與威士忌調酒打交道？麥根沙士調味威士忌和加了冰塊的傑克與可樂，又有多大差異？又有多少喜歡傑克與可樂的人終於「畢業」，開始啜飲威士忌？最重要的是，為什麼我們真的應該要為此擔心？

我不認為調味威士忌會在絕大多數愛好者的心中取代原有的威士忌。目前我認為，萬一調味威士忌真的狂銷熱賣，這就表示蒸餾廠能以更多資金增進我們的威士忌，嘗試更多讓威士忌變得更美味的新方法。與眾多從事威士忌產業的人們聊過後，我可以告訴你，他們大多也是這種想法。

不過，萬一你看到了一瓶水蜜桃口味的麥卡倫十八年，也請麻煩通知我一聲，因為這也許就是世界末日的預兆，而我還想在死前喝一杯。

CHAPTER No.14 威士忌搭餐

在食物搭配方面，葡萄酒擁有許多文章，啤酒方面也持續成長中，這些文章討論著哪些「對的」葡萄酒或啤酒能與「對的」食物順利合作。我們已經從基本的「紅酒配紅肉，白酒配白肉」遠遠進步許多，現在發展到找出什麼最適合搭配秘魯的酸漬海鮮 ceviche（一種比利時季節特釀啤酒〔saison〕）、蛋捲料理（灰皮諾〔pinot grigio〕葡萄酒）與零食巧克力花生醬杯（出口型司陶特啤酒或波特酒；我不騙你，快試試看）。我們懷抱著無比熱情投入酒與食物的搭配，嘗試各種組合，一面為可怕的搭配敬一杯酒，一面忙著告訴朋友什麼是一定要試試的絕妙組合。

威士忌幾乎在這場有趣的遊戲中缺了席。威士忌的搭餐有時是在偶然間發生，因為我們通常會在用餐前或用餐後喝杯放鬆心情的威士忌，讓美好的夜晚慢慢展開。威士忌通常扮演一餐的收尾，而非餐間共飲。那次我生平遇過最棒的搭餐經驗之一，就在愛爾蘭科克現已歇業的愛彼特飯店（Arbutus Lodge），以啤酒與玉黍螺開胃，再讓葡萄酒和野兔佐芥末一同登場，最後則是以咖啡、小甜點與一杯尊美淳塞進肚裡的縫隙。

威士忌搭餐主要的困難就在它大膽的風味與強勁灼燒的酒精。有些人（其實是多數人）從未跨越我們在第四章提到的那堵牆，或是他們選擇把威士忌當成調酒或高球品飲，這當然也很美味，但這與搭餐則是兩碼子事。威士忌在風味領域力道十足，但已發展出食物搭餐的厚實紅酒與帝國型司陶特也是如此。威士忌只需要我們多花一點心思、多一點不一樣的期待與不同的喝法。

例如，葡萄酒搭餐時考量到的酸度、單寧與果香，以及啤酒方面的苦味、殘糖與發酵香氣；反觀威士忌，我們需要多考慮酒精濃度、陳年時間、木桶類型與木質特性的多寡、酒體、泥煤味強度（如果有的話）、甜度、主要穀物的影響，以及威士忌是否需要加點水以發揮所有風味。

這些考量其實不像聽起來這麼冷冰冰。在實際決定酒款時，比較像是當下那一刻以準備好的感覺挑選。有了一面思考、一面品飲威士忌的經驗後，回想那個感覺，想像威士忌在你口中與鼻中的表現，然後以此想像與食物的搭配。

這是一種可以不斷精進的技巧。例如，我就有所進步：我的威士忌旅程從美國波本與裸麥威士忌開始，因此相對晚期才開始接觸蘇格蘭威士忌，但是最近我開始為一位主廚推薦一些搭餐的蘇格蘭威士忌，我們一起試了各式各樣的酒款。最後他搭出了許多極佳的組合，其中一組最亮眼：大摩十二年與深巧克力烤布蕾佐糖漬橙橘。

看到這道組合時，我腦中想的不是：「嗯，酒精強度中等，沒有泥煤味，應該也沒什麼問題。雪莉桶的特性能帶出巧克力布蕾裡水果與堅果特性。大摩則點出了糖漬橙橘的柑橘調性。酒體的重量也足以在厚重的鮮奶油裡挺身而出。這樣搭應該可以。」不是的，我只是看著它們，心裡想著：「太棒了！」在某個階段之後，這變成了一種直覺。而且，讓我再次強調，這是一組相當傑出的搭配，那天晚上最棒的一組。

搭餐可以分成幾種方向。首先，可以用威士忌讓食物更為完整：想像一下煙燻型的蘇格蘭威士忌配上煙燻鮭魚、甜美的波本威士忌遇上以原生穀物做成的印地安布丁（Indian pudding），或是柔滑香醇的加拿大威士忌與一把剛烤過的堅果。這些通常就是最簡單且最直接的搭餐，它們唯一會出錯的可能，只有在威士忌或食物把特性的強度推到過頭了。

另一種方式則是利用威士忌壓制食物某些過於強烈的個性。我最喜歡的例子就是愛爾蘭威士忌與培根。我指的不是某道加了培根的料理（雖然也搭配得宜），而是早午餐盤裡能大口咬下的優質培根（肥滿的愛爾蘭培根或酥脆的蘋果木煙燻五花肉），然後啜飲一口愛爾蘭威士忌以完滿

豬肉的甜美，並且用清淡的酒體削減肥肉的濃膩（某些擁有青草與果香氣息的單一罐式蒸餾威士忌甚至更棒）。我很愛的新鮮竹莢魚（bluefish）也有相似的油膩，深色魚肉的風味亦相當強烈，堅實的蘇格蘭調和威士忌能讓它和緩下來，如約翰走路黑牌或起瓦士。

如果想為整頓晚餐搭配威士忌，就得把保持清醒的時間拉長。這時我經常會選擇高球路線，蘇格蘭威士忌加蘇打水或肯塔基茶（二比一的水與波本威士忌）。我想你現在也已經知道我既是威士忌飲者也是啤酒愛好者，這種稀釋法能讓我用喝啤酒的方式飲威士忌。如此一來，我不僅能嘗到威士忌的風味（能順利達成完整風味型或削減對抗型的搭配），低酒精濃度也能讓我大口飲下以解渴，或在咬進下一口之前清清味蕾。這讓我想到某次品試各國火腿（風味強烈、乾澀且鹹）時，我配的就是用 1792 里奇蒙精選（1792 Ridgemont Reserve）調製的肯塔基茶。如果那天我是用純飲波本威士忌清爽口腔，想必會是匆匆在不省人事下結束的一晚，那晚加水稀釋的威士忌搭配得相當美妙。

接下來，我們會一一討論不同威士忌類型的搭餐想法。另外，就像我一直鼓勵你依照自己喜歡喝威士忌的方式，所以我就不討論調酒領域的搭餐，除了我剛剛提到的高球。調酒本身其實就是一種組合搭配，以此為基礎已經有許多可以向外發展的方向。調酒是極佳的搭餐飲品，但它也更講求個人喜好。

威士忌搭餐最重要的關鍵就是無所畏懼、大膽且不要想太多（葡萄酒與啤酒亦然），畢竟，最糟的狀況就是一次悲慘的搭餐體驗。你也不會再做出相同的錯誤，而且很快就有下一餐可以嘗試。同樣的，你有可能遇到與我的朋友山姆相同的經驗，他聽了服務生隨性的建議，以十四年的克萊力士（Clynelish）搭配一道半殼盛裝的生蠔，即使多年以後，每當提到那次經驗他的臉上都會浮現相同的表情。

鼓起勇氣；思考一下，喝下冒險的一口，然後沉浸於其中。如果服務生想的不如你周全，嗯，你也學到了一課。你可以冷靜一點；把杯子放到一旁（如果你擔心放太久可能會氧化，可以加上蓋子），食物很新鮮，大快朵頤好好享受。最後，再拿起威士忌，慢慢放鬆地品嘗。我向你保證，威士忌與放鬆的心情就是排行第二名的最佳搭配。當然，最棒的組合永遠都是威士忌與朋友。

蘇格蘭威士忌

在幾世紀中一起成長的威士忌酒款與料理很難會搭配失敗，因為人類歷史很少見到什麼與每天吃的食物一同享用會很可怕的飲品。例如巴伐利亞（Bavarian）的拉

少少幾滴

我第一次嘗到威士忌與生蠔搭配的美好滋味是與一群記者在雅柏酒廠。注意：我指的不是威士忌搭配生蠔，而是威士忌加在生蠔裡面！參觀行程結束後，我們被帶到戶外，那兒有名男子正熟練地剝著剛從附近海岸採收的生蠔殼。我們正被酒廠招待著一杯杯分量豪邁的雅柏群島之王（Lord of the Isles），這是一款二十五年威士忌，香甜、煙燻、複雜且難以置信地圓潤。搭配新鮮且富海水鹹味的生蠔，相當美妙。

然後，一位蒸餾廠的老兄建議我們在還沒把酒都吞下肚前，滴幾滴在生蠔上。這是什麼顛覆想像的好點子！直接滴在生蠔後，威士忌能伴隨整段口嘗體驗，同時遍布生蠔殼上並在鮮美的肉質中增添泥煤香氣。我簡直上癮了。之後，在 WhiskyFest 與 Tales of the Cocktail 等酒展，波摩酒廠也會建議參觀者先用叉子叉起生蠔，再將威士忌直接倒在殼上與裡面的鮮汁混合，一口飲盡，他們稱之為生蠔雪橇。

不論什麼吃法，你都應該試一試。我現在正好準備出門吃頓晚餐，也要用我剛剛寫的方式大吃生蠔，等等要用隨身威士忌瓶裝一小壺亞德摩爾蒸餾廠釀出的教師單一麥芽煙燻型威士忌，生蠔們請小心！

格啤酒、烤雞與麵條，法國的葡萄酒、起司與麵包，以及比利時瘋狂般地隨性發酵的啤酒與貝類。

所以，一般而言，羊肉、魚類與海鮮（不論是否為煙燻料理）、甜點、柑橘類（蘇格蘭很早便致力於生產與享用橘子醬〔marmalade〕）與蘇格蘭國民點心燕麥餅乾（oatcakes）等，都能與蘇格蘭威士忌搭配得宜也就不奇怪了。為這些食物構想威士忌酒單十分簡單，只要輕鬆寫下「蘇格蘭威士忌」，搭餐就大功告成了。

別高興得太快。首先，你也知道（讀完這本書後你一定會知道）蘇格蘭威士忌的特色並非單一。蘇格蘭威士忌有清淡型的調和威士忌、雪莉桶陳的單一麥芽、煙燻濃重的泥煤怪獸、質樸的古董與經過葡萄酒桶換桶的異國風情。蘇格蘭威士忌為我們的味蕾提供一系列美妙的選擇，也為料理或快餐準備了廣大選項。挑出你要的威士忌，一旁也準備一大杯飲用水，以備不想啜飲風味時飲用，然後好好享受。不論海鮮料理是否經過煙燻，都相當喜愛艾雷島或其他擁有泥煤煙燻味的威士忌；酒液會用豐滿誘人的煙燻味抓住並包裹口中的海鮮。煙燻鮭魚與生蠔都是很簡單的搭配，但其實幾乎任何經過簡單料理的新鮮海鮮，都能與泥煤威士忌完成美好的聯姻，包括煙燻型的蘇格蘭調和威士忌，如黑瓶子或約翰走路的雙黑限定版。

如果你是肉食主義者，我建議點選風味更加濃厚的料理，甚至可以來道野味，如牛肉、羊肉、鹿肉，以及鴨或雉等野禽。簡單料理即可（入烤箱或翻烤皆宜），這些料理會將麥芽裡的焦糖特性拉高。我覺得泥煤威士忌會太過強勢，反而減損了這些肉類料理的美味，因此比較傾

向挑選未經泥煤處理的酒款。

如果你還準備了甜點，如我剛剛提到的深巧克力烤布蕾，應該都能有很不錯的表現，除非你的威士忌有無比厚重的雪莉桶或葡萄酒桶特性，或是煙燻味強烈到如同碳烤窯爐，不然甜點是相當容易搭餐的食物。泥煤威士忌其實與深巧克力（只要不會過甜）的合作關係不錯。燕麥餅乾、消化餅乾、糖霜餅乾、奶油酥餅，以及其他穀物基底的甜點，都能自然地與穀物釀製的酒類搭配，所以放開膽子無所畏懼地測試你最喜歡的搭配吧。

蘇格蘭也有一種傳統的威士忌甜點，名為卡那恰（cranachan）。用一點點烤過的燕麥、濃厚的鮮奶油與吸滿蜂蜜與威士忌的覆盆子，裝在小碟子裡並經過冷藏。這道甜點相當美味且簡單，強烈建議你趕快試一試。

如果你喜歡在餐末端出一盤起司，只要避開氣味強烈的生起司就可以了。切達

起司（Cheddar）、高達起司（Gouda）、瑞士起司與我的最愛瑞士 Hoch Ybrig 起司等，都能與蘇格蘭威士忌搭配得宜；此搭配取決於你的個人喜好。例如，你應該也發現我沒有提到任何藍紋起司（blue cheeses）。某些威士忌愛好者堅持藍紋起司與斯貝塞威士忌的麥芽及果香合作無間，尤其是雪莉桶陳年的酒款；但我就是完全無法接受，威士忌會產生一種金屬味，而起司則變得帶有甜感。很顯然一定有些人不同意我的看法，所以，讓我再次強調，這取決於你的口味，而決定搭餐組合是否成功的唯一途徑就是親自實驗。

日本威士忌

在此簡單附註一下日本威士忌的搭餐。雖然日本威士忌確實與蘇格蘭威士忌不同，但兩者之間也的確有無法忽視的相似性。與蘇格蘭威士忌相似的麥芽威士忌之所以會在日本廣受歡迎，一部分也是因為它與日本料理的搭餐相當完整。日本料理包含大量的穀類與魚類，這兩類食材都渴望著與麥芽威士忌結合。鎖定這兩種食材，便很難出什麼差錯，另外，也須考量某些日本食材（如薑、黃豆與味噌）可能會一刀斬斷與威士忌的連結。同樣的，做個實驗，找到最讓你開心的搭配。

波本與裸麥威士忌

波本威士忌的搭餐很簡單（本章所有提到有關波本威士忌之處，田納西威士忌一樣適用）。你可以在任何較甜或味道較淡的料理（如豬肉、雞肉與火雞肉）上淋一點波本威士忌。淋在鮭魚上也很不錯，

它們將共同融合成一道稠郁美味的料理，威士忌能提高肉質的風味，再倒上一杯威士忌一起搭餐更是完美。波本威士忌也能與豆腐一起料理，你可以想像我有多開心嗎？豆腐終於能有多一點味道了！

波本威士忌醬的做法我們一樣秉持簡單的原則：半杯紅糖、四分之一杯的第戎芥末醬（Dijon mustard）與兩湯匙的波本威士忌。快速攪拌，大方地將醬汁淋灑並輕拍在食材上。醬汁配方請隨意調整。如果你比較喜歡奶油，也可以用它替換第戎芥末醬；或是，也可以用楓糖代替紅糖。你也可以試著加一點伍斯特醬（Worcestershire sauce）或番茄醬，如果喜歡的話，也可再加一杯一口杯的辣醬，但請先嘗嘗原味的味道。這樣的作法能料理出相當美味的肋排，但別太快就加上額外的醬汁，等料理快完成時再添上。

另外，波本威士忌料理還可以更簡單，如金賓蒸餾大師布克・諾料理烤雞或豬排的方法。他會切幾片優質的厚豬排，放上烤架翻烤，等肉快可以裝盤之前，他拿出一瓶波本（他用自家的原品博士波本，但用在明火燒烤料理上，對絕大多數的我們來說酒精濃度都太高了！）隨意地淋在豬排上，然後用鍋蓋罩住豬排一會兒。豬排能藉此擁有絕佳的波本風味與薄薄一層美味的焦炭。

好了，料理小建議到此為止！還記得我曾說過豬肉與雞肉都是波本威士忌的最佳拍檔嗎？肉質的香甜與威士忌不僅合拍，還能因此變得豐美多汁，是口中的絕佳饗宴。如果你想額外加上醬汁，不論是上桌後添加或起鍋之際，記得波本威士忌很適合甜美的水果醬料（尤其是杏桃與梅子）。

不用說，低溫慢速烹調的豬肉料理也很適合波本威士忌；沒錯，我說的就是用木材小火煙燻慢烤。手撕豬肉（Pulled pork）：一邊放上波本威士忌醬；烤肋排：啜飲一小口波本威士忌或一大口肯塔基茶切去一口油膩。牛胸邊肉（burnt ends）：波本威士忌能減緩些微焦炭感（相信我，波本很懂燒烤）。不論使用的是山胡桃木（hickory）、蘋果木、櫻桃木或橡木（我喜歡混用），木材煙燻味都能瞬間召喚出酒液裡的橡木。同樣的道理也適用於培根。

許多邊菜也可謂波本威士忌磁鐵，尤其是帶點甜味的料理。波本的穀物之母玉米尤其萬用，畢竟它同時兼任穀物與蔬菜的身分。奶油玉米、玉米麵包與玉米碎都不會出錯，而且玉米碎裡還可以隨意加入所有你喜歡的好東西，如起司、蝦子或楓

威士忌晚餐

不久前，我太太和我邀請了另外兩對夫妻來家裡共享威士忌晚餐。這些朋友正想要多學一點威士忌，而我簡直喜出望外。我決定以晚餐的形式與他們分享威士忌，因為這更歡樂且比單純品飲更容易讓大家多聊聊。有時我喜歡走偏門，而非直搗黃龍。

我想向他們介紹全部四種主要的威士忌類型（蘇格蘭、愛爾蘭、美國與加拿大威士忌），所以依序安排我的菜單。我從十二年高原騎士開場，些微的泥煤味，但不會太過頭，還有美妙多變的橙橘類與麥芽香。一起上桌的是小麥餅（water crackers）、有一絲酸味的農場切達起司與網烤鮭魚（當天早上我用赤楊木熱煙燻過）；然後胡言亂語的評論說雖然起司帶出了酒中的果香，但是這道魚把原本些許的煙燻味放大得有點過頭。其中還有一些醃小黃瓜與橄欖，但老實說不太成功。

接下來是主餐：錢櫃的十二年波本威士忌。搭配的是塗上一層波本酒液的豬腰肉、鮮切玉米與波本地瓜。

波本威士忌是我的必備威士忌之一，它宏大、不假掩飾地甜，並帶有木桶賦予的香草莢香氣與橡木辛香。我用古典威士忌酒杯裝盛，在這夏日傍晚，我也詢問朋友是否想要搭上一杯清涼的礦泉水或冰塊。

主餐料理完美呈現我對波本威士忌的搭餐哲學：波本威士忌永遠不會加太多！豬肉的鮮甜搭配得十分良好，波本威士忌塗層增添了焦糖香，並藉此帶出了威士忌特性。玉米與波本永遠都是好拍檔，它是波本的基底穀物，不可能出錯，不過別加太多鹽。我不介意波本威士忌配上加點鹽的烤玉米，這時我不會再額外加鹽而只塗上奶油；另外，墨西哥烤玉米也很不錯。

地瓜的作法十分簡單：煮熟之後與南瓜派香料和紅糖混合，再加上四分之一杯的錢櫃威士忌。同樣的，胡言亂語的評論又說我這道料理根本沒動腦。

甜點很棒。我太太凱西在市場買了一些中東甜點果仁蜜餅（baklava），再淋上一些些蜂蜜。一起上桌的是微微加熱的濃厚單一罐式蒸餾紅馥 Redbreast 威士忌，甜美且富果香的威士忌馬上與蜜餅緊緊擁抱。酒液強化了蜂蜜與堅果的特性，但將甜度削減了一個等級。紅馥 Redbreast 是當晚收到最多詢問與評論的酒款，果仁蜜餅未傷它一分一毫。

最後，到了放鬆的時刻。我拿出一盆現烤的薄鹽開心果，還有小心倒出一點點的三十年加拿大會所。這是一款罕見威士忌，我用它來「介紹」加拿大威士忌的確有點作弊嫌疑（而且，我記得我曾告訴你應該避免這種作為）。但是它擁有加拿大會所二十年威士忌的所有特徵，而且在這加拿大威士忌逐漸溜入美國市場的當下，我想這是公平的推薦。我還沒提到加拿大威士忌與高品質烤堅果有多契合吧？豐厚香氣與木質氣息讓堅果宛如在口中漂浮，兩相合作讓我們不停地喀嚓咀嚼、細細啜飲，並在入夜後慢慢談天。

那真是美妙的一晚，威士忌能伴隨晚餐，料理也能用奇妙的方式炫耀威士忌的風味。準備一些食物、幾瓶威士忌，好好享受吧。

糖。墨西哥烤玉米（elote）會先將玉米在圓盤翻烤（或是水煮），再塗上厚厚的美乃滋、起司與辣椒粉，這與波本威士忌搭起來也很是美味，雖然會吃得到處都是。

儘管我不是地瓜的愛好者，但是只要再加上一點紅糖或楓糖（這也是波本威士忌的好夥伴），就能與這紅色酒液完美搭配。另外，幾乎所有蔬菜（請避開有苦味的蔬菜，如苦苣等蔬菜）與波本威士忌的關係也都不錯，只要加一點奶油與紅糖，或再放進一些火腿或培根丁。焗豆（baked beans）也很棒，如果你還沒想到該拿它怎麼辦，一樣可以直接在鍋裡灑進一些威士忌。

甜點呢？當然可以！波本是可以直接淋在冰淇淋上的威士忌之一，尤其是香草冰淇淋或特濃法式香草。波本威士忌醬還能讓麵包布丁（bread pudding）變身成散發炙熱威士忌愛意的一團不美觀但很美味的極品，我不只一次看到這對組合讓晚餐喧騰的群眾，全部一同靜下慢慢發出滿足的嘆息。

現在，輪到裸麥威士忌了。我還對裸麥威士忌做許多實驗，主要是因為我通常在還沒上菜前，就已經喝乾它了。但我曾參加過留名溪裸麥威士忌 2013 年的贊助晚宴，那次我學到絕大多數與波本合拍的料理都很適合裸麥威士忌，但它容易被甜點擊敗。「dry and rye」（干型與裸麥）能押韻不是沒有道理的。那五花肉呢？絕佳搭配。但如果加了楓糖，最好還是選擇波本威士忌。

另一個與裸麥威士忌有絕妙搭配的是煙燻牛肉（pastrami），雖然聽起來有點老掉牙。香料配香料，一切完美；即使上面

有美味肥肉，裸麥威士忌也可以幫你斬除油膩。超級美味。

愛爾蘭威士忌

愛爾蘭威士忌蒸餾廠並不多，所以我在這裡提供你一條捷徑：它們都很棒，但某些酒款真的有與蘇格蘭威士忌相似之處。

布希米爾威士忌的誕生地靠近蘇格蘭，因此搭餐原則也與蘇格威士忌相仿。所以，回到蘇格蘭威士忌搭餐的段落，看看什麼適合與未經泥煤處理的威士忌搭配，這些料理也會與布希米爾的威士忌搭配得宜。但是注意：黑色布希經過雪莉桶陳年，十六年酒款還經過三種木桶，所以須謹慎搭配。另外，我覺得標準酒款與冷火腿的搭配相當不錯，但我從未想這樣搭配蘇格蘭威士忌。

如果你手邊剛好有庫利的威士忌，經泥煤處理的康尼馬拉威士忌搭餐方式與泥煤型蘇格蘭威士忌相似；泰爾康奈的搭餐原則如同優雅的斯貝塞威士忌（且與任何佐蜂蜜的食物都很搭）；而奇爾貝肯則能與鱒魚料理搭成美味大餐。

特拉莫爾與米爾頓的威士忌就比較棘手了，因為它們是單一罐式蒸餾威士忌。酒中青草與水果的調性讓它們與廣大多元的起司合拍，包括我無法以單一麥芽威士忌嘗試的藍紋起司。搭配熟成時間較長的硬質起司美妙絕倫，如米莫雷特（Mimolette）與熟成高達起司；和擁有堅果風味的瑞士起司也搭配得宜，尤其是一旁還擺了點水果。如果是一杯綠點威士忌，你可以配上一些新鮮的黑麵包（brown bread）、一顆清脆的蘋果與一堆 Prima

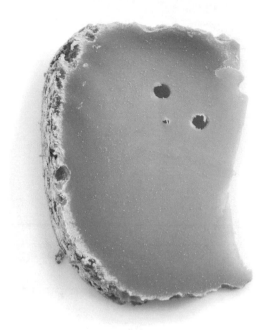

Donna 起司，就能創造一場十分愉快的品嘗饗宴。

它們與魚類料理的搭配也像是家人一樣自然，尤其是較為柔和的酒款。先在盤中放入鱒魚或大比目魚（如果家中有鱈魚，也很適合），準備一些檸檬、細葉香芹（chervil）與帶皮馬鈴薯，最後，在一旁放上一杯十二年尊美淳。威士忌柔滑但融合麥芽香甜的複雜度、橡木陳年帶來的渾圓與青生的新鮮感，將支撐魚類細膩的風味。

愛爾蘭威士忌與甜點的搭配也很亮眼。紅馥 Redbreast 適合幾乎所有類型的甜味，從巧克力、檸檬到任何簡單的甜糕點。像是標準尊美淳或權力等日常威士忌，與大多數的甜點也都很合拍。

加拿大威士忌

加拿大威士忌的搭餐稍嫌困難一些。原因並非加拿大威士忌的風味，或是加拿

大的食物，而是由於多數人喝加拿大威士忌的方式：調酒。這是加拿大蒸餾廠銷售它們的方式，也是加拿大人與美國人喝加拿大威士忌的方式，兩相合作無間。但說到搭餐，搭配一種已經經過混搭的飲料實在有點奇怪。

對我而言，就想剛剛說過的，我覺得加拿大威士忌相當適合優質的烤堅果。風味的結合良好，若是有煙燻味堅果更佳。在優質加拿大威士忌中，我覺得有鮮明的木質調性，真正橡木與新切木頭的香氣，並引出了堅果的相似個性，我真喜歡這個搭配。

加拿大威士忌與甜點也搭配得宜，特別是烘焙糕點，如蛋糕、派（胡桃派或山核桃派）與餅乾。這系列的搭配我最喜歡香料餅乾（薑餅、薑味麵包或灑上肉桂粉的小餅乾〔snickerdoodles〕）與堅果餅乾，如俄羅斯茶點蛋糕。其中包含焦糖與勾起裸麥特性的香料。也許你會覺得餅乾配威士忌有點奇怪，不過，這種感覺不會超過半塊餅乾的時間。

這麼說並不是為了滅威士忌的威風，但是加拿大威士忌與各式啤酒都很搭。加拿大威士忌足以在大多數的啤酒搭配中挺身，且沒有蘇格蘭艾雷島威士忌的尖銳或年輕波本威士忌的蠻橫，所以兩者調和起來不錯。我記得 2008 年美國總統大選時，希拉蕊‧柯林頓（Hillary Clinton）在一間酒館吞了一杯一口杯的皇冠威士忌之後不久便點了一杯啤酒；我當時心裡便想她應該兩杯一起點！

收藏威士忌

收藏威士忌的想法在「珍藏型」威士忌於拍賣會大行其道時開始流行。紐約、愛丁堡與香港現在都有常設的拍賣會，威士忌也逐漸成為收藏家的投資標的。幾年前，拍賣會發現拍賣優質葡萄酒有利可圖（拍賣會收益透過手續費與抽成），最近察覺在威士忌狂熱者與收藏家眼中，優質威士忌也有相同特質。

威士忌拍賣的數量驚人。2013 年 3 月，威士忌貿易公司（Whisky Trading Company）向媒體公布決定將提升投注金額，投資 3,000 瓶精選的罕見酒款。

2012 年，光是英國的拍賣會就賣出了 14,000 瓶，從 2008 年的 2,000 瓶一路躍進；預計到了 2020 年，成長幅度將達 114％，銷售瓶數將至 3 萬瓶。2012 年，全球拍賣威士忌的銷量為 75,000 瓶，總價達 1100 萬英鎊；預估到了 2020 年，可能賣出數量雙倍的 15 萬瓶，總價上攀三倍達 3300 萬英鎊，他們預測這股優質化消費將在未來延續。

這項預測似乎有點過於樂觀地預設罕見酒款數量能有這麼多（而且這些我們都喝不到）。但是，如果 2012 年英國拍賣售出 14,000 瓶，且全球拍賣量也有 75,000 瓶，就表示有這麼多罕見威士忌拍賣進入收藏行列。

當然，人們收藏威士忌的時間一定早於拍賣會的興起。不僅有迷你瓶收藏家，盡可能收集各式不同的 50 毫升「航空款」；單一品牌收藏家，試圖搜刮某一品牌不同酒標、年數、年份與限量的所有酒款；也有「灰塵獵手」，巡弋所有烈酒專賣店的貨架間，尋找從未售出與可能仍值得投資（用一般價格購得！）的威士忌，看到今日人們還能找到哪些酒款可能讓你大吃一驚。

為什麼要收藏？

為什麼人們要收藏威士忌？其實就像有人喜歡收集硬幣、餅乾盒與汽車牌照。對的酒款擁有許多歷史與有趣的故事，而且還因為有視覺可見的酒標與瓶身。

威士忌的多元對收藏家來說就像貓薄荷一樣令人興奮，數以百計的蒸餾廠（許多更已經永久歇業）、酒標、調和方式、換桶與陳年年數。還有年度酒款、紀念酒款、特別版包裝（精緻瓶身、復古陶罐、精細的金屬鈕章，以及皮革酒箱和奢華的水晶酒瓶），更有客製化酒瓶。

如同所有最棒的收藏品項，威士忌的品質也很穩定。只要有個好的封藏，未開封的威士忌便可以保存至少一百年。買下威士忌的收藏家或投資者有合理的自信可以在十到二十年間保持相似品質，這是身為一個投資市場的必要條件。

讓收藏家與投資者對威士忌更感興趣的原因之一，是它的珍稀酒款數量有限。每一年，就只有一定數量的威士忌產出，而單一麥芽威士忌的產量更小（目前仍是市面最渴求的酒款，雖然波本與調和威士忌也開始受到更多人注目），其中有一部分已經開瓶享用，因此保持未開瓶且未受損的酒款數量又更少。每當有人忍不住開瓶一嘗的誘惑，世上便又少了一瓶這樣的酒款，此時，這款威士忌的價值只會再次水漲船高。

雖然這種價值與數量成反比的狀況是雙向的，世上有的東西是專門製作成「收藏品」，也有本身價值不高但被瘋狂收集的東西（像是戳章），但是，威士忌本身既不便宜也不是為了收藏而釀產。就像幾家蒸餾廠在面對收藏熱潮時說的：「我們的威士忌是釀來喝的！」

這句話我認真聽進心裡了，在我的「收藏」中，沒什麼幾支酒款是還未開瓶的。威士忌作家吉姆・莫瑞把他幾千款威

最值得收藏的威士忌

以下是威士忌收藏者夢寐以求酒款的蒸餾廠，不論是因為稀有、品質傑出或純粹為了其特質。我詢問了我的專家朋友《Whisky Advocate》雜誌的作家與酒款收藏專家強尼·麥考米克（Jonny McCormick），請他幫忙收藏者猜想幾款潛力股。（但是，記得這些都是預測猜想，請考慮失利風險，以及可能會在夜深人靜時臣服於誘惑，就把瓶塞拔開了！）

1. 麥卡倫 The Macallan

品質穩定度首屈一指。
酒款：麥卡倫的璀璨系列（Lalique）對絕大多數的人而言太過高不可攀，但是麥卡倫艾爾奇莊園（Easter Elchies）則是很好的投資。

2. 波摩 Bowmore

黑波摩（Black Bowmore）是許多收藏者心中罕見的大白鯨。
酒款：黑波摩雖然價格不低，但未來定能持續受人推崇；較高齡的艾雷島節慶（Feis Ile）與1979兩百年紀念（1979 Bicentenary）也是穩定的常勝酒款。

3. 雅柏 Ardbeg

忠誠的愛好者與優質的威士忌，讓高齡酒款的渴求不斷提高。
酒款：雅柏十七年價格不低，而其1984年前釀產的酒款則廣受渴求，雅柏會員系列（Committee）幾乎可謂萬無一失。

4. 布朗拉 Brora

低調，但它的美麗一直在收藏者心中閃耀。
酒款：所有酒款，真的；如此低調的蒸餾廠很難會出什麼差錯，不過，布朗拉開始漸漸受到更多注目。

5. 雲頂 Springbank

有點特立獨行，相當受品飲收藏者的喜愛。
酒款：當地大麥系列（Local Barley）似乎還是匹未受重視的黑馬，而較高齡的二十一年酒款則有奇異的特徵。

6. 波特艾倫 Port Ellen

擁有誘惑眾多收藏者的特性：稀有與重泥煤。（許多收藏者持續不斷地開瓶更助長了此趨勢）
酒款：同樣地，很難從如此低調的蒸餾廠手中買到糟糕的酒款，尤其是該酒廠官方售價正不斷調高。

7. 哈里斯／酩帝 A. H. Hirsch/Michter's

品質數一數二的頂級波本威士忌。長期以來保持沉靜的賓州蒸餾廠，酒款愈來愈難覓得。
酒款：二十年酒款很難找到，但是「藍蠟」十六年則是最容易追蹤的酒款。

8. 高齡的日本麥芽威士忌

在人們發現較高齡的日本麥芽威士忌（與陳年調和威士忌）品質多好後，目前這些酒款聲勢相當不錯。簡言之，許多酒款就是十分美味。

9. 格蘭菲迪 Glenfiddich

擁有許多愛好者的熱門麥芽威士忌，特選酒款的存貨都不少。
酒款：單一批次限量雪鳳凰（Snow Phoenix）至今仍備受推崇，其他更高齡的特選酒款，還有價格仍可負擔的哈瓦那精選（Havana Reserve）。

10. 高齡的波本與裸麥威士忌

鎖定任何十五年以上的酒款，帕比凡溫客（Pappy Van Winkle）與水牛足跡古董系列（Buffalo Trace Antique Collection）即為首選。這些酒款在2013年開始飆漲，但這只是開端。這類威士忌與日本威士忌即是目前威士忌收藏待開發的新領域。

無價之寶

我相當幸運受邀參加麥肯雷薛克頓珍稀高地麥芽威士忌（Mackinlay's Shackleton Rare Old Highland Malt）的美國發表會，發表會在曼哈頓的國際探險者俱樂部（Explorer's Club）舉辦。我因為幾乎攉倒了美國的紐西蘭大使賺得小小名聲，那真是不錯的一晚呀。我們一同慶祝一款威士忌複製酒款的上市，原始酒款因為太過珍貴而從未考慮過出售。

2007 年，一支紐西蘭考古探險隊在南極冰層中發現並保存了一處小屋遺址，那是 1907 年由恩斯特‧薛克頓爵士（Sir Ernest Shackleton）組成的極地探險隊所留下，裡頭還有三箱完封未動的威士忌。各政府協定同意進行現地研究，若非為了保存或研究目的，威士忌不得離開南極洲。其中一箱威士忌移至紐西蘭，謹慎地以兩週以上的時間解凍，箱內的十一瓶威士忌有十瓶仍完好且酒液依舊全滿。其中三瓶再度運到了懷特馬凱位於蘇格蘭的烈酒實驗室，由調和大師理查‧派特森進行研究。

他們用針頭小心地抽出極少量的酒液，經過化學分析與嗅聞後，鑑定出了這批威士忌的血統。而派特森進一步悉心以各款現代威士忌重現其風味。那晚，我們喝的便是這些威士忌，淡淡的煙燻氣息、果香豐富且精緻。他們總共釀造了 5 萬瓶這款重建威士忌，每瓶威士忌都會將部分收益撥給南極遺產信託基金會（Antarctic Heritage Trust）以維護早期南極探險遺址。

原本那箱威士忌與其中稍稍變輕的三支酒瓶，則被崇敬地由蘇格蘭帶回了薛克頓爵士深埋在冰層的小屋中。

士忌的收藏稱為「圖書館」，這是我衷心讚賞的景象。他可以從架上拿下一瓶酒，倒一大口（或是足夠品試的一小口），再度享受、回想酒裡的特質。當然，一旦開了這一瓶，它在拍賣會圈子裡的價值便瞬間歸零。

不過，收藏威士忌指的是櫃上那些從未開瓶的酒款。有些收藏家會一次買兩瓶，一瓶收藏，一瓶開來品嘗。有的人會盡可能多買幾瓶，為了另外換得幾支其他同樣也很渴望的酒款，或是等待價值上漲時售出。

威士忌在過去大約五年間被大肆炒

酩帝慶典波本威士忌（Michter's Celebration）的包裝，單瓶零售價格為 4,000 美元。

作。買家會挖掘出一小批未開發的罕見威士忌酒款，設法入手後，隨即轉頭賣給不幸在酒款最初上市時沒買到的威士忌愛好者，以賺取利潤。這種行為不只是貪婪，有時甚至違法（無照販賣威士忌在許多國家與美國多州都是非法行為），而且這絕對會增加業障。

打造收藏款

蒸餾廠與裝瓶商以特別稀有與極度昂貴的方式，打造出這種收藏款威士忌的形象，例如大摩的星宿系列（Dalmore Constellation Collection）就是一瓶 3,200 美元起跳；同樣是大摩推出的全球唯一一套理查·派特森珍藏（Richard Paterson Collection）一套十二瓶威士忌要價 150 萬美元；格蘭傑驕傲 1981（Glenmorangie Pride 1981）的建議零售價格為 4,400 美

元；波摩 1957（Bowmore 1957）則以 16 萬美元售出。

從老木桶取出的少量威士忌被裝瓶成為稀有罕見酒款，以將收益極大化（而且，不用懷疑，真有不少人負擔得起）。人們相信，這些稀有威士忌的參天高價更讓一般酒款的售價跟著上揚，而且，我們目前還看不見攀升的終點。

有些在拍賣會被標下的威士忌甚至從未離開拍賣會場。它們被留了下來，以投資品的身分受到安全且戒備森嚴的保護，直到新的主人決定再次出售。老實說，我無法徹底了解這種行為。我也有投資，那也是一些我無法隨時親手碰觸的東西，但是，我們現在談的可是威士忌，我可以現在就走到酒櫃前伸手拿出一瓶，感受它的重量，或是直接打開。威士忌這類投資品讓我想到 1980 年代的藝術品拍賣會，梵谷與林布蘭等藝術家的畫作拍賣價格一次比

誘餌酒款

我並不是鼓勵你當個自私鬼，但我要提醒你這種事實在太常發生了：某位朋友來訪時，你請他喝了一杯威士忌，他滿喜歡的，所以你又幫他倒了一杯更好的酒款，他覺得這杯也好喝……，然後，他想要再來一杯其他酒款，然後你就看到他開始四處走動，自己開瓶倒了一杯帕比凡客家族精選二十三年，還轉頭跟你說：「這玩意挺不賴！」

注意聽我說，你需要在家裡準備一些誘餌

酒款。我有一位很愛威士忌的朋友，只要喝的是威士忌，他絲毫不在乎手裡拿的是黑牌還是黑波摩，但我花了一段時間才領悟這個道理。所以，此後我開始確保家裡一定放著一瓶黑牌；雖然我家其實沒有黑波摩，但確實有一些一次喝掉半瓶會讓我很心痛的酒款。

認清你的朋友，也認清自己倒出收藏品的容忍量。然後，也考慮買些誘餌酒款吧。

一次高，但它們除了拍賣會舉行時現身，便從未離開過保險庫。這讓我不禁懷疑這顆泡泡承受的膨脹壓力，而且，即便在近幾年不景氣的環境中，威士忌的價格仍持續成長。

其中並非僅僅充滿了矛盾感與億萬富翁，我也不希望讓你產生這樣的印象。世上有許多很好的收藏家，他們追蹤這些酒款是因為真心喜愛，並且希望能走進房間，打開燈，看見每一瓶市面上能找到的雅柏威士忌，或是一整面牆放滿了來自現已倒閉蒸餾廠之威士忌。這些人絕大多數通常都非常希望散布他們對威士忌的愛，他們就像是威士忌傳教士；他們可能因為曾經喝過一杯改變人生（至少是變得更豐富了）的威士忌，現在，他們希望幫助其他人都能感受這樣的喜悅。

這都是些討人喜愛的怪人。他們可能會有最愛的威士忌酒款標誌或徽章的刺青，也一定會有很多件品牌 T 恤或杯具。他們的威士忌就像是夥伴。更甚者，還可能會有蒸餾廠知道他們的姓名，而且非常歡迎他們前來拜訪（也可能會事先通知他們新產品的推出日期）。

收集？投資？

也許你是因為感受到一股收藏它們的渴望，也許是因為某一瓶或某一杯威士忌帶給你不可思議的體驗，讓你想要開始收集。想想你喜歡什麼樣的威士忌？收藏什麼樣的威士忌是合理的？畢竟，如果你真正喜愛的酒款也備受眾人所愛，數量便可能很稀少，而價錢則很可能一漲再漲。所以，再考慮一次，也許你會想到其他不是那麼難尋的威士忌。但必須確定這是一款你喜歡喝的威士忌。

如果你想要打造圖書館風格的品飲收藏，瞄準你想收集的方向，但同時為你將來可能遇見更多喜愛酒款留些餘地；品飲收藏的範圍可能會比較廣。

如果你是為了投資而收藏，眼光要望得長遠，因為即使在最佳的威士忌投資時期（對威士忌飲者而言是最黯淡的時期！），也需要仔細研究標的物，並在這些酒款得到足夠的矚目前，靜靜等待好幾年。而且，你永遠都有價錢不斷飆漲到泡泡爆炸時，酒款價格落至比原價更低的風險。

投資方向最好盡量多元，威士忌不是一種適合退休投資的領域，雖然投資失利時，威士忌還多了可以開瓶享用的選項（試試那些附存貨認證的酒款）。跟緊那些聲譽優良的拍賣會或賣家；當值得收藏威士忌的價格上升，市面上的偽酒數量也會跟著增加。買主自慎之。

如果你是因為喜歡收集而收藏威士忌，我希望你可以購買優質的酒倉存酒威士忌；因為一堆靜靜堆積灰塵的威士忌酒瓶之景象，簡直讓我發瘋。

千萬不要在網路上收集任何東西！優質的烈酒專賣店是學習威士忌的絕佳地點。這些店能讓你品試酒款，負責威士忌酒區的店員通常跟你一樣瘋狂熱愛威士忌。你也會遇到其他狂熱者，彼此交換資訊，開始建立喜愛分享且介紹你更棒酒款的朋友圈。

記得，你也應該向外分享，邀請朋友一同品飲的好處雙方都能感受得到。

威士忌拍賣會

如果你決定參加一場拍賣會，請確定自己了解拍賣會究竟是什麼。首先，必須先付一筆註冊費，在正式拍賣前，也需要一段時間研究想要投資的威士忌。準備工作很重要，盡可能事前看看酒瓶的狀態。檢查酒標、封口的狀態，還有瓶中酒液的高度。如果酒液已經低於酒瓶的瓶肩，或是酒瓶的瓶頸彎曲，其中的酒液很有可能已經受到氧化而不值一嘗。

你需要徹底了解正在搜尋的酒款，特別是現今社會。當葡萄酒在拍賣會中吸引了大批資金，威士忌則吸引了不少贗品與偽酒。小心所有酒液過多的老酒，這有可能是經過換酒填充；注意酒標上的拼字錯誤，這通常就是偽酒的徵兆；記得，標示為 1960 年以前的單一麥芽威士忌都有點不尋常。

成組整批販售的威士忌往往頗為划算。拍賣會上單瓶販售的是真正的收藏酒款，但他們也會拍賣一組威士忌，有時是同一間蒸餾廠組成一批，有時是同一地區，有時甚至就只是不同酒款組成的一批威士忌。如果仔細檢視一組威士忌的酒款名單，找到你願意購買的酒款後，就可以決定自己是否好奇或想嘗嘗同組其他的新玩意。

如果你找到不錯的威士忌，想一下你大概可以為它付出多少。接著，再想一下還要另外為拍賣會費用、賦稅、運費（可能相當可觀）與倉儲付出多少。如果你身在不同國家的拍賣會，也要考慮帶回威士忌可能需要的關稅（以及空運規定的運送數量）。現在，再想一次你的花費上限，把持住這條預算界線。你將會為你的收藏添入一些在街角烈酒專賣店不會看見的威士忌。

保存威士忌

就像我剛剛提過的，威士忌很穩定，但它仍然需要一些幫助。酒瓶最好放在黑暗中且溫度維持在攝氏 13 至 24 度。如果環境太過潮濕，酒標可能會發黴；若是太乾燥，軟木塞則可能會龜裂。說到軟木塞，威士忌可不是葡萄酒！別把酒瓶躺著放置，因為威士忌的高酒精濃度會使軟木塞劣化。

當品飲收藏越來越龐大，你會希望可以讓所有開了瓶的威士忌保持良好狀態。維持封口的狀態優良（如果某支喝空了酒瓶瓶塞狀態不錯，就把它留下，若是哪支酒瓶的瓶塞壞了還能替換）。一旦開瓶，氧氣就是威士忌的敵人，它會隨著時間使威士忌的酒色、香氣與風味走樣。你可以使用葡萄酒飲者用的氣體填壓罐（我就是用這個）。或者也可以買一些玻璃彈珠，以水稍稍滾煮約十五分鐘，靜置放涼後，小心地投入瓶中，讓酒液上升到原本的高度；這種方式有用，但倒酒時記得小心一點。你也可以慢慢地把酒倒入其他更小的瓶中。

若是想要好好照顧你的威士忌收藏，也要思考一下存放它們的地方。當數量增長到一定程度後，最終就必須考慮訂製櫥櫃或尋找其他儲酒地點（能控制溫度與濕度等環境狀態，這種地方真的存在，問問葡萄酒收藏家就知道）。如果你有一批投資型的收藏酒款，而非品飲收藏，你勢必

得考慮一下保全與保險。

威士忌的價格

讓我們接下來聊聊錢吧，也就是，為什麼威士忌這麼昂貴？理由很多，有的很不錯，有的沒那麼好，但我們真正想知道的其實是為什麼這一瓶比另一瓶昂貴如此多？對收藏者而言，這是非常重要的問題，因為他可能兩瓶都想買。

先從酒齡談起。想像威士忌是學校裡的某個班級，一批 1980 年蒸餾的蘇格蘭威士忌，我們稱之為 80 班，班上有五百個木桶。八年過後，五十桶為了製作調和威士忌而倒光，一年過後，再清空一百桶。一年之間，木桶只剩下三百五十桶，但是由於蒸散作用，它們已非全滿。因此，到了 1990 年，剩下的威士忌容量約為三百桶。兩年後，又有兩百桶被清空，一半製成單一麥芽威士忌，一半用在調和威士忌。還剩下一百桶。又過了五年，來到 1997 年，更多桶裡的威士忌散失了，剩下大約七十桶的容量，但其中四十桶又做成單一麥芽威士忌。2010 年，還剩下足量約二十桶容量的三十桶威士忌。

三十年前的五百桶威士忌，如今僅剩二十桶。它們就是僅存的稀有酒款。這些酒款的價值遠高於酒標上寫的「三十年」，因為人們願意以更高的代價得到它們。也因為 1980 到 2010 年的三十年間蘇格蘭威士忌需求戲劇化地驟升，它們的價值更高。如果此酒款的蒸餾廠倒閉，或是因為時局受到影響，價格還會往上攀升，因為這些酒桶再也沒有機會裝進新的威士忌。這是威士忌愈來愈昂貴的方式之一。

另外，威士忌的售價也可能因為品牌走紅或人們喜好改變而增加。如果威士忌經過奇特但相當成功的換桶，也會增加威士忌的價格。售價也可能會單純因為木桶造就酒液的傑出、絕佳的酒倉地點或當年麥芽的品質而增加。

威士忌還可能因為一個管理階層的決定而變得昂貴。如果消費者仍舊下手購買，這便是一個正確的決策；如果購買數量持續成長，就又給了他們更多向上調價的理由。

不過，收藏者還是找得到增加收藏品的方式。他可能會用較少的瓶數換到更好的交易，低價買進，高價賣出。當你投入收藏之路時，找到成功的經營之道相當重要。

最重要的是，保有自己的想法。你願意為你的收藏投入多少生命？這些收藏能為你帶來多少喜悅？你的退場機制又是什麼？我認識不少人會說自己的收藏已經完備，他們已經為剩下的人生收集了足夠、甚至過多的威士忌。有些人則會選擇將威士忌留給他們的孩子（通常還會留下相當詳細的使用指南）。

我曾告訴家人在我死後，請讓我與一瓶日常威士忌一起火葬，把我其他所有酒款全都打開，一字排開地放在追思會上。讓賓客隨意帶走任何他們想要的威士忌，萬一還有剩下任何酒款就寄給賓客們。畢竟，威士忌是釀來喝的。

延伸資源

我們終於走到這一步。你真的抵達終點了。我希望你也發現這只是啟程，是一頭栽入研究、享受與品飲威士忌的起點。

我試著把過去三十五年來學習與探索威士忌世界的過程濃縮成精華。其中一些如何品飲威士忌的實用概念、一種欣賞世上各版本威士忌更好的視角、一些享受威士忌的好點子，以及收藏威士忌的趣味（與風險），也許能讓你在學習威士忌的路上迎頭向前。我也分享了一些我最喜愛的威士忌故事、部分與主流相反的觀點，與不少有趣的小瑣事。但是，在你關上門，踏上這條沒有終點的旅途前，我想再敬你一杯餞別酒，或是美國人會說，這瓶帶在路上喝吧。

以下混調了更多好東西，幫助你在本書之後繼續學習。

連上網路

網上可以找到幾乎所有事物的資訊，威士忌也不例外。當然能找到蒸餾廠與威士忌公司的網站，但品質不一；有的確實相當不錯，有的其實稱不上有網站。麥卡倫網站的影片很不錯，例如，其中可以看到十分詳細且真實的威士忌製作過程（themacallan.com）；水牛足跡也有類似的影片，由真正製作威士忌的蒸餾大師哈林‧惠特利錄製（buffalotrace.com）。我會挑中這兩家不僅因為影片很棒，還由於進入網站只需輕鬆一鍵選擇已到合法飲酒年齡，而不會惱人地詢問出生年月日。

你也可以在非官方成立的網站查到同一款威士忌的資訊。大多威士忌部落客都是出於熱愛，雖然有的部落客擁有半專業的背景。以下是幾個我的最愛。

加拿大威士忌
www.canadianwhisky.org

由《加拿大威士忌：專家指南》一書作者達文‧德‧科爾哥摩成立的威士忌收藏資訊與評論網站。我個人親身相處的經驗是，他根本就是加拿大威士忌的移動百科全書，而且他熱愛分享。

查克‧考德利的部落格
chuckcowdery.blogspot.com

就像部落格名稱一樣坦率不花俏，僅僅直述他對美國威士忌產業的所見所知。考德利擁有多年在《Whisky Advocate》與《Whisky Magazine》雜誌寫稿與撰寫《波本歷史不加水》的經驗，另外，他還發行相當傑出的訂閱報紙《波本郡讀者》（*The Bourbon County Reader*）。

瘋麥芽、麥芽狂與玩威士忌
www.maltmadness.com,
www.maltmaniacs.net,
www.whiskyfun.com

稍微相關：我不太確定別人會怎麼說，但是對我而言會被太多資訊淹沒！這是一群對蘇格蘭威士忌非常熱情的人，他們在此互相激辯、爭論且只想教你更多有關蘇格蘭威士忌的事（而且樂在其中）。優質資訊數量驚人（包括威士忌酒評與蒸餾廠介紹，這還可以連結到出色的互動威士忌地圖〔Interactive Whisky Map〕）。

司酷的近期食物部落格
recenteats.blogspot.com

收集了豐富的評論、觀點與史上眾多多樣威士忌的平直評分。這相當有趣，有時更是警訊。但是傑出的公開平臺司酷（SKU），更為廣大威士忌愛好者提供了完整且定時維護的名單，其中包括威士忌部落格與所有美國威士忌蒸餾廠和品牌，從傑克丹尼到最小量的酒款。他受使命感驅動，而我們皆因此受惠。

《Whisky Advocate》雜誌部落格
whiskyadvocateblog.com

我就是網站主編。網站包含眾多酒評與評論，由擁有威士忌業界打滾超過二十年、持續為產業不同階層連結的約翰·韓索編輯。其中更收錄了所有威士忌類型數百款的酒評。

威士忌登場
whiskycast.com

馬克·葛拉斯比（Mark Gillespie）不僅與許多威士忌領域人士訪談，也為各式威士忌類型酒款評分。他竭盡所能完善這兩方面，錄音內容的品質都相當高。這是聽聞親手製作威士忌的人們的好機會。而且，你的午休時間也沒有更好的計畫吧？

走進酒吧

《1001瓶死前必喝的威士忌》（*1001 Whiskies You Must Taste before You Die*）的編輯多明尼克·羅斯克羅（Dominic Roskrow）請我為書中四十款威士忌撰寫酒評。大多酒款我都能在我家櫃子裡找到，其他酒款則能向蒸餾廠問到試樣。但是，

其中三款我實在無法取得，而且釀產者也都沒有這三款威士忌。不過我一點也不擔心，我跳上火車，來到費城的威士忌村（Village Whiskey）酒吧，然後輕輕鬆鬆地各點了一杯。酒不便宜，但至少它們都在。

近幾年許多酒吧的威士忌選酒都還算不錯。這部分表示威士忌受到的賞識正在成長；更多人好奇威士忌，更多酒吧經理與調酒師開始留心威士忌。然後，你會發現在地專賣店架上慢慢出現經典麥芽系列（Classic Malts）、一些四玫瑰單一木桶與一瓶紅馥Redbreast。生活多美好。更棒的是威士忌專門酒吧也在增加中。美國路易威爾有波本小酒館（Bourbon's Bistro）、芝加哥有黛利拉（Delilah's）、曼哈頓與紐奧良有d.b.a.、舊金山開了酒架屋（Rickhouse）、華盛頓有傑克羅斯（Jack Rose）、布魯克林有一間四號燒烤屋（Char No. 4）、還有位於奧馬哈令人驚豔的丹迪小谷（Dundee Dell）等等，數之不盡。我昨天剛好人在凱貝卡（Kybecca），這間葡萄酒酒吧位於維吉尼亞州菲德里堡（Fredericksburg），幾個月前才在隔壁開了一間威士忌屋，現在以擁有各式類型超過五十款的威士忌（我點了一杯山崎十二年，慶祝能在這裡遇見這瓶威士忌）。

你可以在威士忌重鎮找到這些酒吧，如蘇格蘭、愛爾蘭（還未徹底跟上潮流但迎頭趕上中）、肯塔基與日本。但是其他許多地方都能發現，如金融與權力核心紐約、倫敦、多倫多、華盛頓特區等；如巴黎、舊金山等文化薈萃與美食之地；或是像奧馬哈、布拉格與費城等地方。

不幸的是，威士忌並沒有一個像是啤酒界BeerAdvocate.com的網站資源，可

以在這裡找到數以千計的啤酒專門酒吧，依照區域搜尋不同酒吧的評分與路線指南。《Whisky Magazine》的網站（www.whiskymag.com）也設立了尋找威士忌酒吧的專頁，但是因為這股趨勢成長得太快，所以很難跟上腳步；網站「威士忌登場」也因為相似的緣由只提供了有限的名單。

身為前圖書館館員，提供各位一種Google搜尋鍵入關鍵字的方式：「〔城市名〕"whisky bars"」；這會迫使Google以此順序搜尋。另外，不同國家請鍵入當地的威士忌拼法，如whisky或whiskey。

這真的能跳出一些不錯的結果，接下來，你就可以進行「尋找優質威士忌酒吧」計畫的第二步。在Google搜出的結果中挑一間評價不錯且酒單看起來也不錯的酒吧（拼字錯誤不多、威士忌的分類與產區也正確），然後實際一探。接著，就來到有趣的部分了：與店裡其他威士忌愛好者或調酒師聊聊他們還會在當地什麼地方喝威士忌。

也許你會覺得在酒吧這樣做有些魯莽或得不到什麼好回饋，但是你很快地會發現當自己變成真正的威士忌狂熱者時，對威士忌的忠誠會大過於場合的要求。聰明的酒吧經營者發現分享知識是正面的策略；當好的威士忌酒吧變多了，好的威士忌事業就會變多，因為我們會多聊聊威士忌，散布威士忌真理，然後就有更多人思考且品飲威士忌。所以，大膽敞開對話吧。

交新朋友

你也可以跳過在Google上搜尋的第一步驟，直接進行第二步驟，走進另一個威士忌富饒之地：你最愛的烈酒專賣店。找一間當地威士忌藏酒名單最為豐富且深不可測的專賣店，我向你保證，店裡的威士忌專家一定能告訴你哪裡找得到最棒的威士忌酒吧。當然，你也許也可以直接在這種真的很棒的烈酒專賣店品嘗酒款（別濫用特權喔！）這其實也是烈酒專賣店的目的之一，對吧？讓你可以在這裡品飲嘗試找到想要帶回家的酒款？

不盡然。記得，我們要的是品飲與學習威士忌，而且就像之前提過的，與其他人一起品飲威士忌是最棒且最能享受的經驗。比起在自家獨飲，在威士忌酒吧（或在烈酒專賣店）品飲能得到更多，如不同的觀點、比較或其他人的經驗。就如同一直與初學者練習擊劍無法變得更強，與懂得不比你多的人品飲也無法學到更多。

最棒的方式就是找到一個（或自己創一個！）威士忌俱樂部。同樣的，向烈酒專賣店問問看（通常他們都會贊助或自己經營威士忌俱樂部），你也可以直接在網路上搜尋，或集結四、五位威士忌愛好者自行成立一個俱樂部。這是學習威士忌極佳的方式，互相分享各自擁有的酒款的好方式。就像蒸餾廠對收藏威士忌的評價，這些東西是釀來喝的。

你也可以選擇加入比較正式的威士忌俱樂部：蘇格蘭麥芽威士忌協會（不同國家還有不同的分會，點選它的官方網站看看吧：http://smws.com）。他們身兼威士忌俱樂部與獨立裝瓶商。擁有會員身分能讓你擁有相當特別的單一木桶酒款，也有機會參加蒸餾廠旅遊行程、在「會員酒吧」品飲、參觀位於愛丁堡協會總部，以及獲得協會雜誌。

威士忌俱樂部沒有什麼特別的創辦資格，只要有關威士忌就好。它可以是三五好友時不時聚在一起分享威士忌；也可以是用有統一制服，還會在假日舉辦五十人以上的晚宴。只要是符合你的期待與目的的俱樂部即可。威士忌俱樂部的樂趣多多。能被一群跟你一樣對威士忌充滿興趣的人圍繞，是一件相當令人振奮的事；因為威士忌仍是相對小眾的群體，能知道有更多與我們相同的人存在感覺很美好。

這種感覺也能在威士忌酒展時嘗到。我參加了第一屆 1998 年的紐約威士忌嘉年華（WhiskyFest New York）。上百人齊聚宴會廳，品飲著由最了解該酒款的蒸餾大師與品牌經理為你斟上的威士忌。那次經驗讓我眼界大開，而且一次比一次棒。現在，世界各地的威士忌酒展正不斷增加。

酒展門票經常看起來相當昂貴，但是一旦想到回報是些什麼，就會覺得物超所值。在酒展中，你有機會嘗到數以百計的威士忌酒款，幫你倒酒的人不僅渴望也擁有實力告訴你更多有關威士忌的知識；也有機會身處在跟你一樣興奮的人群之中；還有機會交到朋友，互相增進彼此的知識。這真是美妙的時刻。

威士忌誕生之地

能與美妙的威士忌酒展匹敵的，只有親自前往威士忌的誕生之地了。蒸餾廠的巡禮囊括了以上一切。我在真正踏進蘇格蘭蒸餾廠之前，喝了幾年的蘇格蘭威士忌，還記得那次拜訪讓我解開許多心中的結。那實際看見的場景、聲響、人們，以及對我而言也許是最重要的氣味，在在為

威士忌知識添加了無與倫比的興奮劑，而且只有實際造訪蒸餾廠才能感受。

以下列出幾個有名的巡禮地點：米爾頓蒸餾廠每年都吸引了十五萬人拜訪，尊美淳在都柏林舊蒸餾廠的「威士忌體驗」每年也有二十五萬人參加。即使是在偏遠如艾雷島的蒸餾廠，每年也都有成千上萬的人們朝聖。

還有許多組織團體會協助安排威士忌巡禮。例如，麥芽威士忌之路（Malt Whisky Trail, www.maltwhiskytrail.com）會帶你拜訪八家斯貝塞蒸餾廠與斯貝塞製桶工廠（Speyside Cooperage）。想要更泥煤味一點的體驗嗎？艾雷島有等著你點擊的官方網站（http://islayinfo.com），他們深知有多少人希望參觀他們的蒸餾廠。愛爾蘭威士忌之路（The Ireland Whiskey Trail, www.irelandwhiskeytrail.com）相對較新，但能提供愛爾蘭威士忌酒吧、博物館與蒸餾廠的導覽。肯塔基波本威士忌之路（Kentucky Bourbon Trail, http://kybourbontrail.com）已經準備好為你介紹藍草郡（Bluegrass Country），另外，波本郡（www.bourboncountry.com）也擁有更多有關威士忌酒吧與餐廳的資訊。

不過，這些組織並未囊括所有蒸餾廠。如果你想拜訪的蒸餾廠不在名單上，可以直接去蒸餾廠的官方網站尋找更多資訊；近幾年的蒸餾廠大多都有安排導覽。精釀蒸餾廠更是深諳此道，他們知道這是結識朋友的最佳方式。

如能享受這個過程，你會發現參觀蒸餾廠就是深入了解威士忌最重要的方式。在那兒，你可以實際看見、聽到、嗅聞與感受一切，這些都是從書本讀不到的。

敬你最後一杯

感謝你加入我的旅程。我相當享受撰寫這本書的過程，在其中掀起的回憶無比美妙。這讓我又想起一則故事，我保證這是最後一則。

最近，我參觀了格蘭利威蒸餾廠，並與他們的國際品牌大使伊恩·羅根聊了一會。他是個高大壯碩、親切且陽光的人，深諳大量威士忌、蒸餾廠與相關產業的知識。我們剛參觀了廠內各處，正站在新建的蒸餾間前，那兒有一面正對山谷絕佳美景的落地窗，一眼望見過去兩百年來釀產威士忌之地，不論合法或非法。

我們兩個大男人，一語不發地靜靜享受這一刻。我不知道伊恩正在想什麼，但我相當放鬆，望著這座蘇格蘭威士忌歷史重要地標且至今仍不斷誕生威士忌的地方。

然後，在這樣的地方，我想到是否應該撰寫這本書，便開口問了他：「在不知道這一切的情況下，人們能不能品嘗威士忌？不知道威士忌從何而來、不知道是誰釀產的、不知道裡頭有些什麼、不知道威士忌如何製作與用什麼製作，甚至是不知道威士忌的名字。人們還能那麼享受它嗎？」

他很快地就回答了：「喔，當然。一定可以，威士忌就是這麼棒。」他停頓了一下，再度望向山谷，然後說：「但怎麼會不想知道呢？」

這段話幫我一次總結了為什麼我們有這麼多威士忌書籍、雜誌、部落格、電臺、酒展與威士忌巡禮。我們當然可以單純地品飲威士忌，一輩子不了解更多有關威士忌的知識，而且你知道，這樣的人生應該也相當不錯。但是，真正深入地享受威士忌只需要再多付出一點點的努力，因為那些老兄說的是真的：懂得愈多，嘗起來愈美。

葡萄酒進口商兼作家克米·林區（Kermit Lynch）以犀利評語著稱，其中的一個評論就是葡萄酒盲飲（也可以用在威士忌）就像脫衣撲克牌遊戲一樣令人喜愛。幾年前，我讀到一則他的專訪（不幸的是，我已經找不到那篇文章），我曾經把這篇文章摘錄貼在我的桌上一段時間，直到我搬家不小心搞丟。他說我們應該選一瓶葡萄酒，然後盡可能徹底了解它：它在何處釀產、產地的模樣、嘗一嘗釀產它的葡萄、詢問釀產它的是誰且如何釀產、釀酒師是什麼樣的人、釀酒師釀的其他酒如何、當地釀產葡萄酒的歷史多久、當地其他葡萄酒喝起來如何等等，然後，你會開始了解這瓶葡萄酒與它的風味，遠比單純喝這瓶果汁好得多。

你當然可以單純喝威士忌，但是，你怎麼會僅僅甘於如此？繼續學習，繼續品嘗威士忌的完整風味吧。乾杯！

致謝

這是我的第一本威士忌書籍。我已經寫了許多本有關啤酒的書，所以寫書對我而言並不嚇人。但是，直到我開始埋頭撰寫這本威士忌，這才發現自己懂得這麼少（但也知道這麼多！）。這是一段不得了的經驗，而且我發現當我想要詢問更多問題時，人們總是樂意傾囊相授。

當然，我無法單靠一己之力走到這一步。我今天置身於此實受三人影響最多。John Hansell 就是最初那位叫我為了保住工作就必須喝威士忌（你可以想像嗎？）的老兄，並且創辦了一家讓我繼續有飯吃的雜誌社。接著，Michael Jackson 開創了威士忌作家一詞，在那之前也有威士忌作家，但是是他讓這個名詞流行起來，他是如此傑出且給了我許多建議。John Holl 在 Storey 出版社編輯問到是否有撰寫威士忌書籍的推薦人選時，想到了我。

接下來，還有許多讓我學習、討論與小酌兩杯的作家威士忌愛好者與調酒師。首先，Dave Broom 與 Chuck Cowdery 兩位讓我了解威士忌產業的內部觀點。我也必須感謝 Jonny McCormick（特別感謝他在收藏威士忌一篇幫了大忙）、Mike Veach 與 Jim Anderson（感謝他們在福特羅斯〔Fortrose〕的安德森酒吧〔Anderson〕的熱情招待與美好時光）、David Wondrich（感謝他給了我調酒的自信，我真的有進步喔）、Davin de Kergommeaux（加拿大威士忌最棒的朋友）、Gaz Regan（先生，祝福你的大鬍子）、Phoebe Esmon、Gavin Smith、Fred Minnick、Max "Manhattans" Toste、Jim Murray 與 Gary Gilman（可能是最棒的威士忌愛好者業餘作家）。

我受到威士忌產業內眾多人士難以估量的幫助，以下是相當長但仍顯不足的名單：野火雞的 Jimmy 與 Eddie Russell；海瑞的 Larry Kass 與 Josh Hafer；百富門的 Chris Morris 與已故的 Lincoln Henderson（你這怒氣沖沖的老好人，我很想念你）；水牛足跡的 Harlen Wheatley、Mark Brown、Kris Comstock 與傑出的公關部門，以及已故的 Elmer T. Lee、Ronnie Eddins 與 Truman Cox（我非常遺憾你們無法讀到這本書）。也要感謝我的好兄弟，金賓的 Fred Noe、美格的 Greg Davis 與 Bill Samuels Jr.、傑克丹尼的 Jeff Arnett，以及 Tom Bulleit 和 Dave Scheurich（我認為是波本威士忌產業中最幽默的人）。

蘇格蘭威士忌產業彌補了我的無知，我在過去十五年來學到了相當多關於蘇格威士忌的一切，這還得感謝：格蘭花格的 George Grant、格蘭傑的 Dr. Bill Lumsden、格蘭威利的 Ian Logan（非常感謝那段充滿哲理的一刻）、大摩的 Richard Paterson（他還教我兒子不少關於蘇格蘭威士忌的事）、侏羅的 Willie Tait（他說我真是個膽小鬼）、布萊迪的 Jim McEwan、波摩的 Eddie McAffer 與 Rachel Barrie、帝亞吉歐的 Dr. Nick Morgan、蘇格蘭威士忌協會的 Rosemary Gallagher，以及看上我的高地騎士女超人 Steph Ridgway。

愛爾蘭的名單不長，但一樣重要。非常感謝 Dave Quinn 花時間帶我到他親兄弟

在費城開的酒吧（For Pete's Sake 酒吧，你真該去一趟），他不僅從尊美淳開始一路到費格斯・卡瑞（Fergus Carey）等等讓我學許多，我更在那兒啜飲了我的第一口紅馥 Redbreast；感謝 Barry Crockett 創造了如此美味的威士忌；感謝 John Teeling 給了我如此精彩的訪談；感謝 Ger Buckley 讓我終於理解製桶過程；還要感謝 Colum Egan 與我一起在 WhiskyFest 酒展盡情歡笑。

加拿大的感謝名單也不長。Dr. Don Livermore 在短短幾小時在海侖渥克的漫步就教了我豐富得驚人的知識，Jan Westcott 告訴我許多應該去的地方（他的方向感真的很差），還有 Dan Tullio，嗯，他可是讓加拿大威士忌變酷的人。這裡我要插進一小段對日本威士忌的感謝，相當感謝三得利宮本博義給我的「山崎時光」。

精釀威士忌領域該感謝的人實在太多了。特別謝謝海錨蒸餾廠的 Fritz Maytag、Bruce Joseph 與 David King；清溪蒸餾廠裡如 Steve McCarthy 等真正的先驅；海盜船蒸餾廠的 Darek Bell；巴爾柯尼斯蒸餾廠的 Chip Tate（以上兩位總是有源源不絕的新點子）；Dave Pickerell 以極富精釀精神的瘋狂創新提供了從酒流主流到混種等紮實的知識；西高山蒸餾廠的 David Perkins 擁有讓萬事保持平穩的神奇能力；我的家鄉英雄老爹帽蒸餾廠的 Herman Mihalich，他自己栽種的裸麥就在我每天開車上班的路上，這很酷。最後特別大聲感謝一位不為人知的蒸餾化學家 Scott Spolverino，他天生注定要做出好東西。

現在，到了特別感謝的時刻。Don Harnish 叔叔是家族裡第一位讓我知道喝酒不是壞事、喝威士忌也真的不錯

的人。感謝你 Don，這是重要的一課。Mike Burkholder 給了我人生第一杯傑克與百事，我欠你一杯酒！我的好友 Sam Komlenic 用威士忌愛好者的眼光給了我本書草稿的自信，並在我黑暗的低潮期讓我振作起來，Sam 你是最棒的。我的經紀人 Marilyn Allen 看了我的照片後覺得「他看起來做威士忌酒書應該很不錯」，Marilyn 我很開心你找上我，這趟旅程真的很棒。我在 Storey 出版社的編輯 Margaret Sutherland 與 Nancy Ringer 給了我極大的支持，而且擁有極大的耐心面對我的拖稿（提醒兩位小姐我趕上了喔！）。《Whisky Advocate》雜誌的所有員工，Melanie、Kathy、Joan 與 Amy 是工作場合能遇到的最佳好友，他們雖然沒有直接在寫書方面幫助我，但每天都很支持我。相當感謝！

最後，我的家人。我想要謝謝我的母親 Ruth 與我已故的父親 Lew，感謝他們支持自己的兒子想要以當一名喝酒作家維生（不少在此沒提到的家人也是）。我妻子的整個家族總是相當支持我，現在，我只希望我可以讓更多他的家人一起喝威士忌，這些威士忌樣本可不會等著你們喝它！我的孩子，Thomas 與 Nora 不只當我的後盾，更是我的專屬中肯評論家（而且 Thomas 的威士忌品味也很好！）

我的妻子 Cathy 總是知道我要說什麼，但我還是一如以往地想要向你說：沒有你，我絕對辦不到。感謝二十五年來堅定的支持。我很感激你從未堅持要我找份正經的工作；這份工作真的變得很正經了。

還要感謝所有讀者、推特追蹤者、臉書好友，感謝你們溢美的讚賞，讓我始終保持真誠，讓我們乾一杯！

名詞解釋

酒精濃度（ABV）

酒精的體積。烈酒（或啤酒）中酒精占總體積的百分比。酒精純度（proof）則是酒精濃度的兩倍。

醛類（aldehydes）

可在橡木中找到的一群香氣分子化合物，擁有花香與果香的特徵。

天使份額（angel's share）

在威士忌於木桶的熟成過程，因為蒸散作用而喪失的酒液。

逆流（backset）

參見逆流（setback）。

大麥（barley）

一種相對而言容易發芽的穀物，擁有大量能將澱粉轉換成糖的酵素，以及能做為天然濾網的穀殼；因此是釀酒與蒸餾方面的極佳穀類。

木桶（barre）

為一種在威士忌製程中的容器，以彎曲的橡木木條製作，通常會再經過燒烤，酒液因與木桶接觸與蒸散作用而產生化學反應，因此添加了風味與酒色。美國威士忌木桶的標準尺寸為 53 加侖（200 公升），但精釀威士忌所使用的木桶通常較小。亦參見木桶（cask）。

啤酒（beer）

已發酵但未蒸餾的酒液，此為威士忌製程的第一步。亦參見酒汁（wash）。

柱式蒸餾器（beer still）

用於首次蒸餾現代波本與裸麥威士忌的單一柱式蒸餾器，也稱為「脫式蒸餾器」（stripping column）。

蘇格蘭調和威士忌（blended Scotch whisky）

由一種以上的蘇格蘭單一麥芽威士忌與一種以上的蘇格蘭單一穀物威士忌混調而成。這是知名的威士忌類型，包括著名的約翰走路、帝王與起瓦士。

調和威士忌（blended whiskey）

美國用語，用於表示純威士忌與中性穀物威士忌混調而成的威士忌，此類威士忌必須包含至少 20% 的純威士忌。而且，沒錯，這類威士忌不常見。

波本威士忌（bourbon）

主要以玉米（51% 以上）、麥芽與裸麥或小麥釀製而成的美國威士忌；蒸餾出的酒精濃度最高為 80%，並於經燒烤的新木桶陳年，進桶酒精濃度不得超過 62.5%，裝瓶之酒精濃度最低為 40%。

焦糖（caramel）

熬煮至棕色的糖；在歐洲與加拿大的威士忌可合法添加，但波本威士忌與裸麥威士忌依法不得添加。

木桶（cask）

以英文拼音「Cask」代表木桶的地區通常為蘇格蘭與愛爾蘭，一般的拼法為「barrel」。亦參見木桶（barrel）。

燒烤（char）
木桶內部由明火燒焦的薄木層。用於波本威士忌與其他美國威士忌。

科菲式蒸餾器（Coffey still）
由兩具柱式蒸餾器組成，注入的酒汁或啤酒會向下經過一連串的隔板，同時被上升蒸氣與熱氣「剔除」其中的酒精，最後被捕捉濃縮成烈酒。亦稱為柱式蒸餾器。

柱式蒸餾器（column still）
參見柱式蒸餾器（beer still）。

製桶師（cooper）
製作、修復或重製木桶的師傅。

玉米（corn）
美國原生的穀物；雖然不易發芽，但是一種廉宜且香氣十足的糖分來源，適合用於發酵與蒸餾。為波本威士忌的主要成分。

玉米威士忌（corn whiskey）
糖化含有大量玉米的威士忌，大部分經常僅在未經燒烤或舊橡木桶中短暫陳年。

取酒（cuts）
罐式蒸餾最後倒酒的酒流分段取酒的時間點。第一個切分的時間點將酒頭與酒心區分開來，第二個時間點後剩下的為酒尾。取酒的目的是取出最為純淨的酒液。酒頭與酒尾通常都會二次蒸餾以回收所有酒精。

蒸餾（distillation）
利用加熱萃取與濃縮發酵穀物液體（酒汁或啤酒）中酒精的過程。由於乙酯酒精（乙醇）的沸點比水低，因此可將富含酒精的蒸氣與水及其他化合物區分。

加倍器（doubler）
一種簡單的罐式蒸餾器，波本威士忌蒸餾廠用來修飾從柱式蒸餾器產出的酒液。

酒糟或酒渣（draff）
從發酵與蒸餾過程剩餘的穀物，絕大多數用於製作牲畜飼料；最近另有用於製作生質燃料。亦稱為穀物殘渣（spent grains）或暗穀物（dark grains）。

乾燥間（dryhouse）
美式糖化蒸餾過程產生的酒糟會在此處經過製成牲畜飼料的乾燥與處理。

鋪地式（dunnage）
蘇格蘭的傳統酒倉，地面為泥土地。

酯類（ester）
一種香氣分子化合物，源自醛類，擁有果香、辛香料與煙燻香氣。

萃取式蒸餾（extractive distillation）
將水加進高酒精濃度酒液中，以讓不討喜的化合物浮在上層而剩下純淨酒液的技術。部分加拿大蒸餾廠採用此技術。

酒尾（feints）
罐式蒸餾過程最後倒出酒流的最後一段。亦參見取酒（cuts）。

首裝桶（first-fill）
曾盛裝過波本威士忌或葡萄酒而裝進威士忌陳年的木桶，用以代表在清空原有的波本威士忌與葡萄酒後，首度再裝成酒液的木桶。如此陳年的威士忌帶有更多年輕木頭與原有酒液的特色。

調味威士忌（flavoring whisky）
酒精濃度低、添加香料含量高的加拿大威士忌。

酒頭（foreshots）

罐式蒸餾過程倒出的第一段酒液。亦參見取酒（cuts）。

中性穀物烈酒（grain neutral spirits）

未經陳年、酒精濃度為95％的烈酒。裝瓶的酒精濃度可能維持不變，也可能稀釋至40％。

穀物威士忌（grain whisky）

以柱式蒸餾器或科菲式蒸餾器蒸餾至高酒精濃度（94.6％），並進入木桶陳年，等待經過調和。

酒頭（heads）

參見酒頭（foreshots）。

豬頭桶（hogshead）

容量為250公升的木桶，通常以舊波本桶改裝，以陳放蘇格蘭威士忌。亦稱為「hoggie」。

林肯郡製程（Lincoln County process）

參見田納西威士忌。

林恩臂（lyne arm）

從罐式蒸餾器頂端伸出的彎管。林恩臂彎曲的角度（下傾、水平或上傾）將幫助控制蒸餾器的回流量，因此也會影響酒液的產量。

發芽或麥芽（malt）

以動詞發芽使用時，代表正在發芽的穀物將不可溶解的澱粉轉化成可溶，並發展出將澱粉轉換為糖的酵素。以名詞麥芽使用時，代表經過上述過程的發芽大麥麥芽。

發芽間（maltings）

穀物發芽的場所。穀物會在此處浸濕、發芽，最後移至烘窯滅除所有芽苞。

糖化，麥芽漿（醪）（mash）

動詞的糖化代表加熱水與穀物的混合液體，讓酵素能將澱粉轉換成糖。名詞的麥芽漿（醪）形容水與穀物的混合液體，尤其是轉化過程已完成的。

原料配方（mashbill）

美國威士忌的原料配方；製作受歡迎的某款或一系列威士忌的穀物比例。

混合（mingling）

將不同木桶的威士忌調和，並在讓它們靜置一小段時間（數天至數月），以使來自不同木桶的威士忌可以「聯姻」成為和諧的一體。

月光威士忌（moonshine）

非法釀產的威士忌，或陳年或未陳年，但通常為未經陳年。未經陳年的合法威士忌並非月光威士忌。

中性威士忌（neutral whisky）

加拿大對穀物威士忌的稱呼。亦參見穀物威士忌（grain whisky）

新酒（new make）

直接從最終蒸餾過程流出的未經陳年酒液。也稱為「white dog」或「clearic」。

泥煤（peat）

經過數世紀或數百萬年於沼澤緩慢腐爛與壓縮的部分碳化植物；沼澤化的植物即是煤炭的半成品。若在烘窯燃燒泥煤可賦予新鮮麥芽一股煙燻香氣；當這些麥芽經過糖化、發酵與蒸餾後，賦予酒液在蘇格蘭威士忌中受高度讚賞的煙燻氣息。不同地區的泥煤能產生不同的風味，因為不同地區擁有彼此不同的多元植物。

酚（phenols）
一種香氣分子化合物，擁有煙燻或化學物質的氣息。

波特酒（port）
一種來自葡萄牙的加烈酒；波特酒桶會用於陳放威士忌。

罐式蒸餾器（pot still）
一種批次型的蒸餾器；基本上為一個大型的銅製壺鍋，上方加上一個圓錐，能連接至林恩臂與冷凝器。

酒精純度（proof）
參見酒精濃度（ABV）。

再裝桶（refill）
當首裝桶清空後再度裝入酒液，該木桶便稱為再裝桶。在此木桶熟成的威士忌擁有較少的木桶個性，而能保留較多的蒸餾特性。

回流（reflux）
在同一蒸餾過程中的再蒸餾；這樣的酒液會在進入冷凝器前再度流回蒸餾器。高度較高的蒸餾器或上傾的林恩臂可增加回流量，並產出較清淡與純淨的酒液。較矮胖或下傾的林恩臂則會降低回流量，而生成較濃重、「肉感」的酒液。

酒架屋（rickhouse）
美國地區採用的酒倉類型，擁有一排排木製層架以固定整列木桶。酒架屋的規模不一，最大的能容納高達 5 萬個木桶。

裸麥（rye）
草莖堅硬的穀類植物，其穀物擁有豐富的香氣並帶點苦味，用於美國與加拿大威士忌。

蘇格蘭威士忌（Scotch whisky）
在蘇格蘭蒸餾大麥麥芽（若是穀物或調和威士忌則會加入其他穀物）而成的威士忌，酒精濃度不得高於 94.8％，須在蘇格蘭當地以橡木桶陳年至少三年，裝瓶酒精濃度最低為 40％。會加入焦糖以維持一定的酒色。

逆流（setback）
經柱式蒸餾後剩下的發酸穀物與酒液，用在酸麥芽漿過程。也稱為逆流（backset）與酒糟（stillage）。

雪莉酒（sherry）
一種來自西班牙的加烈酒；雪莉酒桶會用於陳放威士忌。

單一麥芽威士忌（single malt）
以百分之百發芽大麥製作的威士忌，使用罐式蒸餾器且在單一蒸餾廠。

小穀物（small grains）
在波本糖化中玉米以外所有穀物的代稱；通常是麥芽加上裸麥或小麥。

酸麥芽漿（sour mash）
一種美國使用的蒸餾製程，將前次蒸餾過程剩下的發酸穀物殘渣添入新的糖化酒汁中，並開始發酵。此方式創造了更有利發酵的環境（平衡酸鹼且提供酵母菌養分）。所有主要美國威士忌皆採用酸麥芽漿製程。

酒液蒸餾器（spirit still）
在製作蘇格蘭威士忌的過程中，二次蒸餾所使用的蒸餾器；即是從酒汁蒸餾器流出的酒液會再進入一個較小型的蒸餾器蒸餾。

酒糟（stillage）
參見逆流（setback）。

純威士忌（straight whiskey）

一種美國威士忌，須以穀物蒸餾，蒸餾酒液的酒精濃度不得超過95％，須在單一蒸餾廠且於橡木桶中陳放兩年以上；此為最低標準，大多蒸餾廠的標準都會較為嚴謹。

酒尾（tails）

參見酒尾（feints）。

田納西威士忌（Tennessee whiskey）

田納西威士忌即為波本威士忌，但在進桶陳年之前，會先經過10呎高的楓糖木炭過濾（「醇化」），亦稱為林肯郡製程（Lincoln County process）。

重擊蒸餾器（thumper）

可取代加倍器，在重擊蒸餾器中的酒汁蒸氣會於進入冷凝器之前通過熱水。冷凝器與氣泡會產生重擊的敲打聲，此蒸餾器因此得名。

純麥威士忌（vatted malt）

不加任何穀物的單一麥芽調和威士忌之舊稱。現今稱為「蘇格蘭調和麥芽威士忌」。

酒汁（wash）

發酵後但未經蒸餾的酒液，此為製作威士忌的第一步；wash 是蘇格蘭威士忌製程中的常見術語，愛爾蘭與美國則大多稱為 beer。

酒汁蒸餾器（wash still）

蘇格蘭威士忌第一次蒸餾所使用的蒸餾器；發酵後的酒汁會放進大型的酒汁蒸餾器。此蒸餾階段的產物也稱為「低酒」，下一步便會倒入酒液蒸餾器。

發酵槽（washback）

蘇格蘭當地發酵槽的名稱。

麥汁（worts）

在蘇格蘭威士忌領域，麥芽經轉換與糖化作用的產物稱為麥汁；其中充滿麥芽的糖，並準備發酵成為酒汁。

酵母菌（yeast）

一種神奇無比的小小真菌，會吃食糖分，並產生酒精與香氣分子；實是發酵作用的引擎。是蒸餾過程的先驅與不可或缺的一員。

索引

T

U

圖片版權

© AA World Travel Library/Alamy, 132; © All Canada Photos/Alamy, 167;

© Antonio Munoz Palomares/Alamy, 207, 214 (left); © Attitude/ Shutterstock, fabric texture backgrounds (throughout); © Balcones Distillery, Laura Merians, 103, 179; © Bert Hoferichter/Alamy, 165; © Blaine Harrington III/Alamy, 47; © Bon Appétit/Alamy, 221; © BWAC Images/Alamy, 69; © Cephas Picture Library/Alamy, 135, 138, 150; © Chris George/Alamy, 158; © Chris Willson/Alamy, 174 (bottom); © Corsair Artisan Distillery, Anthony Matula, 190;

© Daniel Dempster Photography/Alamy, 94, 149, 152, 159; © David Gowans/Alamy, 115; © David Lyons/Alamy, 117; © David Osborn/Alamy, 88; © David Robertson/Alamy, 30; © Denis Kuvaev/ Shutterstock, parchment texture backgrounds (throughout); © dk/ Alamy, 224; © Dorin_S/iStockphoto.com, 168;

© Finger Lakes Distilling, 186; © foodcollection.com/Alamy, 222; © Gavran 333/Shutterstock, 208 (left); © graficart.net/Alamy, 11; © Hemis/Alamy, 25;

© Ian M. Butterfield (Ireland)/Alamy, 96; © i food and drink/Alamy, 148;

© Jan Holm/Alamy, 32, 109; © Jeremy Sutton-Hibbert/Alamy, 77, 173, 174 (top), 176, 177; © Jiri Rezac/Alamy, 8, 112; © Jo Hanley/Alamy, 90; © JTB Photo/Superstock, 101; © Keller + Keller Photography, 70, 196–199, 201, 204, 205, 208 (right), 209–213, 214 (right); © L Blake/ Irish Imag/agefotostock.com, 126–127; © Lenscap/Alamy, 155; © Lev Kropotov/Alamy, 219; © LOOK Die Bildgentur de Fotografen GmbH/ Alamy, 118, 129; © Madredus/Shutterstock, wood plank backgrounds (throughout); © Mar Photographics/Alamy, 50; Mars Vilaubi, 131; © Martin Thomas Photography/Alamy, 122; © Marti Sans/Alamy, 203; © Mary Evans Picture Library 2008, 14 (left); © Mary Evans Picture Library/Alamy, 14 (right); © McClatchy-Tribune Information Services/ Alamy, 229; © Mira/Alamy, 16; © Mountain Laurel Spirits, Todd Trice, 185; © Nicholas Everleigh/Alamy, 202; © Niday Picture Library/ Alamy, 19; © Northwind Picture Archives/Alamy, 17, 92; © Paul Bock/ Alamy, 41; © Peter Horree/Alamy, 43, 140–141, 154, 157; © Rachel Turner/Alamy, 184; © Ranger Creek Brewing & Distilling, 180; © Rawan Hussein/Alamy, 215; © Robert Harding World Imagery/Alamy, 27; © Robert Holmes/Alamy, 108; © South West Images Scotland/ Alamy, 82; © St. George Spirits, 182–183, 189, 193; © Superstock/ agefotostock.com, 128; © Trevor Mogg/Alamy, 175; © Victor Watts/ Alamy, 89; Wikimedia Commons, 15

你也會喜歡的書

《啤酒品飲聖經》（*Tasting Beer*）積木出版

蘭迪・穆沙（Randy Mosher）著

一本世界最偉大飲品的內行指南，開始深入品嘗啤酒世界的最佳全書！

256 頁／平裝／ISBN 978-1-60342-089-1